일렉트릭 유니버스

일렉트릭
유니버스

데이비드 보더니스 지음 | 김명남 옮김

글램북스

"신비로운 현상, 그것은 전기."

사무엘 베케트, 「연극 II」에서

ELECTRIC UNIVERSE

한국어판 서문 · 8 | 서문 · 11

1 전선

1. 전보의 탄생 27
알바니, 1830년 & 워싱턴 D. C., 1836년 | 조지프 헨리와 새뮤얼 모스

2. 사랑의 힘으로 만든 전화 43
보스턴, 1875년 | A. G. 벨

3. 전구와 전동기의 혁명 그리고 전자의 발견 57
뉴욕, 1878년 | 토머스 에디슨과 J. J. 톰슨

2 파동

4. 보이지 않는 힘 역장의 발견 85
런던, 1831년 | 마이클 패러데이

5. 대서양 너머와 통화하다 99
영국군함 아가멤논, 1858년 & 스코틀랜드, 1861년 | 대서양 횡단 전선

3 파동 기계

6. 고독한 과학자의 무선 신호 127
칼스루에, 독일, 1887년 | 하인리히 헤르츠

7. 하늘을 뒤덮은 힘 레이더 전쟁   152

서포크 코스트, 1939년 & 브루네발, 프랑스, 1942년 | 왓슨 와트

8. 전자파의 비극 함부르크 폭격   174

함부르크, 1943년

④ **바위로 만들어진 컴퓨터**

9. 생각하는 기계를 고안하다   203

케임브리지, 1936년 & 블레츨리 파크, 1942년 | 앨런 튜링

10. 신비의 트랜지스터   225

뉴저지, 1947년

⑤ **뇌 그리고 그 너머**

11. 신경세포의 비밀을 풀다   253

플리머스, 영국, 1947년 | 앨런 호지킨, 앤드루 헉슬리

12. 신경은 어떻게 연결되는가   271

인디애나폴리스, 1972년 & 오늘날 | 오토 뢰비

뒷이야기 · 289 | 앙페르 씨, 볼트 씨 그리고 와트 씨 · 298 | 더 깊이읽
기 · 303 | 더 읽을거리 · 341 | 감사의 말 · 369 | 찾아보기 · 375

미래의 위대한 발견들에게

한국어판 『일렉트릭 유니버스』의 서문을 쓰는 것은 내게 매우 즐거운 일이다. 내 생각에 오늘날의 한국은 19세기나 20세기의 스코틀랜드와 매우 유사하기 때문이다. 이 책에 등장하는 많은 중요한 창조자들 ― 눈에 보이지 않는 전기장과 자기장이 어떻게 온 우주로 퍼져나갈 수 있는지를 최초로 설명해낸 제임스 클러크 맥스웰, 그리고 그러한 힘의 장들의 파동을 제대로 통제하여 레이더를 발명해낸 로버트 왓슨 와트 등 ― 이 스코틀랜드 출신이었다.

스코틀랜드는 훌륭한 교육 체계를 갖추고 있었는데, 동시에,

영국을 지배했던 강고한 사회 계급 체계 같은 나쁜 습속의 영향을 받지도 않았다. 따라서 스코틀랜드의 연구자들은 추상 과학을 연구할 때나 마찬가지로 실용 공학을 연구할 때에도 똑같이 행복할 수 있었다. 그 결과—그 나라의 건전한 노동 윤리도 한 몫 거들었다—그들은 독특한 위치를 점하였으며 늘 신선한 아이디어들을 배출해냈다. 그들은 동료 과학자들이 열심히 연구하고 있는 추상적 방정식들에 '실제' 세상으로부터 얻어낸 통찰을 성공적으로 엮어냈던 것이다. 내가 아는 바에 따르면, 오늘날의 한국은 순수 과학 연구자들을 자랑스러워하는 만큼이나 실용 공학 연구자들에 대해서도 높은 긍지를 갖고 있는 듯하다. 앞으로 다가올 미래의 새로운 기술을 위해서 이러한 두 분야의 융합은 몹시 중요하다.

이 책에서 한국의 학생들 그리고 기업가들이 눈여겨 보아주었으면 하는 것이 있다. 새로운 아이디어가 잉태되고 나아가 현실로 만들어지는 과정이 바로 그것이다. 때로는 투지에 넘치는 한 사람의 개인, 가령 유명인사가 되어 사적으로도 존경받고 싶다는 동기를 가진 개인(전화의 발명가인 알렉산더 그레이엄 벨이 그랬다)이 그런 일을 해내기도 한다. 반면 때로는 거대한 연구진들이 어떤 아이디어가 현실화되는 것을 모두 다 함께 바랐기 때문에 힘을 합쳐 그런 일을 해내기도 한다(딱딱한 '바위' 덩어리—소위 트랜지스터라 불리는 것—를 활용해 전기 신호를 증폭하거나 방향을 지시할 수 있을 것이라 믿었던 벨연구소의 소규모 팀이 좋은 예이다).

이런 아이디어들의 대다수는 다른 나라들에서도 '거의' 완성되기 일보 직전까지 발전되고 있었다. 영국이나 러시아의 연구자들은 토머스 에디슨이 미국에서 전구에 대한 연구를 시작하기도 전에 이미 단순한 형태의 전구를 발명해놓고 있었다. 그러나 그 연구자들에게는 벤처 사업 투자 기관, 은행, 고급 기술자 등의 총체적인 체계적 지원이 미치지 못했다. '잠재력이 있는' 아이디어를 제대로 현실에 구현하기 위해서는 이러한 체계가 꼭 필요했다.

나는 이렇게 생각한다. 만약 내가 20년이나 30년 뒤에 이 책의 후속편을 쓰는 날이 온다면, 그때 내가 다룰 위대한 미래의 발견들은 바로 한국의 학생들—그리고 한국의 투자 및 공학 연구 체계—이 이뤄낸 것이 되지 않을까 하고 말이다.

한국의 친구들에게 애정을 보내며
데이비드 보더니스

서문

전기가 사라진다면······

내 아버지가 어린아이였던 그 옛날, 제1차 세계대전이 일어
나기 전 폴란드의 시골 마을에서는 정전이 별달리 중요한 사건
은 아니었을 것이다. 자동차가 없었으니 신호등도 없었을 테고
따라서 신호등이 먹통이 될 일도 애초에 없었다. 냉장고 대신
얼음 덩어리나 시원한 보관실을 사용하고 있었으니 음식이 갑
자기 상하는 일도 없었다. 몇 안 되는 부잣집에서나 집 안의 발
전기가 멈추는 바람에 전깃불이 나갔을 것이고, 마을을 가로지
르는 단 하나의 전보선이 그만 작동을 못하게 되었을 수도 있겠
다. 어쨌거나 사람들의 일상은 전과 다름없이 그럭저럭 굴러갈

수 있었다.

내 아버지의 가족이 캐나다를 거쳐 미국 시카고로 이민을 온 1920년대 초 무렵에는 대규모 정전에 따른 상황도 달라져 있었다. 여전히 필요한 물건을 사는 데는 지장이 없었을 것이다. 컴퓨터를 통해 인증을 받아야 하는 신용카드가 없었기 때문이다. 하지만 일꾼들을 공장까지 실어다주는 전차는 운행되지 못했다. 사무실에서 일할 때 필요한 전화도 작동하지 않았을 것이며, 승강기가 멎었을 테니 시카고가 자랑으로 여기던 마천루들은, 특히나 고층 부분은 금세 접근할 수 없게 되었을 것이다. 그래도 그야말로 파국적인 지경에는 이르지 않았을 것 같다. 아직 트랙터에 거의 의존하지 않는 시기였으니 농작물은 전처럼 잘 기를 수 있었을 것이다. 석탄을 연료로 한 기차와 증기선 덕분에 도시의 물자 공급도 그런대로 원활했을 것이다.

요즘이라면 어떨까? 나는 지금 런던에 살고 있다. 이 도시 사람들은 꽤 냉정한 편이지만 그래도 나는 완벽한 정전 사태가 닥친다면 여기 있고 싶은 마음이 전혀 없다. 오늘날은 라디오나 텔레비전을 대부분 전원에 꽂아 사용하기 때문에 아이들의 학교가 수업을 하는지 알아보는 것조차 어려울 것이다. 휴대폰은 계속 작동하겠지만 배터리를 충전할 방도가 없으니 극도로 신중하게 사용할 수밖에 없다. 학교가 열렸다 해도 아이들을 차로 태워다주는 일은 도박에 가까운 모험이다. 요즘의 주유소들은 지하 저장고를 사용하기 때문에 정전이 끝나기 전까지는 전기 펌프를 가동하여 지하에서 연료를 퍼올릴 수가 없다. 도시의 그 누구에게도 연료를 팔 수 없는 것이다. 신용카드를 사용하지 못하니 장 보는 것마저 어려우며, 현금 자동 인출기들이 전기로 작동하는 컴퓨터에 의존하고 있으니 돈을 더 찾아두는 것도 불가능하다.

일주일도 못 되어 도시는 완전히 붕괴할 것이다. 전화가 되지 않고 라디오의 전지도 곧 떨어질 테니 경찰서마저 고립된다. 구급차를 호출할 도리도 없다. 그들의 라디오와 전화도 불통일 것이기 때문이다. 몇몇 사람들은 걸어서라도 병원까지 가겠지만 그곳에도 제대로 돌아가는 건 별로 없다. 엑스선 촬영도 안 되고, 냉장 보관된 백신이나 혈액도 없고, 환기도 안 되고, 불도 켜지지 않을 것이다.

도시를 벗어나려 공항으로 가보았자 수가 없다. 예비용 발전기가 작동하지 않으면 공항 레이더가 돌아가지 않고, 수동 조작으로 비행기를 띄우려 해도 지하 저장고에 있는 연료를 끌어올릴 방법이 없기 때문이다. 정전이 퍼져나가면 전국의 항구들도 폐쇄되게 된다. 전기가 없으면 항구에 쌓인 거대한 컨테이너들을 옮기는 크레인을 작동할 수 없는데다가 업무에 필요한 전자 장부를 확인할 길도 없기 때문이다. 군대가 나서서 연료 운반을 감독하려 하겠지만 자신들의 이동에 필요한 연료도 모자라는 판이니 그리 잘 되지는 않을 것이다. 정전이 세계적 규모로 일어나면 고립 상황은 한층 심각해진다. 인터넷과 이메일은 곧바로 무용지물이 된다. 다음에는 전화선이 먹통이 되고, 마지막으로 텔레비전과 라디오 방송이 멈춘다.

아시아의 인구 밀도가 높은 도시들에서부터 굶주림이 시작될 가능성이 크다. 식품 저장소에 에어컨이 가동되지 않기 때문이다. 완벽한 정전 사태가 일어난 뒤 몇 주만 지나도 온 세계 대부분의 도시와 교외는 사람 살 수 없는 곳이 된다. 음식과 연료를 둘러싼 절박한 싸움이 벌어지고 60억이 넘는 세계 인구 중 살아남는 행운아는 몇 되지 않을 것이다.

그런데 중단되는 것이 인간의 전기 공급만이 아니라면 어떨까? 전기력이라는 것 자체가 사라져버린다면 어떻게 될까? 아마도 지구의 모든 바다들이 위로 솟구쳐 올라 증발할 것이다. 물 분자들끼리의 전기적 결합이 끊어지기 때문이다. 우리 몸속 DNA 분자 가닥들도 서로 뭉치지 않을 것이다. 대기를 호흡하는 생명체 중에 용케 살아남은 것이 있다 해도 금세 질식하게 된다. 전기적 인력이 존재하지 않으면 공기 중의 산소 분자가 혈액 속의 헤모글로빈 분자와 결합하지 못하고 쓸모 없이 튕겨나갈 것이기 때문이다.

지구의 지각을 구성하는 규소와 여타 물질들을 단단히 묶어주던 전기력이 사라지므로 땅바닥이 갈라져 녹아내리기 시작할 것이다. 대륙판들이 갈가리 찢어져 사라진 빈 공간으로는 높은 산이 무너져 내린다. 그때까지 살아남은 생명체가 있다면 최후의 순간에 태양이 꺼지는 것을 목격할지도 모른다. 우리의 태양에서 전기적으로 전해지던 빛이 한순간 멈춰버리면 세상의 마지막 날은 캄캄한 밤으로 변할 것이다.

이런 일들은 어째서 실제로 일어나지 않는가? 전기의 힘은 매우 강력한 것으로 130억 년 전부터 지금까지 쉼 없이 작동해 왔다. 그렇지만 바위와 별과 원자들 속 깊숙이 몸을 숨긴 채 비밀스럽게 움직여왔다. 이 힘은 마치 고대 올림픽에서 싸우고 있는 두 레슬링 선수 같다. 팽팽하게 맞잡은 그들의 손이 거의 움직이지 않기 때문에 싸우고 있다는 사실은 눈에 잘 띄지 않는다. 우리 주변의 모든 물체 속에는 거의 언제나 같은 양의 양전하와 음전하가 들어 있다. 그 균형이 잘 잡혀 있으므로 그들이 언제 어디서나 영향을 미치고 있음에도 우리가 쉬이 알아차리지 못하는 것뿐이다.

아주 오랜 기간, 은하가 태어나고 행성들이 만들어지고 지구 위에 땅과 나무와 풀이 생겨나는 동안에도 상황은 변하지 않았다. 과거에 짧게나마 전기의 존재가 목격되는 일이 있기는 했을 것이다. 오스트랄로피테쿠스나 현생 인류의 초기 선조들은 갑작스레 내려치는 번개를 본 경험이 있을 것이다. 그러나 이 힘은 모습을 드러내자마자 즉각 원래 머무르던 보이지 않는 영역으로 사라져버렸다. 인간은 역사가 시작된 이래 대부분의 기간에 이 힘의 존재를 눈치 채지도 못한 채 이리저리 마주치고만 있었다.

소설가 아이작 바셰비스 싱어Isaac Bashevis Singer는 어느 글에선가 중세 아일랜드의 한 농부 이야기를 한 적이 있다. 어느 날 밤 농부는 아마천으로 된 튜닉tunic을 벗으려다 천에서 밝은 불꽃이 튀는 것을 보았다. 그가 다음날 밤에 마을의 사제와 현명한 어르신들을 모셔다가 똑같은 현상을 보여드리려 한다면 성공할 가능성은 극히 적다. 정전기 불꽃은 건조한 공기에서만 일어나는데 아일랜드는 습하기 때문이다. 아무도 농부의 증언을 믿어주지 않을 것이다. 그 현상을 면밀히 연구하는 것조차 불가능하다. 건조한 사막 지역이라도 먼지나 모래에 의해 드문드문 발생하는 정전기 불꽃들은 그저 무질서한 형태로 나타났다 사라지곤 할 뿐이다.

감춰진 세계를 들여다보고자 하는 노력은 고대 그리스 시대 이래로 끊이지 않고 이따금 이어졌다. 그러나 1790년대 중반까지만 해도 축적된 지식은 거의 없는 형편이었다. 그 돌파구를 마련한 사람은 자만심 강한 이탈리아 과학자 알레산드로 볼타 Alessandro Volta로서, 1790년의 일이다. 그는 이 신비로운 '전기'가 어디에서 비롯되는지 찾아내면 대단한 영예가 따를 것이라 생각했고 노력을 기울여 연구했으며, 마침내 제대로 짚어냈다. 그는 동전 모양의 구리 원반을 혀의 한쪽 면에, 아연 원반을 다른 쪽 면에 대고서 두 동전을 동시에 건드리면 혀에 찌르르 하는 느낌이 온다는 사실을 발견했다. 세계 최초의 안정적인 '전지'를 입 속에 설치했던 셈이다.

이어서 볼타는 어떤 종류이든 두 가지 금속 사이에 침이나 소금물, 기타 부식성 액체가 끼어 있으면 항상 이런 현상이 발생한다는 것을 알아냈다. 그는 이 현상의 원리를 알지 못했고 왜 소금물에 닿으면 한쪽 금속에서 잉여 전자가 발생하는지도 알지 못했지만, 좌우간 이 찌르르 하는 전자가 전선 속에서 퍼지게 만들 수 있었으며, 그것을 사람들에게 구경시켜 주는 것만으로 유명해졌다. 그리고 볼타는 그 정도로 충분히 만족했다. 전지에서 물질이 흘러나오는 모양새가 마치 강에 물이 흐르는 모습 같았으므로, 이 무언가에는 '전류electric current'라는 이름이 붙여졌다.

빅토리아 시대가 동 터올 무렵 우리가 가진 지식은 고작 이 정도였다. 두 가지 금속을 나란히 두고 전선으로 연결하면 가끔 번쩍이는 전류가 흘러간다. 대수롭지 않은 이 현상은 그저 호기심의 대상이었다. 그러나 실은 이것이, 숨겨진 채 봉인되어 있던 세계로 나가는 최초의 관문이었다.

이 책에서 나는 인류가 그 문을 처음 열고 나서 2백년 동안 어떤 일들이 벌어졌는지 보여주려 한다. 그러니까 고작 2백년밖에 되지 않은 역사인 셈이다. 첫 장에서 살펴볼 것은 빅토리아 시대의 과학자들 이야기다. 그들은 전기의 속성에 대해 아는 것이 별로 없었는데도 그때까지 누구도 상상치 못했던 기구들을 탄생시켰다. 전화와 전보와 전구가 만들어졌다. 롤러코스터와 고속 전차도 태어났다. 무엇보다도 그 모두를 움직이는 전동기가 생겨났다. 1859년 프랑스에서는 효율적으로 제대로 작동되는 전기 팩스 기계가 등장하기도 했다. 미국 남북전쟁이 발발하기도 전인데 말이다.

세상은 변하기 시작했다. 전기공학이라는 새로운 물결 덕에 현대의 기업들이 설립되었고, 여성이 투표권을 획득했으며, 도시에서 먼 곳까지 교외 지역이 발달했고, 타블로이드판 신문이 생겨났다. 전보의 건조한 문장에 영향을 받아 헤밍웨이 식의 새로운 산문체가 태어나기도 했다. 표현력이 풍부한 한 전화 회사 간부의 말에 따르면, 미국인들은 벨이 울리면 하던 섹스도 멈추고 전화를 받는 최초의 인간들이 되었다.

이쯤에서 멈출 수도 있었을 테지만, 1800년대 중반이 되자 두 명의 위대한 영국인 과학자가 전기의 영역으로 향한 문을 좀더 열어젖혔다. 그들은 전선을 지나는 전기가 혼자 힘으로 움직이는 것이 아님을 알아챘다. 무언가 다른 존재가, 전기가 전달되도록 밀어주는 존재가 있었다. 그것은 눈에 보이지 않지만 빠르게 퍼져가는 파동이었다. 책의 두 번째 장에서 이야기할 것은 우리 주위의 모든 공간이 눈에 띄지 않게 날아다니는 수백만 개의 파동들로 가득 메워져 있다는 사실이다.

파동 이야기를 알게 된 과학자들 중에는 너무나 경외감을 느낀 나머지 신앙심이 돈독해진 이들도 있었다. 심지어 여태껏 탐구된 바 없는 이 전파야말로 초감각적 지각 능력이나 여타 심령 현상을 가능케 하는 도구이리라 생각한 사람들도 있었다.

보이지 않는 파동이 세상을 꽉 채우고 있다는 개념은 이상하게 여겨질 수밖에 없는 것이었다. 대서양의 차가운 물 아래 깊은 곳에서 거대한 규모의 기술 사업을 진행해 보인 뒤에야 과학자들 대다수가 이 개념을 사실로 믿기 시작했다. 19세기가 끝나기 전, 한 끈기 있는 실험가는 구리 전선 속에 갇혀 있던 파동을 끄집어내어 공기 중에 자유롭게 보내는 방법을 발견했다. 덕분에 최초의 휴대폰 실험이 가능했다(1879년, 현재의 BBC 방송국 근처에 해당하는 런던의 포틀랜드 플레이스라는 곳에서 원시적인 휴대폰의 작동 시험이 성공했다). 이후 몇 십 년 만에 역시 보이지 않는 파동을 십분 활용한 텔레비전과 레이더가 형체를 갖춰 등장한다. 책의 2, 3장에서 처음엔 평화에, 그러나 뒤에는 전쟁에 복무했던 이 파동에 대해 이야기하려 한다.

20세기에 다다라 문은 한층 넓게 열렸다. 드디어 과학자들은 전기의 얼굴을 코앞에서 직접 볼 수 있게 되었다. 젊은 과학자들은 이 발견에 매료된 반면 위대한 아인슈타인을 비롯한 많은 나이 든 과학자들은 보수적인 입장을 취했으며, 결코 인정할 수 없는 내용이라고 선언했다.

연구자들의 발견에 따르면 우리 안의 원자들은 태양계의 축소판이 아니었다. 전자가 작은 행성 마냥 조그마한 태양의 주위를 공전하고 있는 게 아니었다. 전기의 활동 방식에 중추적 역할을 하는 것이 바로 전자인데, 전자는 사실 제멋대로 이곳저곳 마구 옮겨 다닌다는 것이다. 전자의 도약은 부분적으로만 예측 가능하다는 이 특성에 대해서 아인슈타인이 남긴 유명한 말이 "신은 우주를 가지고 주사위 장난을 하지 않는다"이다(그리고 이 명언에 대고 친구 닐스 보어가 노기등등하게 대꾸했다. "아인슈타인, 거 제발 신에게 이래라 저래라 하지 말라니까!").

지구를 전자라고 생각하고 도약의 특성을 적용해보면, 가만히 있던 지구가 문득 태양으로부터 맹렬히 달아나 목성 너머 어딘가에 자리 잡게 되는 식이다. 미네소타 주 둘루스에서 아침 식사를 하던 가족은 창밖으로 갑자기 목성의 대적반이 보이는 바람에 끙 하고 신음을 내뱉으며 식탁을 움켜잡을 것이다. 앞으로 어떤 일이 벌어질지 모르기 때문이다. 가족들이 접시를 꽉 누르고 있는 동안 지구는 또 다른 곳으로 튀어가느라 여러 차례 덜컹대리라. 원래 궤도로 돌아갈 가능성도 있지만 태양계의 어딘가 먼 곳으로 내던져져 더 많은 모험과 깨진 그릇 파편들을 선사할 가능성도 있다.

새로운 발견은 실험실에서나 관찰되는 신기한 사건으로 남아 있을 수도 있었다. 하지만 20세기에 인류는 세상에서 가장 처참한 전쟁들을 겪게 되는데, 이 비상 시국에, 대전帶電된 전자의 운동 방식을 해명하겠노라 공언하는 과학자는 추가 연구 자금을 제공받기가 쉬웠다. 책의 네 번째 장은 제멋대로인 전자의 도약 성질을 바탕으로 20세기에 최초의 거대한 사고 기계가 만들어지는 과정, 나아가 오늘날 휴대폰이나 여객기나 유정용 펌프, 그밖에 정전이 된다는 상상만 해도 그 중요성을 느낄 수 있는 다양한 기구들 속에 장착되어 작동을 제어하는 마이크로칩이 만들어지는 과정을 살펴볼 것이다.

전기는 인간 자신의 사고 기계, 즉 뇌에서도 활동한다. 책의 마지막 부분에서 이 사실이 밝혀진 과정을 알아보려 한다. 어떻게 대표적인 우울증 치료제인 프로작 같은 약제가 탄생했는지도 말할 것이다. 사실 프로작은 몸속에서 액체 형태의 전기로 변함으로써 사람의 기분을 변화시킨다. 우리는 주변의 사람이나 풍경을 감지할 때 언제나 전기를 사용한다. 내가 만지거나 키스하는 상대와 나 사이에는 영원히 거리가 있을 수밖에 없는

데, 나의 손이나 입술에서 나온 들뜬 전자들이 늘 가운데 끼어 직접적인 접촉을 방해하기 때문이다.

이것은 흥미롭지만 복잡한 이야기이기도 하다. 본문에 세세한 사항이나 증명이 지나치게 많이 거론되는 것은 좋지 않겠기에 책 뒤쪽에 따로 「더 깊이 읽기」를 두어 여러 설명을 실었고, 다양한 흥밋거리도 담았다. 가령 우리 뇌에서 발산되는 보이지 않는 전파의 파장은 200마일 남짓 길이라는 것 등이다. 웹사이트 davidbodanis.com에서는 과학과 역사에 대한 내용을 보다 자세히 살펴보고 있으니 참고해도 좋다.

우리의 이야기에는 객관적인 과학이나 기술과 나란히 종교, 사랑, 속임수도 등장한다. 이야기는 우리를 제2차 세계대전의 포화에 휘말린 함부르크의 한 지하실로 데려갔다가, 자신이 구원해준 나라의 관료들에게 쫓기는 신세가 된 천재적 컴퓨터 발명가 앨런 튜링Alan Turing의 마음속으로 안내할 것이다. 우리는 종교적 신념 탓에 동료들의 중상을 견뎌야 했던 (그러나 그 신념을 활용한 덕에 눈에 보이지 않는 전기력이 공간으로 뻗어나가는 모양을 누구보다도 먼저 볼 수 있었던) 하층 계급 출신의 과학자 마이클 패러데이Michael Faraday와 마주칠 것이고, 가톨릭 신자를 탄압하자는 주장을 발판으로 끈질기게 뉴욕 시장 자리에 출마한 전력이 있으며 한 변경 출신 교사로부터 전보에 대해 배워놓고는 그 사실을 인정하지 않았던 버릇없는 예술가 새뮤얼 모스Samuel Morse도 만나볼 것이다. 모스에게 전보를 가르쳐준 사람은 그처럼 명명백백한 아이디어로 누군가 특허를 내리라고는 꿈에도 생각지 못했다.

　미국에 건너온 이민자였던 이십대의 열성적인 청년 알렉산더 벨Alexander Bell은 한 귀머거리 십대 소녀의 사랑을 차지하지 못해 애태웠는가 하면, 사십대의 로버트 왓슨 와트Robert Watson Watt는 따분한 결혼 생활과 1930년대 슬로우 지역의 권태로운 일상에서 벗어나지 못해 안달했다. 어느 부활절 전날 잠을 자다 문득 깬 오토 뢰비는 인체 내에서 전기가 활동하는 방법을 알아낼 영감이 떠올랐지만 다음날 아침이 되자 자신이 밤사이 갈겨 써둔 글씨를 알아볼 수 없어서 머리를 쥐어뜯었다. 스코틀랜드 시골 태생의 제임스 클러크 맥스웰James Clerk Maxwell은 초등학교에 다닐 적 친구들한테 바보 취급을 받은 학생이었지만 자라서는 19세기를 통틀어 가장 위대한 과학 이론가가 되어 우주의 내부 구조에 대한 가설을 세웠으며, 후대의 과학자들은 결국 그가 가정한 것이 사실임을 깨닫게 되었다. 이 모든 이야기들은 인간이 전기의 대단한 힘을 점차 깨달아간 과정을 담고 있다. 인간이 어떻게 전기를 그 숨어 있던 영역에서 끄집어냈으며, 불완전하기 짝이 없는 인간이라는 존재가, 전기가 부여해준 놀라운 힘을 사용하여 어떤 일들을 이루어왔는지에 대한 이야기들이 펼쳐질 것이다.

1부 I 전선

우주가 아주 어렸을 때, 즉 빅뱅이 일어난 바로 그 순간, 그때까지 텅 비어 있던 공간을 갑자기 채운 회오리 같은 용광로에서 전하를 띤 강력한 전자들이 쏟아져 나오기 시작했다. 그들 중 대다수는 구조가 단순한 수소 원자의 일부가 되어 우주 공간을 마구 휘저으며 다니다가 거대한 별 속으로 떨어졌다.

이 단순한 원자들은 별의 내부에서 오랜 시간 머무르다가 어느 순간, 특히 별이 폭발하는 때의 강력한 힘에 의해 여러 개씩 뭉쳐짐으로써 더 큰 원자로 다시 태어났다. 구리, 철, 은 등의 금속이 탄생한 것이다.
영겁의 세월 동안 금속들도 우주 공간을 그저 떠다녔다. 그러다 막 생겨난 태양계 속으로 떨어지는 바람에 북아메리카 대륙에 묻힌 광물의 일부가 되었다. 멀리 다른 별들의 폭발에서 탄생한 금속 원자들도 질세라 합류했다. 광물이 땅 속에 묻혀 있는 동안, 강력한 전자의 전하들도 각각의 원자 깊숙이 묻힌 채 가만히 숨어 있었다.

산맥이 솟아나고 또 무너졌다. 거대한 파충류들이 양치식물 가득한 숲에서 사냥을 했다. 생태계가 변했다. 이번에는 거대한 포유류들이 침엽수와 활엽수가 가득한 숲에서 사냥을 했다. 활을 쏠 줄 아는 인간의 무리가 아시아에서 건너왔다. 수천 년 뒤에는 더 많은 인간들이 커다란 배를 타고 유럽과 아프리카에서 건너왔다. 잔인한 개척 전쟁이 벌어졌고 새로운 정착지들이 일구어졌다. 사람들은 곡물을 재배하고자 땅을 갈아엎었으며 광석을 찾으려 땅 속까지 샅샅이 뒤졌다.

셀 수 없이 긴 시간 변함없이 숨어 있던 전하들이 마침내,
        밖으로 나오게 될   터였다.

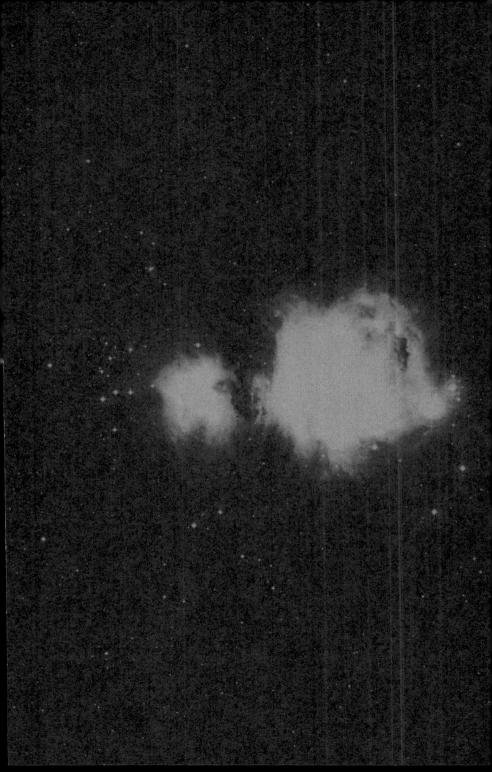

1

E l e c t r i c
U n i v e r s e

전보의 탄생

알바니, 1830년 그리고 워싱턴 D. C., 1836년
조지프 헨리와 새뮤얼 모스

멀리 변경 지역인 뉴욕 주 출신의 조지프 헨리Joseph Henry는 훤칠하게 키가 크고 마른 미국인이었다. 그는 서른 살이 되기도 전에 이미 여러 직업을 전전했다. 잡역부 일은 너무 지루해서 그만두었고, 건축 일은 급료가 너무 적어서, 금속 가공 일은 너무 더워서 관두었다. 다음으로 하게 된 탐험 안내인 일이 가장 참담했는데 어쩌다 보니 한겨울에 몇 달씩 캐나다 국경 근처 숲을 헤매며 탐사대를 이끄는 역할을 맡게 된 것이다(정말이지 굉장히, 굉장히 추웠다). 1826년, 그가 기적적으로 동상 하나 걸리지 않은 온전한 몸으로 탐사에서 돌아와 보니 고향 알바니의 한 학교에 자리가 났다는 소식이 들렸다. 봉급은 적었고, 신참이다 보니 다른 과목들 외에 초급 수학까지 전담해야 하는 조건이었지만 최소한 교실 안은 따뜻할 게 분명했다. 그는 주저 없이 새 직업을 낚아챘다.

그는 수십 명의 농촌 소년들을 얌전하게 만들어야 하는 처지가 되었다. 침 뱉기와 연필 싸움에 통달한 소년들이었다. 그렇지만 그는 아이들을 즐겁게 하는 방법을 잘 알았다. 소년들은 뭔가 만들어보는 것을 좋아한다. 큰 것일수록 좋다. 그는 아이들이 정말이지 큰 것을 만들 수 있게 해주기로 했다.

헨리는 전기라는 최신의 영역에서 착상을 얻어보는 게 좋겠다고 생각했다. 오랫동안 그는 전기에 흥미를 느껴왔으며 혼자서 되는 대로나마 공부해왔기 때문이다. 전기라는 용어는 정전기에서 발생하는 작은 불꽃들로부터 필라델피아의 유명한 인쇄업자 벤저민 프랭클린이 연구한 것으로 잘 알려진 거대한 번개에 이르기까지, 광범위한 현상들을 가리켰다. 요상하게 불꽃 튀는 물질과 상관이 있는 듯한 전기는 재미난 대상이었다. 하지만 사실 그 실체가 무엇인지는 아무도 몰랐다. 어쨌든 헨리는 한 가지 흥미로운 이야기를 막 들은 참이었다.

당시 알바니에서는 유럽의 과학 잡지를 구하기가 어려웠다. 어찌어찌 들어오는 것들도 당연히 긴 항해를 거친 후 허드슨강의 얼음이 녹기까지 기다렸다가 당도하는 것들이라 몇 개월 지난 것이기 일쑤였는데, 좌우간 그중에 갓 제대한 영국인 포병

조지프 헨리
그는 한때 배우를 꿈꾸기도 했으나 과학적인 주제를 다
루는 강의를 담은 책을 읽고는 과학 쪽으로 관심을 돌렸
고 결국은 19세기 미국에서 가장 널리 알려진 탁월한 과
학자가 되었다.

장교 윌리엄 스터전William Sturgeon의 독특한 실험을 설명한 것이
있었다.

스터전이 철 조각 주위에 도선을 감아 코일을 만들자, 아무
일도 벌어지지 않았다. 당연했다. 그러나 여기에 그치지 않고
도선에 전지를 연결하여 볼타가 말했던 신비로운 '전류'를 도
선 안으로 흘려보내자 평범한 철 조각이 갑자기 살아났다. 마치

도선으로부터 눈에 보이지 않는 힘이 튀어나와 철을 휘감은 듯, 철 조각이 강력한 자석으로 변하더니 주위에 있는 다른 철들을 끌어당기기 시작한 것이다. 전지를 끄면 모든 것이 멈췄다. 철은 아무 힘 없는 원래 상태로 돌아가고 딸려 올라갔던 물체들은 모두 떨어져버렸다. 더 이상 자력은 존재하지 않았다.

스터전은 이 발견을 어떻게 활용해야 할지 몰랐지만 헨리는 정확히 알고 있었다. 그의 학생들은 겨울이면 언제나 그렇듯 좀이 쑤셔 못 견뎌 하고 있었는데 그는 이 놀라운 장난감으로 아이들의 관심을 끌어보기로 한 것이다. 소년들은 손을 쓰는 일에 능했고 따라서 상상 속의 신비로운 존재보다 실제적인 물체들을 좋아했다. 아이들의 부모도 마찬가지였다. 알바니 곳곳의 통나무집들은 대부분 새로 지어졌는데 정착자들이 스스로 지은 것도 많았다. 헨리가 정말로 커다란 전자석을 만들 수 있다면 모두가 그의 편이 될 것이었다.

장치 전체를 가동할 볼타 식 전지를 만드는 일은 그다지 어렵지 않았다. 근처에서든 동쪽의 큰 항구들에서든 광석이라면 얼마든지 구할 수 있었다. 손이 빠른 헨리는 1827년에 벌써 스터전의 작업을 재현해내어 4킬로그램을 들어올리는 전자석을 만들었다. 학생들은 철 덩어리 둘레에 코일을 더 감았다. 전지의 스위치가 올려졌다. 도선으로 휘감긴 철 덩어리는 이제 9킬로그램도 넘게 들어올렸다. 헨리는 멈추지 않고 코일을 더 감았다. 마침내 도선들이 너무 빽빽하게 서로 맞닿아 쩔거덕거리기 시작하자 그는 아내에게 속치마를 조각조각 잘라달라고 하여 구리선을 절연하는 데 사용했다. 그러자 한층 더 빡빡하게 선을 감을 수 있었다.

1830년, 미국 국경의 한 변방 마을에서, 그는 342킬로그램의 무게를 들어올릴 수 있는 자그마한 전자석을 만들어내는 데 성공했다. 학생들은 이 발명품을 사랑했다. 경이로운 물건을 구경하라며 아직 농장에서 일하는 자기네 친구들을 불러모았을 것이 틀림없다. 헨리 역시 자랑스러웠다. 하지만 진짜 이유는 따로 있었다. 종교에 독실했던 그는 언제나 하느님이 평범한 자들의 눈에 보이지 않는 수많은 경이로움을 창조해두셨을 것이라 믿었다. 충분한 재간을 갖고 있는 사람들은 신의 숨겨진 작품을 발굴하여 크게 보이게 할 수 있는 것이다.

헨리는 작업을 계속했다. 종국에는 자그마한 철 덩어리에 어찌나 빡빡하게 도선을 감았던지 전지를 올리면 그 조그마한 것이 685킬로그램도 넘게 들어올렸다. 대장간의 커다란 모루 여러 개에 해당하는 무게였다. 많은 사람들이 볼 수 있도록 그는 장치 전체를 튼튼한 비계 위로 올렸다. 전지의 연결을 끊으면 어마어마한 굉음과 함께 육중한 무게의 덩어리들이 떨어져내리곤 했다. 헨리는 이렇게 썼다. "이 광경은 언제나 열광적인 반응을 몰고 왔다."

현상 아래 숨어 있는 원인에 대해 고민하는 게 필요할 때도 있지만, 그저 착실히 이것저것 만지작거려보는 게 한걸음 더 나아가는 최선책일 때도 있는 법이다. 이후의 연구자들은 우리 몸의 구성체인 원자가 작고 딱딱한 공처럼 생기지 않았으며 일부분은 전하를 띠고 있어 원자로부터 떨어져 나갈 수도 있다는 사실을 발견한다. 그 떨어져나간 부분이 전자이다. 1800년대 말이 되자 과학자들은 바로 이 전자들이 전선 속을 굴러가고 있으며 전류의 힘도 이들 대전된 전자의 힘에서 비롯된다는 사실을 믿게 됐다. 폭풍우가 치는 와중에 전깃줄을 끊으면 불꽃이 튀어나오는데 이것이야말로 전자들이 전선 속을 줄지어 흐르고 있다는 증거다. 전화선 속에도 전자들이 굴러가고 있으며, 환한 탐조등 속에는 더 많은 전자들이 움직이고 있다.

나중에는 헨리 본인도 이런 발견들을 해낸 연구의 주역이 될 것이었다. 이후 그는 가장 위대한 19세기 미국 과학자 가운데 하나로 널리 알려지며 스미소니언 연구소의 초대 소장직에 오른다. 그러나 아직 젊고 알바니를 벗어나지 못했던 시점에서, 그는 전자석이 물체를 들었다 내렸다 하는 이유를 지금 자신이 탐구해보았자 신통한 결과에 이르지 못하리라는 것을 잘 알았다.

대신 그는 전보를 발명했다. 이것은 그의 능력에 맞는 쉬운 일이었다. 그는 전지에서 뻗어나와 전자석으로 이어지는 도선의 길이를 늘였다. 전지의 금속에서 뿜어져나온 전자들은 긴 선을 따라 맹렬하게 달려갈 힘이 충분한 듯했다. 전지를 전자석 바로 옆이 아니라 옆방이나 복도 밖, 심지어 아래층으로 가져갈 수도 있었다. 스위치를 켜면 전지에서 뿜어져나온 신비로운 전기력이 도선을 죽 타고 가 그 끝에 기다리던 전자석을 활성화시켰다. 재까닥 옆에 있던 철 조각들이 달라붙었다.

알파벳의 문자 하나를 보낼 때마다 커다란 금속 조각을 들었

일렉트릭 유니버스

다 내렸다 해야 한다면 그 얼마나 육중한 전보가 되겠는가. 해서 헨리는 매우 작은 전자석을 쓰기로 했다. 영국인 장교가 처음 만든 것보다도 얇은 전자석이었다. 그 옆에는 딸각거리는 캐스터네츠처럼 생긴 조그마한 물체를 두었다. 작은 금속 혀인 셈이었다. 전지를 켜면 전류가 선을 타고 가서 전자석을 가동시켰고, 자석은 캐스터네츠를 끌어당겼다. 딸각 하고 소리가 났다. 전지를 끄면 전자석의 힘이 없어진다. 캐스터네츠가 제자리로 돌아가면서 다시 딸각 소리를 냈다. 헨리는 딸각 소리를 여러 가지 조합으로 구성하여 각기 서로 다른 알파벳을 뜻하도록 정한다면 쉽게 교신할 수 있다는 걸 깨달았다. 고대로부터 금속에 잠자고 있던 전기력이 바야흐로 밖으로 나와 '딸각' 소리를 낸 것이다.

알바니의 학생들은 새로운 발명품을 무척 좋아했다. 캐스터네츠를 떼어내고 대신 종 울리는 장치를 달자 더 좋아했다. 한 아이가 전지를 켰다 끄면 옆 교실이나 아래층에 있는 친구들도 아이의 손놀림만큼 빠르게 울리는 짧은 종소리를 들을 수 있었다.

이 시점에 판이한 성격의 한 인물이 등장한다. 전기의 발견을 어떻게 활용해야 하는가에 대해 독창적인 견해를 가진 사람이었다. 그 사람, 새뮤얼 모스Samuel Morse는 필립스 아카데미와 예일 대학에서 순수 미술을 공부한 뒤 런던으로 건너가 부모가 주는 돈에 기대어 살고 있는 이십대 초반 청년이었다. 예민한 예술 전공자의 전형이었던 듯한 그가 본가에 보낸 편지들 중 하나를 보면, 그가 집에 돈을 청하는 까닭은 모델의 얼굴을 그대로

새뮤얼 모스
수차례의 전시회를 열기까지 할 정도로 전문 예술가였던 그는 뉴욕시립대학교에서 학생들에게 그림과 조각을 가르치기도 하였다. 모스는 여전히 그가 발명한 모스 부호로 우리들에게 기억되고 있다.

본따는 초상화 작업이 잘 되지 않아서가 아니라, 정말 솔직하게 고백하건대 자신의 재능이 고상한 영국인들마저 받아들이기 어려울 정도로 특출하기 때문이라는 것이다. "……일류 초상화가가 되는 것 이상의 목표가 없었다면," 그는 어머니에게 이렇게 썼다. "애초에 저는 전혀 다른 직업을 택했을 것입니다. 저는 15세기의 영광을 되살려내는 위대한 인물 가운데 하나가 되겠다는 야심을 갖고 있습니다. 라파엘, 미켈란젤로, 티치아노와 천재성을 견주려는 것입니다……."

하지만 실상 점잖은 태도 뒤의 모스는 미쳐 있었다. 정통 칼뱅교파인 아버지의 가르침을 받은 그는 비밀스런 음모들 때문에 미국이 파괴되고 있다고 믿었다. 미국에 돌아와서도 생계를 유지할 길이 막막하자 모스는 아버지의 발상을 취한 뒤 더 밀어붙이기로 했다. 미국을 공격하는 끔찍한 세력들 또는 재능 있는 예술가들이 마땅히 누려야 할 상업적 성공을 가로막는 자들을 식별할 수 있는 건 오직 그 자신뿐이었다. 흑인, 유태인, 기타 해로운 족속들도 문제지만 그 배후에는 가톨릭 신자들이 있고, 또 그 뒤에는 아일랜드 수녀원들에 총을 보관해두고 미국 전역으로 퍼져나가 임무를 수행하려는 비밀스런 제수이트 무장 교도들이 있으며, 또 이 모두를 오스트리아 황제가 통제하고 있다는 것이다.

자신의 전단지가 주목받지 못하자 그는 이 역시도 음모가 존재하는 증거라고 여겼다. 그래서 1836년에 모스는 뉴욕 시장에 출마하기까지 하는데, 공공연히 내세운 공약은 가톨릭교도들을 처단하겠다는 것이었다. "우리를 위협하는 크나큰 악의 세력에 저항해야 합니다." 그는 이렇게 썼다. "당신이 위험에 처해 있다는 현실을 직시하지 않겠습니까? 깨어나시오! 깨어나시오! 당신들에게 간청하노니, 각자 맡은 임무로 나서시오!"

물론, 그는 떨어졌다. 부루퉁해진 그는 높은 건물에 콕 틀어박혀 지어진 지 얼마 되지 않은 뉴욕 대학을 굽어보며, 대체 무슨 일을 하면 좋을까 궁리했다. 제수이트 교도들은 보이지 않는 힘을 통해 미국을 조정하고 있었다. 모스와 선량한 미국인들도 비슷한 방법을 찾아 반격해야 했다. 어디로나 뻗어가면서 전기의 속도로 빠르게 정보를 전하는 방법이 있다면 얼마나 좋을까!

운 좋게도 그는 얼마 전에 런던에서 미국으로 오는 배 속에서 어떤 승객의 대화를 들었는데, 전기를 어떤 식으로 활용하면 장거리 교신을 할 수 있다는 것이었다. 이미 잘 알려진 방법이었다. 조지프 헨리는 그때쯤에는 뉴저지 대학(곧 프린스턴 대학으로 개명한다)에서 교편을 잡고 있었고 그의 작업들이 일부 출판되기도 했다. 유럽에서도 비슷한 시도들이 있었다. 가령 영국의 찰스 휘트스톤Charles Wheatstone과 윌리엄 쿡William Cooke은 런던의 유스턴 기차역에서 기묘하게 생긴 둥근 빌딩 모양의 캠던 차고지까지 약 1.6킬로미터가 넘는 거리를 전선으로 이었다. 유스턴 쪽 전선의 끝에 전지를 연결하자 캠던에 있는 전자석이 가동됐다(지역 주민들은 굉장히 좋아했다. 이제껏 기차가 도착하고 떠나는 것을 알리기 위해 사용되던 요란한 호각 소리와 귀가 먹먹하게 시끄러운 북소리를 한 줄의 전보선이 대신했기 때문이다).

모스는 여전히 뉴욕에 은둔하며 스스로 전보를 만들어 가동하고자 무진 애썼으나, 좌절한 채 포기하고 말았다. 예술적 재능 못지않게 기술적 손재주도 부족했던 것이다. 그는 더 쉬운 방법이 있으리라 확신했다. 그래서 이 신비로운 전기적 물질의 작동 방식에 정통하고 그것을 자신에게 설명해줄 수 있는 사람에게 도움을 받기로 결정했다.

이런 과정 끝에, 아마도 1838년의 어느 봄날이었으리라 추정되는 때에, 조지프 헨리는 놀라울 정도로 열정에 사로잡힌 한 전직 화가를 자신의 프린스턴 연구실 문 앞에서 맞이하게 되었다.

헨리는 프린스턴에서도 알바니에서처럼 평탄하게 지내고 있었다. 학생들은 그를 좋아했다. 이즈음에 그는 전보선을 프린스턴 대학 구내에서 1.6킬로미터 넘게 연장하는 데 성공했고 학생들이 정기적으로 그의 일을 도왔다. 평소 헨리는 특허권 때문에 유럽이 뒤처지고 있다는 주장을 종종 피력했다. 그는 모스에게 전지와 전자석과 전선 뭉치 등 자신의 기구가 어떻게 작동하는지 즐거운 마음으로 설명해주었다. 젊고 발전하는 국가인 미국의 모든 선량한 시민은 자신의 지식을 다른 이와 나누는 것이 옳고 바람직하다, 헨리는 그렇게 믿었다.

프린스턴 방문을 마친 모스는 최소한 한 명의 선량한 시민의 입장에서 최선의 길이 무엇인지 깨달았다. 그는 가능한 것이라면 뭐든지 특허를 따두는 데 신경을 쓰는 사람이었다. 화가였을 때는 실용적이지도 않은 대리석 조각 기구에 매달리기도 했다. 그는 헨리에게서 얻은 정보뿐 아니라 유럽의 연구 자료를 읽어 알게 된 기술들까지 특허를 신청해버렸다.

간단한 신호 체계를 전보에 사용한다는 아이디어는 이미 놀랄 만큼 넓게 퍼져 있었다. 위대한 독일 수학자 카를 프리드리히 가우스는 1833년 괴팅겐 대학 안에다 전보선을 설치했는데, 전자석이 바늘을 왼쪽이나 오른쪽으로 끌어당기도록 만들었다. 바늘이 오른쪽으로 넘어가면, 가령, e라는 알파벳을 뜻한다. 왼쪽으로 넘어가면 a다. 오른쪽으로 두 번 넘어가면 i를 의미하고, 기타 여러 가지 방식으로 왼쪽과 오른쪽을 조합하여 제일 드물게 등장하는 x나 z까지 모든 알파벳들을 뜻할 수 있었다. 다른 연구자들도 곧 비슷한 신호 체계를 생각해냈다. 간단한 신호는 제일 흔한 글자를, 복잡한 신호는 흔하지 않은 글자를 뜻하는 것이 상식적이기 때문이다(어떤 글자가 가장 흔한지 알려면 인쇄소에 찾아가 보기만 하면 되었다. 식자공들은 알파벳 e가 새겨진 활자판을 여러 상자로 잔뜩 쌓아두었는데, 가장 자주 사용되기 때문이었다. 쓸 일이 거의 없는 q, x나 z 등의 활자는 조금만 갖고 있었다).

여러 해가 지나고, 의회 핵심 인물들의 적절한 지원을 받은 덕에, 모스는 정부로부터 충분한 재원을 확보할 수 있었다. 그는 이제 자신의 전보 기기의 전신이 되는 크고 잘 작동하는 기계를 만들었다. 1844년, 워싱턴과 볼티모어를 잇는 첫 번째 상업 전보선이 개통된 후 일주일간 유료 통화로 벌어들인 돈은 13.5센트에 불과했다. 그러나 다음 해, 확장된 전신선은 매주 백 달

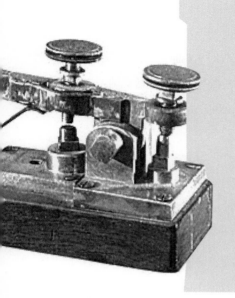

모스 전보기

이 전보기는 장거리 간에 신호
의 시작과 멈춤만을 전송할 수
있는 매우 간단한 구조이다. 이
것은 수천 년 전부터 인류가 사
용해온 빛에 의한 정보의 전달
과 같은 원리를 지녔다. 최초의
전보메시지는 볼티모어에서
워싱턴까지 전달되었고 그 내
용은 "놀라운 하느님의 작품!"
이었다. 이 노력에 대한 대가로
모스는 국회로부터 약 3만 달
러의 상금을 받았다.

러가 넘는 돈을 거둬들였고, 십 년도 지나지 않아 모스는 북아
메리카에서 가장 부유한 사람 가운데 하나가 되었다.

그가 다른 이의 발상을 상당 부분 도둑질했다는 사실이 문제
가 되었을까? 전보는 영국과 독일에서 이미 가동되고 있었고
미국에서도 다른 발명가들이 바짝 뒤를 쫓고 있었다. 모스가 아
니었다면 다른 누군가라도 미국의 전보 체계를 궤도에 올려놓
았을 것이 틀림없다.

정의로운 신은 모스가 막대한 부를 축적하는 것을 막지 않았
지만 대신 다른 식으로 응징했다. 조지프 헨리는 만족할 만한
삶을 누렸다. 학생들과 원만했고 동료들로부터 존경받았다. 반
면 모스는 수많은 협잡에 연루된 나머지 이후 삼십 년에 가까운

세월 동안 자신의 이름으로 통과시킨 특허권들을 변호하느라 소송에 휘말려 살았다(그중 한 당황스런 순간에 모스의 변호사가 대법원에서 말하기를, 진짜로, 정말로, 전보에 대한 내용을 기록한 모스의 자필 원고가 있었는데, 그것을 법원에 가지고 나오기로 되어 있던 며칠 전에 그만 알 수 없는 화재로 소실해버렸으며 목격자마저 없다는 것이었다).

전보의 발명은 예상치 못했던 여러 결과들을 낳았다. 전보가 생기기 전, 두 도시 사이에 소식을 전하던 마부는 무게가 450킬로그램도 넘게 나갈 동물을 바위와, 바퀴 자국 깊은 진흙투성이 길과, 때때로 쓰러져 있는 나뭇가지 위로 몰아야만 했다. 인간과 동물이 먹을 상당한 양의 음식뿐 아니라 안장, 마구간, 편자 등 부피가 큰 기술들이 동원됐다. 몇몇 예외를 제외하고는 19세기 초에 정보가 전해지는 속도는 고대 수메르인들의 것과 큰 차이가 없었다.

그러나 똑같은 소식을 전하는 얇은 구리 전보선은 단지 신비로운 '불꽃들'로 이루어진 전류를 흘려보내기만 하면 된다. 헨리의 시대에는 이 불꽃들이 1온스(약 28.3그램)의 백만 분의 1보다 가벼운 전자와 관계가 있다는 것을 아무도 몰랐다. 그렇지만 전선 속에 있는 물체는 보통 세상의 그 어떤 것보다도 훨씬 작고 훨씬 빠르다는 사실은 깨닫고 있었다. 골무 속에 들어갈 만큼 작은 전지가 먼 거리까지 대단한 속도로 소식을 전할 수 있는 것이다.

세상은 바뀌었다. 이제 금융가 소식이 순식간에 도시들 사이에 전해졌고 내부자 거래의 가능성이 높아지면서 새로운 형태의 기업이 등장했다. 멀리 떨어진 도시의 사무실끼리도 쉽게 연결되었다. 철도망도 더욱 복잡해졌다. 철로를 따라 가설된 전보선을 통해 기차의 출발과 도착 시각은 전국적으로 기준 시각에 맞춰 관리되었다.

심리적인 변화도 일어났다. 전기가 널리 보급되기 전에 시간이란 국지적이고, 변화 가능하며, 개인적인 개념이었다. 예를 들어 뉴욕과 볼티모어는 경도가 약간 다르기 때문에 몇 분 차이가 나도록 각자의 시간 체계를 갖고 있었고, 볼티모어의 정오는 뉴욕의 정오보다 몇 분 늦게 찾아왔다. 각 도시는 별개의 세계였다. 이곳에서 걷고 있거나 저곳에서 걷고 있는 사람, 이쪽 농장에서 일하고 있거나 전혀 다른 저쪽 농장에서 일하고 있는 사람은 각기 별개의 세계에 속했다. 그러나 이제 이 세계들의 시간은 통합되었다. 사람은 현재 어디에 있든 간에 엄격하고 공통적인 '통제된' 시간 속에서 어느 부분에 와 있는가를 알게 되었다.

이것은 세계화의 초기 형태였다. 중부와 동부 유럽까지 전보가 퍼지면서, 수백만의 농부들은 이름 외에 성을 만들라는 압박을 받았다. 새로이 팽창하는 정부 관료 조직이 그들을 가르치고 세금을 매기고 관리하기 쉽게 하기 위해서였다. 과거에 대규모 군대를 빠르게 동원한다는 것은 나폴레옹 같은 불세출의 천재, 아니면 혁명에 나선 시민들의 순간적 열광에 의해서만 가능했다. 그러나 1800년대 중반에는 사정이 달라졌다. 행군이나 기차

이동 시간이 전보를 통해 조정됨에 따라, 수만 명의 징집 군인들은 불행하게도 비슷한 방식으로 규합된 수천 명의 적군들이 때마침 모습을 보이는 때에 맞춰 도착했음을 알고는 어리둥절했다.

신문은 더 이상 느긋한 토론이나 우아한 잡담이 실리는 곳이 아니었다. 대신 주요한 외신에 의존하기 시작했다. '속보'가 시시때때로 날아들어 외무부 사무실의 느긋한 분위기를 깨는 바람에 외교적 위기 상황을 진정시킬 시간도 부족해졌다. 대중 정치 운동이 이전보다 빠르게 솟아났다. 공장의 신기술도 더 빨리 전파되었다.

한 가지 결과가 더 있다. 미국에 많은 일자리가 생겨나고 전보의 도움을 받은 세계화가 진행되자 미국으로 건너올 계획을 세우는 유럽인들이 점점 늘었다. 증기선들은 처음에는 수천 명씩 노동자들을 실어 나르더니 나중에는 그 수가 수만이 되었다. 유태인도 신교도도, 가톨릭교도도 있었으며, 모두가 생명력이 넘치는 이들이었다. 그 결과 이민자가 많은 역동적인 미국이 태어났다. 조지프 헨리는 이 모두를 사랑했다. 반면 새뮤얼 모스는 이 모두를 증오했다.

2

사랑의 힘으로 만든 전화

보스턴, 1875년
A. G. 벨

수십 년간 전보의 영향이 전 세계로 퍼지면서 세상은 점점 변해갔다. 그런데 1860년대 초에 이르러 오랜 휴지기가 시작됐다. 혁신의 중심지 중 하나였던 미국이 남북전쟁의 소용돌이와 그 여파에 시달린 탓도 있을 것이다. 그러나 1870년대로 접어들어도 여전히, 본질적으로 새로운 기술은 등장하지 않았다.

월스트리트와 런던 증권가는 새로운 아이디어에 뒤를 댈 돈을 쌓아두고 있었지만 그 돈의 용도는 오직 쉽게 이해될 수 있는 아이디어, 벌써 개발될 수도 있었을 것을 간단히 손질하기만 하면 되는 것에 국한됐다. 하지만 전기가 미친 거대한 영향, 우리 안에 숨겨져 있던 수많은 대전된 입자들을 깨워 얻게 된 새로운 세대의 힘은 이제껏 누구도 감히 상상하지 못했던 창조물을 탄생시키게 된다. 1875년의 뜨거운 여름이 되어서야 이 근본적으로 새로운 발명이 첫 모습을 드러낸다. 너무나 순수한 젊은이로, 보스턴에서 개인 교습 사업을 열고 있던 스물일곱 살의 교사가 이뤄낸 일이었다. 그를 이끈 것은 물욕도, 명예욕도 아니었다. 그의 발명을 가능케 한 힘은 사랑이었다.

불행히도 그의 애정의 대상인 메이블 허버드Mabel Hubbard("당신은 모릅니다." 그는 이렇게 간절하게 쓴 적이 있다. "제가 얼마나 당신을 사랑하는지 짐작도 못할 겁니다.")는 그의 학생이었기 때문에, 그는 그녀의 부모에게 먼저 자신의 관심을 알려야 한다고 생각했다. 그러나 그가 자신이 전도양양한 청년임을 강조하고 화려한 서명까지 내보여 그저 평범한 알렉Alec이 아니라 뒤에 k가 붙은 고상한 알렉Aleck임을 알렸음에도 불구하고, 그녀의 부모들은 감동받지 않았다. 사실 메이블은 매우 부유한 집안의 딸이었고, 그녀의 아버지는 보스턴 시내에 땅을 많이 갖고 있었다. 게다가 그녀는 고작 열일곱 살밖에 되지 않았고, 제일 중요한 사실이지만, 어릴 적 성홍열을 앓다가 감염이 귀까지 번져 청력을 잃었다. 알렉은 농아를 가르치는 선생이었고, 메이블은 십 년도 넘게 아무 소리도 듣지 못하고 살아왔다. 그녀는 수화와 독순술을 조금 배웠지만 철저한 보호 속에 살고 있었다. 부

알렉산더 그레이엄 벨과 헬렌 켈러
알렉산더 그레이엄 벨은 미국에 와서 청각장애자를 가르치는 일을 했다. 그가 의
사소통과 말하기의 근본적인 원리를 이해한 것도 그 덕이었다. 벨의 가장 유명한
학생은 보지도, 듣지도, 말하지도 못했던 어린 헬렌 켈러였다. 뒤에 그녀는 벨이
사람을 떼어놓고 소외시키는 비인간적인 침묵을 깨뜨리는 데 평생을 바쳤다고 회
고했다. 그녀가 벨에게 바친 자신의 자서전에는 다음과 같은 헌사가 씌어 있다.
"당신은 내가 성공할 때마다 아버지의 기쁨을 보여주셨고, 내가 잘못을 저지를 때
는 아버지의 자상함을 베푸셨습니다."

모는 알렉이 사랑을 고백하지 못하게 단호히 막았다.

그의 구애 사실을 비밀로 하려는 부모의 첫 시도는 24시간 만에 깨졌다. 메이블의 언니가 그를 돕기로 마음먹으면서 이 골치 아픈, 나이 많은 선생을 집으로 초대했기 때문이다. 언니는 심지어 알렉과 메이블이 정원에서 둘만 있을 수 있도록 자리를 비켜준 다음 돌아와서는 꽃 한 줌을 그들에게 내밀며 '그는 나를 사랑해, 사랑하지 않아' 놀이까지 하도록 했다.

이 일이 있은 뒤 알렉은 메이블의 부모에게 한 번 더 꾸중을 들었다. 그리고 몇 주 후에 그녀의 어머니는 모두 끝난 증거라고 하면서 그에게 편지 한 통을 읽어주었다. 편지에서 메이블은 선생님을 사랑하지 않는다는 요지의 말을 했고 그걸로 충분했다.

알렉은 메이블 부모의 의견을 존중하겠다고 맹세했다. 그러나 그의 맹세는 오래 지속되지 않았고, 8월에 메이블의 가족이 난터켓 섬에 있는 여름 별장으로 가자 그는 그들을 쫓아갔다. 그가 섬의 오션 하우스 호텔에서 묵은 첫날, 어마어마한 폭풍이 몰아쳤다. 그는 방 안에 머무르며 자신의 심정을 편지에 쏟아 부었다. "당신은 이해하지도 못할 만큼 뜨거운 열정으로 나는 당신을 사모해왔습니다…… 나를 만날 것인지 아닌지는 당신 자신이 판단해야 합니다." 다음날 그는 편지를 전하러 그녀의 집으로 갔지만, 문 앞에서 메이블의 사촌과 마주치고는 메이블이 그를 만나지 않으리라는 것, 그녀는 그를 사랑하지 않으며 정말 끝이라는 말만 다시 한번 들었다.

흔히들 눈이 안 보이면 사물과 멀어지지만 귀가 안 들리면 사람과 멀어진다고 한다. 알렉은 이 괴리를 극복하겠노라 굳게 결심했다. 그러나 말을 통해서가 아니었다. 그는 이미 메이블과 통하고 있었기 때문이다. 진정한 사랑의 접촉을 통해서 이룰 것이다. 그는 보스턴으로 돌아오는 내내 낙담한 심정이었다. 그러나 동시에 머릿속에 어떤 발상을 가득 담고 있었는데, 벌써 1년가량 몰두해왔고 이제 좋은 결과를 낳기 직전까지 와 있는 아이디어였다. 그 청년은 알렉산더 그레이엄 벨Alexander Graham Bell이고, 그는 전화를 탄생시킬 참이었다.

알렉이 영국을 떠나 미국에 막 도착한 무렵인 1870년대 초엔, 보통의 전보선 한 줄에 하나 이상의 신호를 보내는 것이 거의 가능해진 상태였다(오른손으로는 빠른 박자를 치면서 왼손으로는 완전히 별개인 느린 박자를 친다고 생각해보라. 양손이 보내는 신호들은 시간적으로 겹친다. 그러나 주의 깊게 들어보면 두 가지 형태를 구분해낼 수 있다). 알렉은 생각날 때마다 이 작업을 연구한 발명가들 가운데 하나였다. 그런데 그는 단순한 딸각 신호만이 아니라 소리 전체를 전보선을 통해 보낼 수 있을지도 모른다는 보다 대담한 생각에 마음이 끌리게 되었다. 그는 이 착상을 시험해보기 위해 견본 기계를 만들었다.

메이블의 가족에게 마음을 밝히기 반년 전인 1875년 3월, 그는 이 기기를 가지고 한때 과학계의 거물이었다는 사람을 찾아갔다. 이제는 나이 들어 프린스턴 교수직에서 은퇴한 조지프 헨리였다. 기구는 전지에서 뻗어 나온 전선이 하나의 소리굽쇠에 연결된 모양이었다. 전지를 켜고 끔으로써 그는 소리굽쇠가 다양한 식으로 소리를 내게 할 수 있었다. 알렉은 이것을 스스로 개량할지, 아니면 그냥 다른 사람들의 몫으로 내버려둘지 헨리에게 물었다. 알렉은 나중에 이렇게 회상했다. "문제점들을 극복하는 데 필요한 전기 지식이 내게는 없다고 생각했지만 (헨리의) 대답은 간명했다. '밀고 나가게!' 이 두 단어가 얼마나 나에게 격려가 되었는지, 이루 말로 설명할 수가 없다."

이제 다시 보스턴에 돌아온 알렉은 메이블을 자기 사람으로 만들 가능성이 있다는 것을 깨달았다. 연구를 진척시켜 발명품을 완성하면 어떻게 될까? 부와 명예가 따를 테고, 그녀의 부모도 그를 알아주게 될 것이다. 어쩌면 이렇게까지 운이 따라주기도 할까? 꽃으로 뒤덮인 성대한 결혼식을 하게 될지도 모른다!

그 지점까지 도달한 발명가들은 여럿 있었지만 벨이 알기로 그 이상 나아간 사람은 없었다. 그런데 사실 알렉의 사랑은 메이블에게만 미치는 것이 아니라 듣지 못하는 모든 사람들에게 해당되었다. 이것은 강력한 동기였다. 그의 어머니도 소리를 듣지 못했다. 애초에 그 때문에 그가 농아 교습 사업을 시작한 것이다. 그는 소리로 의사소통하는 방식을 이해하는 일이 일상에서 중요한 의미를 가지는 집안에서 자랐다.

알렉의 할아버지는 배우이자 대화술 전문가였다. 조지 버나드 쇼가 희극『피그말리온』을 쓸 때 주인공 헨리 히긴스 교수의 모델로 삼았던 사람이다. 알렉의 아버지는 부인의 의사소통을 돕는 데 많은 시간을 쓰다 보니, 가능한 모든 소리들을 목록으로 만들어 가르치는 보통의 음성 분류 체계가 실제 귀 먹은 사람을 돕는 데 별 소용이 없음을 알게 됐다.

그래서 알렉의 아버지는 최종적인 소리의 결과물보다는 소리를 만들어내는 과정에 초점을 맞췄다. 그는 혀와 입술의 서로 다른 위치들을 보여주는 작은 그림을 그려 '시화법Visible Speech, 視話法' 장비라고 불렀다. 그림은 어린 아이도 이해할 수 있을 정도로 간단했다. 이것을 보여주기 위해, 알렉의 아버지는 손님을 초대해서 그들에게 야릇하거나 처음 들어보는 소리를 내보라고 했다. 남아프리카 코사 족의 언어 중 혀를 차는 소리나 스페인어의 굴러가는 r 발음, 심지어 재채기 소리 같은 것이었다. 그 뒤에 그는 알맞은 카드를 꺼내어 어떻게 소리를 만드는지 설명한 다음, 방 밖에 있던 아들들을 불러 카드를 건네주었다. 그러면 알렉과 그의 형은 순전히 카드가 안내하는 바에만 의지해서 혀를 움직이고 목구멍을 넓히거나 좁힘으로써, 아버지가 목표하는 바로 그 소리를 만들어냈다.

이처럼 알렉은 언제나 소리를 창조하는 일에 관심이 깊었다. 보스턴에서 학교를 다니면서 그는 제대로 기능하는 전화를 만들기 위한 아이디어들을 모두 완성시켰다. 그가 좋아하는 제자 가운데 조지 샌더스라는 학생이 있었는데, 알렉이 가르치기 시작할 때는 다섯 살이었다. 알렉은 그냥 놀아주며 시간을 보내다가 어느 날부터인가 조지가 가진 장난감 전부에 단어들을 작게 적어 붙이고는 그 장난감을 갖고 놀 때마다 단어를 보여주었다. 변화는 얼마 뒤에 일어났다. "어느 날 아침 조지가 기분 좋게 아래층으로 내려와서 인형을 갖고 놀고 싶어 하던 때를 기억한다.

……나는 장난감 말을 만들어주었지만 그가 원하는 건 그게 아니었다. 식탁을 만들어주어도 실망한 눈치였다. 어찌해야 할지 몰라 난감한 기색이 역력하더니 종국에는 나를 바보 취급하기까지 했다. 결국, 절망적이었던 그는 카드가 담긴 상자로 가더니 잠시 궁리 끝에 '인형'이라 적힌 카드를 꺼내 내게 가져왔다." 이로써 교습이 본격적인 궤도에 올랐다. 알렉은 소년으로 하여금 인형을 갖고 논다는 생각과 마분지에 적힌 '인형'이라는 이상하고 꼬불꼬불한 글자를 연결 짓도록 만들었다. 그 뒤로 매일 오후 알렉이 집을 방문할 시각이 되면 다섯 살짜리 조지는 창가에 다가가 그의 나이 많은 친구를 열심히 기다리곤 했다.

조지와 보낸 시간을 통해 알렉이 깨달은 내용은 다른 전화 연구자들이 알지 못한 것이었다. 다른 연구자들은 보통 한 줄의 전보선의 수신 쪽 끝을 열 몇 개의 소리굽쇠에 연결하여, 다양한 조합의 신호가 가면 그중 적당한 소리굽쇠 하나가 진동하여 단어가 발음되는 형태를 구상했다.

이 방식은 잘 작동하지 않았다. 조지 샌더스와 함께 인고의 시간을 보냈던 알렉은 사람이 의사소통을 할 때는 생각을 떠올리는 데서 시작한다는 사실을 알았다. 가령 다섯 살짜리 아이가 '정말로' 인형을 갖고 놀고 싶어 하는 데서 시작하는 것이다. 조지의 카드 상자에서 주의 깊게 고른 '인형'이라는 단어가 나왔듯 생각에서 적절한 단어가 골라진다. 그 다음에야 단어는 소리로 말해지는 것이다. 알렉은 전화도 이런 단계를 따라야 한다는 것을 깨달았다. 하지만 숨겨져 있는 생각을 들을 수 있는 진동으로 과연 누가 변환할 수 있단 말인가?

해답은 메이블이었다. 그녀는 헤아릴 수 없을 정도로 깊이 알렉과 사랑에 빠져 있었다. 그녀의 어머니는 여름에 구애를 '거부' 하는 편지를 읽어주는 척했을 때 거짓말을 했던 것이다.

"저는 이제 충분히 컸다고 생각합니다." 메이블은 그해에 부모에게 이렇게 편지를 썼다. "알렉이 그의 감정에 대해서 엄마나 아빠께 말한 적이 있는지 알 만한 나이는 되었다고 생각해요. 저는 아직 다 큰 숙녀라고는 할 수 없겠지만…… 생각하면 할수록 이전보다는 훨씬 어른이 되었다고 느껴요." 그리고 다음을 강조했다. "그의 청을 제가 수락할지 거절할지에 대해서 조언해주실 필요는 없어요."

그녀와 알렉은 둘 다 아직 인정하지는 않았지만 일 년 전부터 서로 사랑해왔다. 그들이 친해진 것은 몇 달에 걸친 수업 덕분이었다. 그녀는 자신의 장애 너머에 있는 자신을 보아주는 사람을 만났고, 그는 자신의 모든 관심사를 함께 나눌 수 있는 자신만만한 여성을 만났다. 그녀가 수업에 늦으면 그는 마차를 맞으러 나갔고 둘이 함께 눈길을 헤치며 교실로 뛰어 들어가곤 했다. 그들은 정치와 가족에 대해 얘기했으며 때로 잡담도 나누었다. 시간이 흐르고 그녀가 소리 내는 것을 익히기 시작하자 그는 그녀의 목을, 그녀는 그의 목을 만졌다. 물론 다른 학생들도 있는 공간에서 예의에 맞게, 서로 다른 단어들이 서로 다른 진동을 일으킨다는 것을 이해하기 위해서라는 구실도 있었다. 그러나 둘은 각자 상대방이 무슨 생각을 하는지 궁금해했다.

"당신의 목소리는 아름다워요."

어느 날 수업이 끝나고 그는 그녀가 입술을 읽을 수 있도록 세심한 발음과 손동작을 통해 그녀에게 속삭였다. 깜짝 놀란 그녀는 이 일을 가족에게 보내는 편지에 썼다. 그녀는 자신의 목소리에 대한 기억이 거의 없었고, 평생 다시는 들어볼 수도 없다는 것을 잘 알았다. 그녀에게 목소리가 아름답다고 말해준 사람은 그가 처음이었다.

난터킷에서 그녀의 사촌이 방문자를 돌려보냈던 날 아침, 메이블은 분노했고, 나중에 알렉에게 편지를 쓰면서 모든 기회가 망가졌다고 체념했다. "당분간 만나지 않는 것이 좋겠습니다." 그녀는 이렇게 썼다. "나중에 만나더라도 사랑이라는 말은 하지 않는 것이 좋겠어요." 물론 그런 결심은 거의 순식간에 깨어졌고 결국 부모가 손을 들 것이 뻔했다. 메이블의 어머니는 메이블의 언니 탓에 고집 센 딸이라면 충분히 겪어봤고, 젊은 연인들 사이에 장애물을 놓으려 해봤자 득 될 게 없다는 사실도 잘 알았다. 그녀는 알렉을 집으로 초대해 그의 아이디어를 한번 들어 보았다. 그런데 정말, 가능성이 있어 보였다. 그녀는 그를 다시 초대했다. 메이블의 아버지와의 폭풍 같은 만남의 자리가 최소한 한 번 이상 있었고, 삐쳤다가 화해하는 연인들의 필수 연애 과정도 거친 뒤, 1875년의 추수감사절이자 메이블의 18번째 생일이 되는 날 메이블은 알렉에게 사랑한다고 말했다. 그러고 나서 그에게 입 맞추었고, 그와 결혼하겠다고 약속까지 했다. 그런데 조건이 있었다. 그가 사소한 것 한 가지를 바꿔야 했다.

그의 이름에서 마지막 k자를 빼라는 것이었다. 이때 이후로 알렉의 칠십 평생 내내 언제나 그의 이름에는 k가 없었다.

그와 메이블의 소리 없는 구애 과정을 지배했던 것은 진동이 소리를 만들어내는 과정을 이해하는 일이었다. 이것은 그가 수업에서 가르치려 한 주제이기도 했다. 보스턴 학교의 어린 학생들이 빠르게 달려오는 마차 소리를 듣지 못하는 바람에 다칠 뻔하자, 알렉은 아이들에게 외출할 때 한 손에 풍선을 들고 다니라고 일렀다. 소리는 아니라도 마차의 진동만은 보스턴의 자갈길을 따라 전해져 풍선을 떨리게 할 것이고 위험 신호를 받은 아이들은 옆으로 비킬 수 있을 것이다.

1875년에 그의 사랑과 발명은 하나가 되었다. 사람의 성대를 모방한 '인공적인' 성대 기구를 만들지 못할 까닭이 뭔가? 그는 가능하다는 것을 잘 알고 있었다. 십대 때 그와 형은 인공 목구멍과 입술을 만들며 놀았다. 혀는 코팅한 나뭇조각들 여러 개로 만들었고 뒤편에는 해부된 양의 후두를 가져다놓았으며 아래에는 풀무를 매달아 전체를 움직이는 폐로 기능하게 했다. 풀무를 펌프질하면서 후두와 직접 고안한 혀와 입술을 조심스럽게 움직이면 "엄마!" 같은 소리를 지르게 만들 수 있었다. 발음이 얼마나 정확했던지 위층에 살던 이웃이 아이가 배가 고픈 모양이라고 말해주러 내려올 정도였다.

나중에 그들은 키우던 강아지를 상대로 연습했다. 처음에는 오래 병을 앓았던 그 스카이 테리어가 계속 으르렁거리는 소리를 내도록 놔두었다. 다음엔 푸짐한 과자로 개를 꾄 뒤 알렉이 부드럽게 개의 후두를 조작했고 형은 입술을 맡았다. 여러 가지 간단한 '단어들'이 또렷하게 흘러나와 친구들을 놀라게 했다.

다시 보스턴으로 돌아와, 메이블의 아버지도 딸의 결혼을 허락하고 알렉이 딸을 잘 보살필 수 있도록 도와주기로 마음먹었다. 그는 우선 알렉에게 조수를 쓸 돈을 대주어 톰 왓슨이라는 젊은 기계 기술자를 고용하게 했다. 희망에 가득 찬 두 명의 스무 살 남짓한 청년들은 손바닥만한 딱딱한 양피지를 마련하는 것부터 시작했다. 양피지를 입 앞에 대고 단어를 말하면 목에서 나온 소리의 진동에 맞춰 앞뒤로 떨렸다. 알렉의 어린 학생들이 손에 든 풍선과 마찬가지였고, 희열에 넘쳐 메이블을 가르치던 나날에 만졌던 메이블의 목 피부와 마찬가지였다.

제대로 된 전화를 만들기 위해서, 알렉은 단어의 발음으로 인해 종이가 떨리는 형태를 그대로 전기에 적용하는 방법을 찾아야 했다. 그는 과거 몇 달간 전보를 개선하는 고된 작업을 하면서 많은 것을 배웠는데, 그중 한 가지 핵심적인 관찰을 기억해 냈다. 전지에서 쏟아져나온 전하가 전선으로 들어가면 전류는 일정한 속도로 흐른다. 그러나 전선을 휘거나 꼬면 전류는 쉽게 흘러가지 못한다. 전선 내부의 저항이 높아지기 때문이다.

알렉은 양피지를 입 가까이 대고 바깥쪽에는 거의 종이에 닿을 만큼 가깝게 전선을 두었다. 그가 말을 할 때마다 입에서 나온 공기 뭉치가 양피지를 전선 쪽으로 밀었다. 말할 때 생기는 공기의 진동은 미약하기 때문에 전선이 많이 휘지는 않았지만, 전선 속을 흐르는 전류의 흐름은 그보다 더 작았으므로 이 정도면 충분했다. 그는 전선의 양끝이 안으로 구부러진다고 상상해 보았다. 사실 선 안에 무엇이 있는지 명확히 알지는 못했지만, 그가 선 안에 흐르리라 상상한 전기 불꽃 내지는 전기 액체가 눌림을 받으면 통과하는 양이 적어질 것이다. 저항이 크기 때문이다. 그러다 바깥 세상의 거대한 인간 걸리버가 말을 멈추면 끔찍한 돌풍과 지진도 멈춘다. 선이 다시 펴진다. 전류는 최고 속도로 지나가기 시작한다. 다시 저항이 낮아진 것이다.

뒤에 많은 수정이 가해지지만 기본적으로 전화가 작동하는 방식은 위와 같다. 후두나 인두의 음성 상자를 닮은 송화기에 대고 사람이 말을 한다. 송화기는 목소리가 일으킨 불규칙한 공기 떨림에 따라 흔들린다. 크고 높은 소리에는 빠르게 떨리고 침묵이나 조용한 소리에는 거의 떨리지 않는다. 떨리는 송화기는 전선을 따라 전류를 밀어보냄으로써 이 불규칙한 떨림의 형태를 고스란히 전달한다.

전류가 듣는 이의 수화기에 도착하면 이 단계들이 거꾸로 적용된다. 목소리가 송화기에 전달한 높고 낮은 진동들이 수화기에 들어온다. 전류가 많이 도착하면 표면이, 즉 이 경우엔 플라스틱이, 빠르게 진동하므로 크고 또렷한 소리가 들린다. 전류가 약하면 수화기 속의 막이 천천히 진동하므로 조용한 속삭임이 들린다. 벨의 발명 덕분에 작은 속삭임이라도 수백 미터 길이의 전선을 통해 온전히 전해질 수 있게 되었다.

조바심 난 메이블의 부모가 재촉을 한 덕에 알렉은 특허를 신청했다. 곧 개선 사항에 대해서도 특허를 냈으며, 오래지 않아 결혼식이 치러졌다. 백합들이 가득하여 메이블을 기쁘게 한 결혼식이었다. 알렉은 그녀에게 진주와 더불어 전화기 모양으로 생긴 은 펜던트, 그리고 융성하기 시작한 벨 전화 회사의 주식 1,497주를 선물했다. 주식은 계속 갖고만 있었다면 오늘날에는 수십억 달러의 가치가 있었을 양이다. 일 년이 채 못 되어 첫아이가 태어났다. 그들의 결혼은 죽을 때까지 지속되었다.

3

E l e c t r i c
U n i v e r s e

전구와 전동기의 혁명
그리고 전자의 발견

뉴욕, 1878년
토머스 에디슨과 J. J. 톰슨

　　1870년대에 이뤄진 벨의 발명은 새로운 발견들이 쏟아질 것을 알리는 신호탄이었다. 만약 로마 제국의 총독이 갑자기 시간 이동을 하여 벨의 발명이 있기 얼마 전인 서기 1850년, 진창 가득한 습지인 포트 디어본이라는 미국 개척지로 왔다고 하자. 그는 눈앞의 광경에 특별히 놀라지 않을 것이다. 말이 끄는 교통수단과 나무로 지어진 집들이 있고 밤에는 촛불이나 기름등이 켜졌다. 대도시에나 간혹 있는 몇 안 되는 전보선들은 일상의 질을 거의 바꾸지 못했다. 그러나 만약 그 총독

이 한 세대만 더 나아가 1910년에 도착한다면, 그 진흙탕 마을은 시카고라는 도시로 번성해 있을 것이다. 자동차와 전깃불과 공중전화가 생겨나 강력한 전하들이 그 속에서 눈부신 속도로 소용돌이 치고 있으니, 시간여행을 한 우리의 총독은 놀라 말문이 막혔을 것이다.

이러한 2세대의 변화를 이끈 것은 벨과 같은 개인 발명가들이었다. 하지만 1870년대가 지나감에 따라 이후 대부분의 발명을 만들어낸 것은 산업 연구소에서 새로운 방식으로 일하는 대규모 연구자 집단이었다. 바로 그들이 발전기와 전차와 전동기와 전기조명 체계를 생산해냈으며 이 발명품들은 현대 시카고를 비롯해 전 세계 수많은 거대 도시들을 탄생시켰다.

이런 큰 연구소를 운영하려면 점잖은 알렉 벨과는 다른 성품을 지닌 사람이 필요했다. 새로운 연구 책임자는 물론 전기에 대해 잘 알아야 하고, 사실 그보다도 다른 사람으로부터 지정받은 과제를 연구할 자세가 되어 있어야 했다. 그리고 그 과제가 어떤 성격의 것이든 신경 쓰지 말아야 했다.

토머스 에디슨은 이런 새로운 유형의 연구소장 중에서도 가장 힘 있는 자였는데, 그는 1877년에 벨을 눌러달라는 중요한

토머스 에디슨

그는 과학자이면서 공학자였다. 1847년에 태어난 그는 살아가는 동안 세계가 혁신적으로 변해가는 모습을 두 눈으로 똑똑하게 지켜보았다. 그의 가장 유명한 발명은 전구이다. 고된 노동을 신봉했던 그는 하루에 20시간을 일하기도 했다. 이 중요한 미국인은 우리에게 다음과 같은 경구로 흔히 기억되곤 한다. "천재는 1퍼센트의 영감과 99퍼센트의 노력으로 이루어진다."

과제를 수락한 뒤 가장 큰 성공을 거두게 된다. 세계에서 가장 큰 전보 회사였던 웨스턴 유니온은 벨의 작업을 죽 지켜보고 있었다. 그리고 그가 최종 모델을 완성시키기 바로 전에 연락해서는 견본을 하룻밤만 자기네 회사의 뉴욕 지부에 맡기면 그냥 '검사'만 한번 해보겠다고 했다. 벨은 남을 잘 믿는 사람이었지만 '그 정도로' 잘 믿지는 않았다. 그는 견본품을 자신이 묵던 호텔방에 안전하게 보관했다.

일단 벨이 특허를 따냈으므로 더 직접적인 방도가 필요했다. 누군들 신출내기가 거대 기업의 앞길을 막는 것을 용인하겠는가? 웨스턴 유니온의 우두머리였던 윌리엄 오튼William Orton은 특히나 그럴 사람이 아니었다. 그의 전략은 황당할 정도로 간단한 것이었다. 남북전쟁 직후의 미국은 폭력적인 동네였다. 파업 해결을 위해 장총과 다이너마이트가 동원되는가 하면 특허 도둑도 심심찮았다. 이미 자리 잡은 회사들은 갓 도약하려는 회사들을 짓밟았다. 특정 기술 분야에서 부유한 투자가의 뒷돈을 확보한 막강한 포식자가 나타나기 시작했다. 그들은 새로운 전기 제품을 확인하면 똑같은 기기를 약간 다른 과정을 통해 만들어낼 수 있는 노련한 용병 기술자를 고용하곤 했다. 결국 원래의 발명가는 망하는 반면 복제품을 제작한 회사와 그것을 설계해낸 용병 기술자는 부자가 되었다.

벨의 전화는 전보 산업 전체를 잠식할 위협적인 것이었기에, 오튼은 가능한 한 가장 뛰어난 방해꾼을 찾아야 했다. 그가 바로 젊은 토머스 에디슨이었다. 오튼은 한 친구에게 즐거운 듯

이런 말을 한 적이 있다.

"그는 양심이 있어야 할 자리가 텅 비어 있다네."

에디슨은 벨과 거의 비슷한 나이였지만 출신 배경은 전혀 달랐다. 벨은 자상한 부모와 삼촌들이 있고 스코틀랜드와 런던에서 교육도 받았지만, 에디슨은 백주대낮에 광장에서 아들을 때리는 아버지가 있을 뿐이었다. 신흥 개척지 미시간에 살던 에디슨은 열 살이 되기도 전에 학교를 그만둬야 했다. 그는 이후 수년간 떠돌이 전보 기술자로 미국 전역의 싸구려 호텔과 하숙을 전전하며 혼자 힘으로 살았다. 열다섯 살짜리로서는 누구도 견디기 힘든 상황이었을 것이다. 게다가 에디슨은 청력에도 문제가 있었다. 그는 피아노가 제대로 소리를 내는지 확인하기 위해서 나뭇조각을 가져다가 작게 잘라 최대한 세게 피아노를 내리쳐야 했다("나는 열두 살 이래로 새의 울음소리를 들어본 적이 없다." 그는 언젠가 아무렇지도 않다는 듯 이렇게 말했다).

그는 젊은 나이에 결혼했다. 그러나 곧 부인과 자신은 공통의 관심사가 하나도 없다는 사실을 깨달았다. 그가 최초로 만들어낸 본격적인 발명품은 의회를 위한 고속 개표기였는데, 비웃음만 사고 말았다. 알 만한 사람은 다 알겠지만 의회는 투표의 결과를 빨리 아는 것을 원하지 않는다.

뉴욕에 도착할 무렵 그는 적의에 사로잡혀 있었고, 가난한데다 영리하기까지 했다. 그야말로 다른 사람의 업적을 냉정하게 가로챌 만한 인물이었다. 추후에 그는 명예를 회복하게 될 테지만 아직은 아니었다. 벨의 발명에는 단점이 한 가지 있었는데,

에디슨은 그 부분을 공략해보라는 오튼의 제의를 수락했다.

벨의 설계는 목소리의 진동을 송화기에 전달함으로써 거는 이의 전화에서 받는 이의 전화까지 이어진 전선을 따라 전류가 흐르게 하는 구조였다. 그래서 신호를 수백 미터 멀리까지 전달하려면 거의 고함을 질러야 했고, 몇 킬로미터 못 가 신호가 잠잠해지거나 너무 약해져 들을 수 없는 지경이 되곤 했다. 이 사실을 알고 있던 에디슨은 전기적 신호가 전화선을 통해 멀리 전달될 때까지 그대로 유지되는 방법을 생각해냈다. 그는 전용 전지를 설치하여, 사람이 전화기에 대고 숨을 쉬기 전부터 이미 강하고 꾸준한 전기 신호가 전선에 흐르도록 했다. 전화를 잡은 사람이 말을 하기 시작하면 그 호흡은 기존에 안정적으로 존재하고 있던 전지 신호를 변환하는 역할, 즉 좀더 세게 하거나 좀더 약하게 하는 역할을 했다. 그 결과 목소리는 빨리 희미해지지 않게 되었고 수십 킬로미터 밖까지도 통화가 가능했다.

오튼은 무척 기뻐했으며 오늘날의 단위로 치자면 수백만 달러에 해당하는 사례금을 에디슨에게 주었다. 그러나 오튼의 기쁨은 오래 가지 못했다. 벨 자신은 유순한 사람이었는지 모르지만 그의 장인은 그렇지 않았기 때문이다. 장인은 곧 변호사들을 고용하고 신문에 정보도 흘렸다. 오튼을 개인적으로 조용히 위협했을 가능성도 있다. 웨스턴 유니온 사가 개량된 송화기를 통해 수입을 다소 올리긴 했지만 벨은 주된 전화 특허들을 무사히 지켜냈다.

그런데 에디슨과 그의 연구진에게는 이 모든 소동이 남의 일이었다. 에디슨은 특허 약탈꾼으로 일하는 동안 벨이 저항을 이용해 전선에 흐르는 전류를 조작했던 방식에 대해 더 깊이 연구하게 되었기 때문이다. 그는 같은 전략을 활용해서 다른 기구들도 만들 수 있겠다고 생각했다. 실제로 1878년 10월 30일, J. 피어폰트 모건(J. P. 모건 사의 전신을 창립한 재정가의 2세로 미국에서 철도 산업, 기업 합병, 투자 등으로 명성을 날렸다—옮긴이)은 파리에 있는 대리인에게 다음과 같은 편지를 썼다.

"지난 며칠간 나는 우리 모두에게 중차대한 의미를 띨 가능성이 있는 어떤 일에 몰두해왔네. ……현 시점에서는 보안이 중요하기 때문에 상세한 내용을 적지는 못하겠네. 다만 그 주제는 에디슨이 개발하고 있는 전구라네……"

에디슨은 방문한 신문기자나 친구들에게 무뚝뚝한 태도로 자신은 몇몇 실용적인 기구들을 이리저리 조립해보는 것 이상의 관심은 없다고 말하는 것을 좋아했다. 하지만 사실이 아니었다. 벨의 전화를 개량한 에디슨처럼, 중요한 발명품을 복제하거나 개선할 만큼 똑똑한 사람은 스스로도 중요한 통찰을 이뤄내기를 바라게 되는 법이다. 에디슨은 어려서부터 뉴턴의 저작을 읽으려 했던 사람이다. 그는 기술적 재주를 가진 자신을 부자로 만들어준 이 새로운 전기의 세계에 뭔가 독창적인 기여를 하고 싶었다. 효율적인 전구라면 훌륭한 예가 될 것이다.

수십 년간 연구자들은 실용적인 인공 불빛을 꿈꿨지만 성공의 문턱에 다다른 자는 없었다. 주철 난로를 본 적 있는 사람은 금속을 가열하면 처음엔 붉은색, 다음엔 주황색으로 빛나다가 마지막에는 거의 하얀 빛을 낸다는 것을 안다. 금속 조각에 전지를 연결하고 충분히 가열하면 빛을 낼 것이다. 그렇지만 빛을 내는 금속이 쓸모 있을 정도로 오래 가게 하려면 어떻게 해야 할까?

사람들이 풀지 못한 것은 이 문제였다. 미시 세계에 대해 알려진 바가 거의 없었으므로 일단 튀어나온 전력을 통제하는 법도 알기 어려웠다. 초기의 실험 중 하나로, 1872년 러시아의 알렉산드르 로디긴Aleksandr Lodygin은 상트페테르부르크에 있는 해군 조선소 주위에 전등 200개를 설치했다. 하지만 전기를 올리자 금속 필라멘트들은 지나치게 강하게 타올라 몇 시간 만에 녹아버렸다.

그래도 전깃불에 대한 열망은 가시지 않았다. 최선의 대체재였던 기름 전등이나 가스등은 문제가 많았다. 1800년대 초반에는 비교적 깨끗한 등잔용 기름을 얻기 위해 고래가 마구잡이로 포획되었다. 고래 기름이 비싸지자 등유나 기타 중유가 사용되었는데, 연기와 냄새가 지독했으며 등잔이 넘어지기라도 하면 불이 났다. 천연 가스는 좀 나은 편이지만 비싼데다 멀리 운송하기도 어렵고, 그을음이 쌓여 넘치는 것을 막기 위해 끊임없이 점화구를 청소해주어야 했다.

에디슨이 전등 재료로 처음 생각한 금속은 백금이었다. 금속 가운데 녹는점이 가장 높은 축이기 때문인데, 또한 가장 비싼 축이기도 했다. 곧 그는 더 싼 금속들을 찾아보기 시작했고, 니켈 선을 사용했을 때는 거의 성공이라 생각했다. 가열된 니켈은 이전 것들처럼 갑자기 타오르지는 않았지만 보통으로 타고 있을 때도 빛이 너무 셌다. "전등이 엄청나게 밝아서," 에디슨은 공책에 이렇게 적었다. "저녁 10시부터 새벽 4시까지 밤새 눈이 타는 듯 아팠다. ……모르핀을 잔뜩 먹고 자야겠다."

시간이 흘러 그는 눈을 쏘지 않을 정도로만 적당히 빛나는 니켈선 전등을 만들어냈지만, 여전히 너무 빨리 타버리는 게 문제였다. 동료 중 하나는 월스트리트의 후원자에게 첫 시연을 설명하면서 이렇게 말했다.

"오늘 이 (니켈선) 전등들이 반딧불처럼 붉은 체리색으로 밝아지는 것을 보았습니다. 에디슨 씨가 '좀더 흘려넣지'라고 말하자 등이 더 밝아지기 시작했지요. 그러자…… 폭발이 일어나더니 휙 하고 꺼졌습니다. 공작소가 완전히 깜깜해졌지요."

필라멘트가 타버리는 것을 막기 위해 에디슨은 필라멘트에 산소 접근을 막는다는 아이디어를 떠올렸다. 필라멘트를 진공으로 감싸면 되었다. 그는 유리 용기에서 공기를 빼낼 펌프를 사고, 일류의 유리 장인을 고용하고, 펌프를 개량했다. 곧 뉴저지 시골에 있는 그의 연구소에서 연구진들은 튤립 봉오리를 닮은 작은 유리 용기, 즉 오늘날 '전구'라 불리는 것을 만들어냈는데, 그 속의 공기는 에베레스트 산 꼭대기보다도 희박하여 거의 지표에서 수백 킬로미터 상공 수준에 가까웠다. 1879년이 지나갈 무렵 그는 보통의 대기보다 수백만 배 옅은 공기가 담긴 유리 전구를 완성했다.

그래도 제대로 되지 않았다. 이 전구 중심에 여러 가지 금속 필라멘트를 넣어보았지만 하나같이 뜨거워져 타버리거나 녹거나 갈라졌으며 전구 속의 기압이 낮았음에도 불구하고 불꽃이 일더니 실패로 돌아갔다. 그는 금속이 아닌 다른 것을 시도해야겠다고 맘먹었다.

에디슨은 까맣게 태운 종잇조각을 두 전극 사이에 끼워 빛이 나는지 확인해보기도 하고, 코르크 덩어리나 실도 시험해보았다. 특히 실이 가능성 있어 보여 그는 한동안 보기 좋게 성공했다고 자랑스러워했다. 곧 그마저 실패로 판명 나자 화가 치민 그는 종이의 일부를 현미경에 넣고 검사하기도 했지만, 아무리 확대해도 그 속을 흘러가고 있으리라 상상되는 전기 불꽃들의 모습은 볼 수가 없었다. 그는 분출된 전기 입자들이 필라멘트를 따라 구르고 부딪치고 하는 통에 전선이나 실을 세게 두드려 이들이 뜨거워지는 것이라 믿었다. 손바닥을 빠르게 비비면 따스해지는 것과 비슷하다. 그는 더 매끄러운 필라멘트를 찾기로 결심했다.

"나는 믿습니다." 그는 화라도 난 듯한 말투로 동료들에게 말했다. "전능하신 신의 공방 어딘가에는 반드시 우리의 목적에 들어맞게 기하학적으로 평평한 섬유로 이루어진 식물이 존재할 것입니다. 그것을 찾읍시다."

그리고 연구진은 그렇게 했다. 그는 뉴욕의 후원자로부터 거의 무한한 재원을 약속받고 있었으므로 전기에 대해 연구하는 그 어떤 발명가보다도 돈이 많았다. 게다가, 더 중요한 부분이겠지만, 그에게는 최고로 열정적인 일꾼들이 있었다. 에디슨은 자신을 이끈 것이 가난이었음을 잘 알기에 자신과 비슷한 사람들만 썼다. 그들은 남북전쟁 때 어디서 무엇을 했는지도 모를 만큼 거친 떠돌이 기술자들이었다. 명민한 런던 토박이 새뮤얼 인설Samuel Insull을 비롯한 연구진은 필라멘트와 공기 펌프에 정통해 있었다. 그들은 식물 섬유에 대한 자료를 긁어모았다. 그러고도 여의치 않자 그들은 문제의 섬유를 찾아 직접 세계 각지로 떠나기 시작했다. 한 명은 쿠바로, 다른 한 명은 브라질로, 세 번째 사람은 중국 및 여러 동쪽 나라들로 향했다. 그리고 드디어, 일본의 중남부에서 그들은 마다케 대나무를 찾았다. 이 대나무의 섬유는 백금이나 니켈, 심지어 지금까지 제일 나았던 검게 그을린 면사보다도 훨씬 에디슨의 목적에 맞았다.

에디슨의 직원이 마다케 대나무의 섬유를 전지에 연결된 선에 끼우고 스위치를 올려 강력한 전하가 쏟아져 들어가게 하자, 대나무는 희미한 빛을 뿜었다. 대나무 주위에 유리구를 씌우고 공기를 빼내자 대나무 선은 한층 밝아졌고, 빛나고 또 빛나고 계속 빛났다. 러시아에서 만들었던 백금 전구는 최대 12시간 지속되었다. 영국에서 조지프 스완Joseph Swan과 다른 이들이 한 실험은 에디슨의 결과와 비슷했는데 대략 수십 시간 지속되었다. 그러나 이 일본산 대나무는, 마치 우주 공간인 듯 격리된 진공의 전구 속에서 빛을 발하며, 무려 1,500시간이 넘게 버텼다.

이 발명이 진정 실용적인 것이 되려면 에디슨과 그의 연구진은 수많은 연관품들도 함께 발명해야 했다. 언제나처럼 처음 든 생각은 남의 특허를 훔쳐오는 방법이었다. 하지만 그들은 너무나 참신한 영역을 개척하고 있었기에 남의 작업을 모방하는 것 자체가 불가능했다. 예를 들어 전구를 쉽게 끼울 소켓이 필요했는데, 이제껏 그 누구도 그런 것이 필요한 적이 없었기 때문에, 연구진은 스스로 등유 깡통의 나사 마개를 응용하는 방법을 발명해냈다(이로써 오늘날의 나사 달린 전구가 생겨났다). 그들은 진공 전구를 최대한 바짝 나사에 붙여, 공기가 새어들어가 발광 필라멘트의 수명을 소모하는 일이 없게 했다.

그래도 여전히 더 많은 발명이 필요했다. 사용된 전기의 양을 자동으로 측정하는 체계도 필요했고(그래야 요금을 매길 수 있다), 전구에 전력을 공급하는 방식도 개선해야 했다. 곧 에디슨과 연구진은 이 모두를 포괄할 새로운 작업들에 바쁜 나머지, 의식하지 못하는 새 특허 베끼기는 완전히 그만두게 됐다. 전화 하나라면 개인이 발명할 수도 있다. 그러나 에디슨의 전력망은 스위치, 퓨즈, 전력선, 지하 절연체, 기타 등등 수십 가지의 발명을 동시에 진행해야 하는 일이었다. 에디슨은 더 이상 사기꾼이 아니었다. 그는 창조자였다.

1870년대 말의 이 발명의 물결은 한 세기 전 전보의 발달을 뛰어넘는 영향을 미쳤다. 전보 또한 무한히 강력한 힘을 지닌 듯했다. 해로울 것 없는 딸각 소리 몇 번에 전 세계의 기업 풍토, 금융 시장, 뉴스 수집 방식, 정치 조직이 바뀌었다. 정보를 빠르게 전할 수 있게 되자 지구는 축소되었다. 전구가 밤을 축소시킨 것과 마찬가지였다.

그렇지만 전보 신호가 아무리 빨리 달릴 수 있다 해도, 전선

일렉트릭 유니버스

의 반대편에 '생겨나는' 현상은 단순한 딸각 소리뿐이다. 빅토리아 시대의 기술자들은 기관차나 공장의 피스톤 등 거대한 물체들을 움직이게 할 줄 알았지만 그러자면 절거덕 소리를 내는 묵직한 증기 엔진에 기대야 했다. 이제 19세기의 마지막 십 년이 지나는 동안, 기술자들은 대전된 전기 입자를 새로운 기구에 쏟아붓는 방법을 연이어 고안했고, 그 힘을 통해 신선하고 독창적인 방식의 운동을 가능하게 만들었다.

이런 창조물 가운데 가장 강력한 것은 전동기였다. 장난감 수준의 작은 전동기는 수십 년 전부터 있었지만 전화가 등장한 뒤 에디슨의 연구진은 물론 다른 발명가들까지 나서서 전동기 개량에 매달렸다.

전동기의 내부 기제를 이해하려면 기다란 분침 하나만 달린 시계를 상상해보라. 분침은 정확히 12시 방향을 가리키고 있다. 분침은 가만히 있길 바라는데 누군가 작은 전자석을 시계 표면으로 가져가 오른쪽 3시 방향에 가볍게 갖다 붙인다.

전자석을 켜면 금속으로 된 분침은 자석의 유혹에 이끌려 시계 방향으로 돌 수밖에 없다. 자석이 계속 켜져 있다면 분침은 3시 정각에 멈추어 서고, 가볍게 떨리기만 할 것이다.

그런데 분침이 3시에 도달하기 조금 전에 잔인한 고문관이 자석을 끄고, 9시 방향에 놓인 또 다른 전자석의 스위치를 올린다고 생각해보자. 금속 시계 바늘은 관성에 따라 3시 표지를 획 지나칠 텐데, 그 다음에는 멈춰 서는 게 아니라 9시에 놓인 자석의 영향을 느끼기 시작한다.

이 시점에서 장난을 멈춘다면 분침은 9시 방향에 도착하여 영원히 멈춰설 터이다. 그러나 또 바늘이 목적지에 도달하기 전에 9시 자석을 끈다고 생각해보자. 금속 분침이 9시를 지나자마자 재빨리 3시 자석을 켜면, 우스꽝스런 맴돌이 운동이 한 번 더 반복된다. 분침의 사정은 언제까지고 손닿지 않는 곳으로 도망치는 가짜 토끼를 쫓는 그레이하운드 경주견과 마찬가지다.

이것이 전동기의 원리이다(돌고 있는 전동기에서 나는 소리로 이 작동원리를 확인할 수 있다. 두 개의 전자석이 각기 초당 110회씩 켜졌다 꺼졌다를 반복한다면 전체로는 초당 220회가 된다. 여기서 중간 도 음에 가까운 윙윙 소리가 발생하는 것이다). 이 전동기로부터 힘을 얻으려면 돌고 있는 막대기 부분을 잡기만 하면 된다. 앞서의 상상으로 돌아가보자. 이 괴이한 시계의 분침에 실을 걸면, 분침을 꿰어 원을 그리게 하는 전자석의 힘으로 실에 매달린 장난감 크기의 바구니 정도는 들어올릴 수 있다. 그리고 에디슨과 다른 발명가들의 작업에서처럼 이 기구를 확대한 뒤 3시와 9시 방향에 설치된 거대한 전자석에 충분히 전력을 공급하면, 원을 그리며 나아가는 금속 막대기의 힘으로 고층 빌딩 엘리베이터를 한 층 끌어올릴 수도 있게 된다.

전동기의 존재는 고층빌딩의 등장에도 결정적인 기여를 했다. 마천루의 건조에는 철제 빔 등의 재료가 우선 필수적인 것이었겠지만, 사람들이 수십 층이 넘는 계단을 걸어서 올라 다녀야 했다면 건물을 높게 짓는 유행이 생겨났을 리 만무하다. 하지만 전기로 움직이는 엘리베이터가 있다면 힘들게 걸어 다닐 필요가 없다. 그러니 땅값이 비쌌던 뉴욕과 시카고 중심부에서는 당연히 건물을 수직으로 높게 올려 짓게 되었으며, 오래지 않아 두 곳을 비롯한 여러 도시들은 전기로 가동되는 고층건물들의 지붕이 하늘을 찌를 듯 솟아오른 경관을 연출하게 되었다. 수십억 년 넘게 우리 곁에 있던 전하의 힘은 이제 빅토리아 시대 회사원들을 좁은 엘리베이터에 태워 고층으로 끌어올리는 일에 투입된 것이다

회전 금속 막대의 길이가 0.3미터 남짓 되는 작은 전동기로는 전차의 회전 바퀴를 만들 수 있다. 이 발명은 중대한 변화를 가져왔다. 사람들은 더 이상 공장이나 사무실에 걸어다닐 수 있는 거리에 살지 않아도 되는 것이다. 이전에도 말이나 마차를 거느릴 여력이 되는 소수의 부자들은 죽 그런 식으로 살았고, 증기 기관차가 탄생하자 어느 정도지만 대중교통이 가능해지기도 했다. 그러나 이제 더 많은 사람들이 혜택을 입었다. 새로 놓인 전차 선로를 따라 시내 외곽까지 기다랗게 교외 거주 지역이 형성됐다.

전동기의 영향은 여기서 멈추지 않았다. 전차를 끌려고 거대한 발전소를 건설했던 전차 회사들은 직장인들이 퇴근하는 오후 7시 이후에는 전기를 쓸 데가 없다는 사실을 깨달았다. 여분의 전력으로 무얼 하면 좋을까? 해결책 가운데 하나가 현대적인 놀이공원을 만드는 거였다. 곧 미국 전역 및 서부 유럽 일부의 도시 근교에는 전기로 운행되는 롤러코스터와 환하게 밝혀진 상점가가 있는 놀이공원들이 등장했다. 1901년 즈음 미국의

거의 모든 대도시에는 이처럼 지역 전차 회사들이 소유하고 그들의 전기로 운영하는 놀이공원이 있었다.

놀이공원에는 온갖 것들이 뒤섞여 있었는데, 어른 세대가 좋아하지 않는 것들도 많았다. 비싼 돈을 치르고 공원으로 놀러 가는 시절이 오기 전, 가난한 이민자의 자녀들은 동네 주변에서 자기들끼리 어울리며 놀았다. 부모나 이웃들이 감독하기도 좋았다. 하지만 아이들이 새로 생긴 공원으로 나가서 낯선 이들을 만나고 다니게 되자 통제가 불가능했다. 가끔은 여러 집단이 충돌하여 몸싸움이나 말다툼이 벌어졌다. 그러나 동시에 연애와, 격렬한 입맞춤과, 전통적 경계를 벗어나 맺어지는 결혼도 늘었다.

산업도 변했다. 에너지를 생산하는 장소와 사용하는 장소가 멀리 떨어져도 괜찮았기 때문이다. 샌프란시스코의 케이블카는 이 원리를 응용한 최초의 이동 기기가 되었다. 사실 철로 된 무거운 모터를 샌프란시스코의 언덕을 따라 올렸다 내렸다 하는 것은 증기 엔진으로도 버거운 일이었다. 전기로 운영되는 공장도 마찬가지 기술을 사용할 수 있었다. 일꾼들은 이제 증기 엔진 가까이 설치돼 있거나 기다란 도르래 벨트 하나의 동력으로 구동되는 도구들을 함께 쓰느라 부대낄 필요가 없었다. 아니, 애초

> **샌프란시스코의 케이블카**
> 언덕으로 된 도시인 샌프란시스코를 가장 잘 구경하는 방법은 샌프란시스코의 명물인 케이블카를 타는 것이다. 샌프란시스코 케이블카는 1873년 개통되었으며, 오르락내리락하는 언덕을 잘 다닐 수 있도록 도로에 깔린 철선을 이용하여 당기는 장치가 있다.

에 증기 엔진이나 막대한 양의 석탄 재고를 쌓아둘 필요조차 없었다. 샌프란시스코의 케이블카처럼 수십 또는 수백 킬로미터 떨어진 곳에서 전력을 생산한 뒤 끌어다 쓰면 되었다. 수력 발전을 위한 폭포나 석탄이 없는 곳에도 산업 도시가 융성했다.

혁명적인 변화는 어디에나 찾아왔으며 가정이라고 예외는 아니었다. 역사상 최초로, 물건을 옮기고, 청소하고, 빨래하는 진빠지는 가사 활동에 인간 신체 조직에 저장된 포도당 이외의 다른 동력을 사용하게 되었다. 작은 전동기가 이런 노동 가운데 많은 부분을 대신해주었다.

그러자 기억할 수도 없을 만큼 오랜 시간 고정된 듯 보였던 사람들 사이의 관계도 달라졌다. 하인들이 무릎을 꿇고 앉아 축축한 빨래를 치대거나, 난롯가에 생긴 그을음을 긁어내거나, 물이 흐르는 양동이를 들고 계단을 터벅터벅 오르내릴 때, 그들은 잡담이나 독서로 소일거리할 시간이 많은 이들과는 인간 자체가 다른 듯 보였으므로, 하인들은 투표할 "자격이 없다"고 여겨졌던 것도 대충 상상이 간다(늘 지쳐 있던 하인들 역시 투표권을 주장하는 것은 너무 거창한 얘기라 느꼈을 수 있다). 그러나 전기 펌프와 전동기로 돌아가는 세탁기가 생기고 뒤따라 전기 냉장고와 전기 재봉틀까지 등장하자 자질구레한 노동이 적어졌고, 굴종하는 관계도 따라서 사라져갔다. 노동계급 남성의 투표권, 나아가서는 여성의 투표권을 요구하는 것도 가능해 보이기 시작했다.

에디슨은 행복해야만 했다. 그와 그가 이끈 연구진이 이 모든

조지프 존 톰슨
아이러니하게도 톰슨은 돈이 없어서 물리학자가 되었다.
그의 아버지는 그를 기술자로 만들려고 했지만 그 당시
에 기술자가 되기 위해서는 수업료를 내야 했고 유감스
럽게도 그의 집은 가난했다. 톰슨은 학생들을 가르치는
데도 훌륭한 재능을 보였다. 1906년에는 그 자신이 노벨
물리학상을 받았고, 그 뒤에는 자신의 여러 동료들이 노
벨상을 받는 것을 보는 행운을 누렸다.

기술의 발명에 중요한 역할을 해냈기 때문이다. 나이가 들면서
불평이 늘긴 했어도 에디슨은 여전히 작은 기계들을 사랑했으
며 사회적 변화도 잘 받아들였다. 그런데도 그는 만족하지 못했
다. 그는 기저에 놓인 과학적 문제를 계속 고민했다. 그것이 그
가 대다수 동료 기술자들과 다른 점이었다.

그는 아마 자기 세대에서 가장 뛰어난 전기 기술자였겠지만 전선 내부에서 일어나는 일에 대해서는 아무것도 몰랐다. 기자들이 찾아와 이 위대한 발명품들의 실제 작동 방식에 대해 설명해달라고 조르면 에디슨은 그냥 웃어넘기곤 했다. 그런 문제들은 공상하기 좋아하는 교수님들이나 연구하는 거라고 하면서, 비밀이 밝혀질 때쯤 자신은 죽은 지 오래일 거라고 말하곤 했다. 그러나 실제로 딱 한 번, 에디슨은 비밀을 풀 단서를 목격한 적이 있다. 1883년에 그는 시험하던 전구의 안쪽에 가끔 까만 점이 생기는 것을 보았다. 묘한 일이었다. 필라멘트에 두를 때는 점 하나 없던 유리였기 때문이다. 긁혀서 생긴 자국일 리도 없고(필라멘트는 절대 유리에 닿지 않는다), 먼지나 숯검댕일 수도 없었다(전구 안에는 거의 공기가 없어 먼지가 있을 리 없다).

에디슨은 점들 때문에 혼란스러웠다. 필라멘트에서 뭔가가 튀어나와 점을 만든 걸까? 그는 이 문제를 연구해보고 싶었지만 조수들이 몸을 사렸다. 실용적인 발명이라면 그들도 시간을 아끼지 않고 노인을 도왔을 것이다. 하지만 그냥 작은 까만 점들일 뿐인데? 에디슨은 혼자서 연구하려 했지만 남의 도움 없이는 힘들었던지, 몇 달 지나지 않아 그만두었다. 그로부터 수년 후에 그는 이렇게 말했다. "나는 당시 너무 많은 일들에 매달려 있느라 그 일에 매달릴 시간이 없었다."

그것은 일생일대의 실수였다. 그 후 수십 년간 소수의 연구자들이 이와 비슷한 경우에 대해 연구하기 시작했다. 그중 가장 끈질긴 사람은 에디슨보다 몇 살 아래인 조지프 존 톰슨Joseph

John Thomson이었다. 1880년대와 1890년대에 그는 한때 뉴턴이 다녔던 케임브리지 대학에서 일하고 있었다.

톰슨은 실험 과학자 가운데서 챔피언이 될 만한 사람은 결코 아니었다. 그를 J.J.라고 부르는 친구들조차 그가 실험 설계는 쉽게 해내면서 막상 기구를 만들 때는 지독히 곤란을 겪는 데에 놀랐다(그때부터 캐번디시 연구소에서 찍은 공식 단체 사진에서 그를 알아보기는 쉬웠다. 뒷줄에 서서 두꺼운 안경을 끼고 살짝 미소를 띠었으며, 넥타이가 비뚤어진 유일한 사람을 찾으면 된다). 어쨌든 그는 에디슨의 전구를 확대한 모양의 기구를 그럭저럭 만들어 냈다. 그리고 자석을 설치해 그 힘이 안쪽까지 미치도록 하여, 필라멘트에서 날아 나오는 무언가의 방향을 '조정'하게 했다. 그러고 나서 그는 날아 나온 입자들의 무게를 쟀다.

이렇게 해서 그는 전자를 발견하게 되었다. 원자들은 단단한 작은 공이 아니었다. 오히려 일부분이 떨어져나갈 수 있었다. 이 떨어져나온 덩어리는 마치 더 작은 공처럼 튕기다가 앞에 열린 공간으로 미끄러져 나갔다.

전선 안을 굴러가며 전류를 발생시킨 것은 바로 이 떨어져나온 덩어리들, 즉 전자들이었다. 그랬던 것이다.

조용하고 서툰 J.J.는 뉴턴 이래 수많은 사람들이 그저 추측만 해온 현상을 설명해냈다. 알고 보면 이렇게 쉬운 거였다! 세상은 강력한 전하들로 이루어져 있는데, 이들은 보통 숨어 있지만 우리가 긁어낼 수도 있다. J.J.와 동료들이 보기에 전지의 금속에서 쏟아져나온 것은 영겁의 세월 동안 갇혀 있다 풀려난,

소형 함대처럼 뭉친 전자들이었다.

탈출에 성공한 전자들이 전구 필라멘트 속에서 부딪치고 충돌하자 그 충돌로 인해 필라멘트가 뜨거워져 빛을 내게 된다. 에디슨이 관찰했던 까만 점은 필라멘트에서 튀어나온 전자들이 계속 들이받는 바람에 유리에 자국이 생긴 것이었다.

전선 속에서 일어나는 일을 밝히기 위한 한 세기의 모험은 끝이 난 듯했다. 노벨상을 탄 것은 에디슨이 아닌 J. J. 톰슨이었고, 그는 빅토리아 시대의 전기가 실제로 어떻게 작동하는지 설명해준 인물로 숭앙받았다.

그러나 여기에는 거대한 오류가 하나 있었다.

전기 기기들 속에 전자들이 굴러가며 일한다는 것이 사실인가? 그렇다면 뉴욕에 있는 사람이 보스턴에 있는 사람에게 전화를 하면 뉴욕의 전화기가 금속선을 따라 전자들을 밀어붙이기 시작해 결국 보스턴의 수화기에서 전자들이 빠져나올 것이다. 이것은 말이 되지 않는다. 뉴욕의 통화자가 상대방이 끼어들 틈도 주지 않고 혼자서 오래 말을 하면, 보스턴에는 전자들이 굉장히 많이 쌓여서 커다란 까만 점들이 떨어져야 하는 것 아닌가? 이런 일은 없다. 어딘가 설명이 부족한 데가 있었다.

전자들의 운동을 조정하는 무언가 다른 것이, 무언가 눈에 보이지 않는 다른 힘이 있어야 했다. 전자를 이동시키면서도 끝부분에 쌓이지 않게 하는 마술을 가능케 하는 힘이어야 한다. 대체 무엇이란 말인가?

에디슨은 이 보이지 않는 힘이 존재한다는 사실을 확신했다.

한번은 직접 접촉을 시도한 적도 있다. 아무도 몰래 그는 작은 추를 하나 만들고 추에 이어진 전선을 자신의 이마에 대었다. 그리고 순수한 생각의 힘만으로 추를 움직이려 했다. 아무 일도 일어나지 않았다. 반쯤 당황하고 반쯤 고민스러워진 그는 실험을 때려치우고, 자신은 이 숨겨진 힘을 밝혀내는 인물이 못 되리라는 사실을 받아들였다.

사실 전기의 숨겨진 힘을 밝혀내고 이해하는 데 몰두한 일군의 연구자들이 이미 있었다. 그들은 오래전부터 작업해왔지만 내용이 너무나 이론적이었기에 1800년대의 실용적인 발명가들에게 무시당했다. 이 연구자들의 믿음에 따르면 인류는 강력한 망을 이룬 신비로운 힘의 장들로 둘러싸여 있었다. 인간은 수천 년 전부터, 메소포타미아나 이집트, 중국, 안데스 문명에서부터 그 속을 활보해왔지만 힘의 장이 눈에 보이지 않는 탓에 그 존재를 눈치 채지 못했다. 그들의 존재를 느낄 수 있는 유일한 단서는 정전기에 의한 불꽃이나 번갯불 같은 자연의 '실수들' 뿐이었다.

에디슨은 이런 믿음을 지닌 연구자들의 존재를 희미하게나마 알고 있었다. 또한 그가 아직 어린아이였던 1850년대에 대서양의 깊은 물속에서 진행된 기묘한 기술 사업에서 그 연구자들에게 중요한 의미를 지니는 일이 벌어졌다는 사실도 알았다. 에디슨은 그 프로젝트가 있기 전에 위대한 영국인 과학자 마이클 패러데이가 있었다는 것도 알았다. 패러데이야말로 보이지 않는 힘의 장의 존재를 예견한 사람이었다.

젊었을 때 에디슨도 패러데이의 저작 가운데 몇 권을 읽어본 적이 있었다. 그러나 이제 전구와 발전기와 전동기로 바쁜데다 감독할 부하 직원도 많고 투자할 자산도 많아진 에디슨은 그런 어려운 책을 읽을 짬을 내기 어려웠다. 그저 가끔씩 그 보이지 않는 힘을 정복한다면 그것으로 어떤 새롭고 강력한 기계들을 만들 수 있을까, 상상하곤 했을 따름이다.

에디슨과 벨과 그 밖의 실리적인 빅토리아 시대 발명가들은 자신들이 전자라는 고대의 힘을 끄집어냈을 때 현상의 가장 깊은 바닥까지 도달했다고 생각했다. 그러나 그들은 표면을 훑었을 뿐이다. 아래에는, 여전히 무언가가 더 있었다.

2부 | 파동

그 옛날 폭발하는 별들로부터 탈출한 금속은 지구에 떨어질 때 또 다른 강력한 힘을 갖고 있었다. 금속에 숨겨진 전자들 각각의 주변에서는 눈에 보이지 않는 힘의 장이 밖으로 뻗어나왔다.

이 힘의 장은 평범한 환경에서는 탐지해내기 불가능한 것이다. 그런데 보이지 않는 장은 금속 중에서도 철에서 더욱 강하게 나타나는 경향이 있었다. 태초에 생겨난 철광들 대부분은 지구 속 깊숙한 곳에 묻혀 내려갔고, 지구가 회전함에 따라 이 철들도 함께 회전했다. 회전이 계속되자, 지구를 둘러싸고 거대한 자기장이 생겨났다.

지구의 자기장은 땅으로부터 솟아나고 있었다. 인간은 지구에서 살아온 대부분의 기간을 이 장의 존재에 대해서 모르고 지냈으나, 마침내 고대 중국인들이 알아차리기 시작했다. 그들은 이 힘이 예민한 나침반 바늘을 회전시킨다는 것을 이용하여 항해의 길잡이로 삼았다.

지구에 사는 인간들 대다수는 너무나 아는 것이 없었고, 현명한 인간들 대다수는 너무나 독단에 사로잡혀 있었으므로, 이 편재하는 자기장이 던져주는 단서를 보고서도 더 이상의 것을 알아내지 못했다.

그런데 어느 날, 이슬람력으로 13번째 세기,

부처가 설법을 시작한 지 24번째 세기,

유대력으로 56번째 세기,

그러니까 한마디로 서기 19세기에 들어,

상황은 획기적으로 바뀌었다.

4

E l e c t r i c
U n i v e r s e

보이지 않는 힘
역장의 발견

런던, 1831년
마이클 패러데이

마이클 패러데이. 보이지 않는 힘의 장의 실체를 밝히는 데 가장 큰 공헌을 한 이 사람은 1791년, 즉 전자의 존재가 알려지기 백 년 전에 런던의 노동계급 가정에서 태어난 고수머리 사내였다. 십대의 그는 혈기왕성한 젊은이였다. 그는 친구들과 런던의 거리를 쏘다니며 단어 놀이와 각종 게임으로 그들을 골리곤 했다. 언젠가 그는 친구인 벤저민 애벗Benjamin Abbott에게 보낸 편지에 이렇게 적었다:

－아니－아니－아니－아니－아무것도－맞지 않아－아니, 철학은 아직 죽지 않았어－아니－아니－오 아니－그도 알고 있지－고마워－이건 불가능한 일이야－브라보.

위에 쓴 건 말이지, 친애하는 애벗, 9월 28일에 네가 보낸 편지의 첫 장에서 물었던 질문에 대한 완전하고도 명료한 증명이야.

1813년 8월, 왕립연구소의 실험 조수 자격으로 과학자의 길로 들어선 뒤에도 그는 이 유머 감각을 간직했다. 어느 날 밤에는 애벗을 몰래 불러들여 함께 질산 가스를 흡입했다. '웃음 가스'라 불리는 이 가스는 연구소 소장이 실험용으로 예비해둔 것이었다.

그러나 패러데이는 진지한 과학자이기도 했다. 그는 조지프 헨리가 추구했던 것과 같은 전기적 문제들에 관심이 있었다. 코일처럼 감긴 구리선은 어떻게 자석으로 변해 금속 덩어리를 끌어올리는 걸까? 전선과 금속 사이에는 빈 공간이 있을 뿐이다. 기존의 과학 상식에서 보자면 이것은 말도 안 되는 현상이었다. 전자기석을 못 위에 대면 못은 금방 위로 풀썩 들려올려져 전자기석에 찰싹 달라붙는다. 그러나 셀 수도 없을 정도로 어마어마한 무게의 바위와 마그마, 즉 지구 무게 전체가 발산하는 중력이 못에 작용하여 아래로 끌어내리고 있다.

전자석화된 구리선은 대체 어떤 힘을 내뿜고 있길래 이 막대한 중력마저 이겨내는 것일까?

패러데이는 이 문제에 완전히 사로잡혔다. 그가 언제나 꿈꿔

마이클 패러데이
런던 근처에 소도시에서 태어난 패러데이는 거의 교육을
받지 못했고 14살에는 제책공으로 일하기도 했다. 그가
물리와 화학에 관심을 가지게 된 것은 험프리 데이비가
하는 대중 과학강연 덕분이었다. 그의 강연을 듣고 노트
를 만들어 보내자 그 노트에 감동받은 험프리 데이비가
그를 왕립연구소의 조수로 써주었고, 21살의 패러데이는
비로소 과학 연구의 길에 들어설 수 있었다.

온 연구 주제였다. 하지만 수년간 그에게는 이 문제를 연구할
기회가 거의 주어지지 않았다. 그의 등 뒤에서는 한때 가난한
동네의 아이였으며 별 볼일 없는 대장장이의 자손일 뿐인 그에
게는 진지한 연구를 수행할 능력이 없다는 소문이 나돌았다. 그
러나 1829년, 패러데이를 중상모략하는 데 가장 앞장섰던 연구

소 소장이 마침 사망했다. 패러데이는 소장의 미망인을 찾아가 최고로 정중한 부의의 말을 전했지만, 돌아오는 즉시 소장이 지시했던 연구 주제들을 몽땅 치워버리고 가능한 한 여유 시간이 많이 확보되도록 업무 시간표를 다시 짰다. 그는 자석에서 나오는 보이지 않는 흡인력의 문제를 머릿속에서 지울 수가 없었다. 도대체 어떤 것인지 알아야만 했다.

이 연구를 수행함에 있어 패러데이는 영국이나 여타 유럽 대륙의 경쟁자들보다 대단히 유리한 장점을 하나 갖고 있었다. 경쟁자들은 모두 고등교육을 받은 자들로서 아이작 뉴턴 경이 17세기에 정립한 고등수학에 정통했다. 뉴턴이 대변하는 세계는 차갑고, 시계처럼 정확한 우주였다. 이 속에서 행성들은 거대한 당구공처럼 굴러 다녔다. 공식적인 교육을 통해 가르쳐지고 있는 이 뉴턴의 우주 속에는 실체적인 물체들 사이의 공간을 채우는 보이지 않는 힘이 있어 태양계나 우주를 한데 묶는다는 식의 개념은 들어설 곳이 없었다. 하늘을 가득 메우는 보이지 않는 거미줄이란 없다. 중력은 하나의 물체에서 다른 물체로, 공간을 뛰어넘어 직접 작용했다. 이 관점에서 보면 중력은 물체 사이의 빈 공간에 침투하는 것이 아니었다.

따라서 자기와 전기의 관계를 이해하고자 하는 패러데이의 동료 과학자들은 빈 공간을 건너뛰어 작용하며 공간 속에 실제로 존재하지는 않는 어떤 힘이 있을 것이라 가정했다. 그들의 우주는 기본적으로 텅 비어 있었다. 그들의 믿음 속에서 힘이란 거리를 뛰어넘어 냉정하게 작용하는 것이었다. 뉴턴은 그것을

일렉트릭 유니버스

'원격작용'이라 불렀다.

패러데이 역시 뉴턴을 존경했다. 그러나 그는 열두 살 이래 수년간 제본소의 견습생 등을 거치며 혼자 힘으로 살아온 사람이었다. 스스로 생각할 줄 알았던 것이다. 다른 사람들이 당연하게 생각하는 것을 그냥 받아들이며 살아왔다면 아직도 제본소에 머물러 있을 것이다. 또한 견습생 신분이던 시절, 그는 초급수학 이상의 수학은 거의 배우지 못했다. 이로써 바흐처럼 엄격한 뉴턴 방정식들의 아름다움에 쉽사리 현혹되지 않는다는 추가의 이점이 있었다. 그런데, 설령 패러데이가 가난하지 않았다 해도, 또 미적분학을 배웠다 하더라도, 그에게는 공간이 텅 비어 있지 않다고 믿을 또 다른 이유가 있었다.

패러데이의 가족은 샌더만 파(샌더매니언 혹은 글래사이트, 장로교 분파로 창립자 존 글래스와 그 사위 로버트 샌더만의 이름을 땄다―옮긴이)라고 불리는 점잖은 소수 교파의 열렬한 신도들이었다. 퀘이커 교파와 비슷한 이 교파는 『성경』의 말씀을 거의 글자 그대로 받아들이는 편이었다. 패러데이는 왕립연구소로 진출한 뒤에도 계속 열성적인 신도였다. 그의 부인도 샌더만 파였고 친한 친구들 모두 마찬가지였다.

패러데이는 자신의 종교적 신념으로부터 공간은 텅 빈 것이 아니라는 믿음을 갖게 되었다. 신성은 어느 곳에나 존재해야 했다. 그는 이 믿음 탓에 자주 놀림을 당하곤 했으므로("나는 사람들의 경멸을 받는 매우 작은 기독교파에 속해 있다"고 그는 한탄한 적이 있다) 자신의 시각을 비밀로 하는 데도 익숙했다. 그러나 종교는 늘 그의 머릿속을 가득 채우고 있었다. 그리고 언젠가 스위스 여행 도중 작은 보트를 탔을 때, 패러데이는 자신의 신념을 증거하는 것으로 보이는 현상을 목격했다.

그것은 폭포 발치에 피어난 평범한 무지개였다. 그런데 강한 바람이 불고 있어서, 획 하고 일어난 바람이 폭포의 물방울들을 흩뿌리면 무지개가 사라지곤 했다. 이 장면을 목격한 패러데이는 함께 있던 안내원에게 잠깐 멈추라고 신호했다. 바람이 다시 물방울을 반대 방향으로 불어 날리면 무지개는 다시 나타났다.

"나는 꼼짝 않고 서 있었다." 패러데이는 이렇게 기록했다. "바람이 불면 뿌연 물안개가 일어나더니 무지개가 있던 공간을 가로질러 바위에 가 부딪쳤다." 그의 생각에 무지개는 가끔씩만 눈에 보였지만 그래도 언제나 그 자리에서 기다리는 것 같았다. 과학에서 그가 지닌 신념과 같은 것이었다. 공간은 설령 텅 빈 것으로 보일지라도 사실은 무언가로 채워져 있는 것이다.

이제, 전류와 자석의 연결고리에 대해 연구하게 된 그는 어디에 집중해야 할지 잘 알았다. 다른 이들이 모두 놓치고 있던 그것은 '텅 빈 공간'이었다. 연구실에 있는 여러 물체들 사이의 공간이었다. 그는 이 간단한 단서를 실마리로 연구를 진행해갔다.

당시 유행하던 놀이 중 하나는 철가루를 자석 근처에 뿌려 자석의 한쪽 끝에서 다른 쪽 끝으로 구부러지는 곡선 모양으로 가루가 늘어서는 것을 보는 것이었다. 패러데이가 보기에 이것은 단순히 아이들을 즐겁게 하기 위한 놀이만이 아니었다. 어떻게 갑자기 곡선의 열이 생겨나는가? 이것은 마치 무지개처럼, 그가 찾고 있는 보이지 않는 매질의 존재를 증명하는 신호였다.

　1830년을 지나 1831년이 될 때까지 패러데이는 제자리걸음을 했다. 그는 힘이 한 영역에서 다른 영역으로 건너뛰듯 작용하는 모습에 매료되었다. 가령 가스 덩어리를 점화시킬 때, 보통 사람들은 불덩어리가 순식간에 나타났다고 말할 것이다. 패러데이는 그렇게 생각하지 않았다. 가까이 관찰해보면 불꽃이 공기의 한 덩어리에서 다른 덩어리로 재빨리 옮아가는 것을 볼 수 있었다. 런던에서 하루 종일 차를 타고 가야 하는 헤이스팅스 바닷가에 나들이를 갔을 때, 그의 아내는 그가 해안에 무릎을 꿇고 앉아 모래에 파도가 번지는 모양새를 골똘히 탐구하는 것을 보았다. 에디슨 같은 사람이라면 결코 시간을 투자하지 않을 일들이었다.

　1831년 봄 무렵에 그는 결론에 가까이 와 있었지만 여전히 바라는 것을 정확히 밝혀내지는 못했다. 그는 서른아홉 살이었고, 왕립연구소의 소장은 몇 년이나 그를 상대도 해주지 않고 있었지만, 아직도 이렇다 할 의미 있는 발견을 해내지 못했다. 일류 연구자가 아니라고 그를 비판했던 사람들의 말이 결국 맞는 걸까? 패러데이는 강의도 줄이고 더 일찍 연구실에 출근하기 시작했다. 간혹 그의 조카들이 지하 연구실로 놀러오곤 했으나, 아이들도 마이클 삼촌이 일하는 동안 구석에 조용히 앉아 종이 자르기나 인형놀이를 하면서 기다려야 한다는 것을 알고 있었다. 몇 달이 흐르고, 동료들은 대체 무슨 일인가 궁금해하기 시작했다. 그리고 그의 마흔 번째 생일을 앞둔 긴장감 가득한 피

2부 | 파동

91

곤한 나날 가운데 연구는 절정에 다다랐고, 마침내 패러데이의 오래된 친구 리처드 필립스Richard Phillips는 짧은 편지를 받았다.

1831년 9월 23일

친애하는 필립스

……나는 다시 한번 전자기 현상에 대해 연구하느라 무척 바쁘다네. 그리고 괜찮은 결과를 건졌다고 생각하고 있네만, 아직 확실히 말할 수는 없네. 이 모든 지난한 노력 끝에 건져 올린 것이 물고기가 아니라 그냥 잡초일지도 모르는 일 아닌가……

그것은 잡초가 아니었다. 이후 며칠간 더 작업한 끝에 그는 확실한 결과를 얻었다. 10월이 되자 그는 결과를 무척이나 단순한 형태로 발표할 수 있게 되었다. 그는 한 손에 아이들이 갖고 노는 작은 자석을, 다른 손에는 전선 코일을 들었다. 그가 자석을 코일 쪽으로 움직이자 전선에는 갑자기 전류가 흐르기 시작했다. 자석을 움직이지 않고 가만히 들고 있으면 전류도 멈췄다. 다시 자석을 움직였다. 다시 전류가 흐르기 시작했다. 자석을 전선 근처에서 움직이기만 하면 전류를 만들어낼 수 있었다.

이제까지 그 누구도, 이 현상을 알아채지 못했다. 그는 힘의 장을 생성한 것이다! 자석으로부터 무언가가 나와서 전선으로 들어가고 있었다. 그러나 둘 사이의 공간이 비어 있다면 성립될 수 없는 일이었다. 왕립연구소 지하의 추운 연구실에서, 마차들이 오가는 섭정 시대 영국의 거리 풍경을 내다보면서, 패러데이는 전기가 좁은 전선 통로 속에만 담겨 있는 소리 나는 액체가 아니란 사실을 깨달은 것이다. 전기는 움직이는 자석에서 솟아나 텅 빈 공간을 가로질러 뻗어가는 보이지 않는 힘을 통해서, 갑자기 생겨날 수도 있는 물체였다.

패러데이는 사람들이 미처 생각지도 못한 놀라운 세상으로 가는 문을 열었다. 그의 이론이 옳다면, 그의 조카들이 자석을 장난감 삼아 즐겁게 움직여 놓고 있을 때마다 그 움직이는 자석의 금속에서 보이지 않는 힘의 장이 뻗어 나와 함께 움직이고 있었을 것이다. 패러데이의 측정에 따르면 이 힘의 장은 영원히 뻗어나가는 것 같았다. 그와 조카들이 건물 안에 있다면 힘의 장의 일부는 활짝 열린 창을 통해 밖으로 나갈 것이며, 심지어 벽을 통과해 나가기도 할 것이다. 사람의 눈에는 전혀 보이지 않는 이 힘의 장은 달에까지 가 닿을지도 모르고, 어쩌면 그 너머까지도 여행할 것이다.

상황은 더욱 야릇해졌다. 패러데이가 지하실에서 실험한 결과에 따르면 우리가 사는 세상은 한 번도 알아차려진 바 없는, 그러나 실제로 수없이 많은, 사람의 눈을 피해 날아다니는 힘의 장으로 가득 차 있어야 했다. 런던의 항구에는 수백 척의 선박이 있고 런던의 시가에는 수천 대의 마차가 있다. 이들 선원이나 마부의 나침반 바늘이 움직일 때마다 보이지 않는 힘의 장이 방출될 것이다. 패러데이가 섭정 시대 런던의 거리를 내다볼 때, 머리 위의 하늘은 텅 빈 것이 아니었다. 이 강력하고 보이지 않는 존재들이 하늘을 가득 메우고 있었던 것이다.

그는 이런 말을 남긴 적이 있다. "우리가 읽어야만 하는 자연이라는 책은 신의 손가락으로 씌어졌다." 그가 옳았다. 패러데이 덕분에 우리는 신이 화려하고 현란한 것을 좋아하는 티치아노 풍의 화가였으며, 자신이 창조한 우주에 이제껏 들킨 적 없는 생동감 있는 필치를 가득 채워 넣었다는 사실을 알게 되었다.

패러데이의 통찰력은 현대 기술의 핵심에 놓인 것이다. 또한 앞으로 살펴보겠지만, 왜 전자들이 긴 전화선의 끝에 밀려 쌓이지 않는가 하는 문제에 답을 제공한다. 그러나 이제 왕립연구소에서도 권위 있는 위치를 차지하게 되었건만 여전히 패러데이는 과거에서 깨끗이 벗어나지 못했다. 그의 영국인 동료들은 그가 단지 현명한 사색가일 뿐이라고 믿었다. 그들은 그의 정식 교육 경험이 황당할 정도로 부족하다는 것을 알았다. 패러데이가 통찰의 결과를 고등수학으로 표현해내지 못하는 것을 보았던 것이다. 자신들에게는 너무도 쉬운 일이었는데 말이다. 소수를 제외한 대부분의 동료들에게는 패러데이의 보이지 않는 역장force fields이라는 신기한 이론이 순전히 근거 없는 것으로 보였다. 그래서 그들은 그의 이론을 정중히 옆으로 치워버렸다.

패러데이는 이밖에도 많은 발견을 이뤄냈다. 그의 강연에는 수상도 참석했고, 그의 대중 강연은 대단한 성공작으로 인정받았다. 한번은 총명한 한 여성이 찾아왔는데, 그녀는 전기에 대한 패러데이의 발견들이 자신의 연구에 도움을 주리라 기대하고 있었다. 이것은 역사에 대해서 '만약 ~했더라면'이라고 가정해보게 되는 결정적 순간들 중 하나였다. 그 여성은 바로 바

이런 경의 딸이자 오늘날 컴퓨터 프로그래밍이라 불리는 이론의 초기 개념에 대해 연구하던 에이다 바이런Ada Byron, 즉 러브레이스 백작부인이었기 때문이다. 당시의 기술로는 그녀가 고안하던 개념들을 구체화할 수 없었다. 그러나 패러데이가 함께 고민했다면 어땠을지 누가 아는가? 그는 그녀에게 반했던 듯하나, 곧 포기했다. 아마도 자신의 결혼 생활을 위태롭게 하고 싶지 않아서였을 것이다.

종교 문제로 비난을 받을 때면 그는 『성경』을 읽는 것으로 마음의 위안을 삼곤 했다. 역장이라는 개념에 대해 수많은 연구자들이 비판을 쏟는 상황이 되자 그는 아이작 뉴턴을 펼쳐 위안을 찾으려 했다. 뉴턴은 텅 빈 공간에 대해서 패러데이와 정반대의 시각을 갖고 있었다고 알려져 있지만, 사실이 아닌지도 모르는 일이다. 뉴턴은 과학이 생겨난 이래 가장 위대한 사색가였다. 뉴턴의 저작 속에서 패러데이가 옳을지도 모른다는 아주 작은 단서 하나만 발견할 수 있대도 그에게는 엄청난 위로가 될 것이었다.

겉보기에는 불가능한 일이었다. 그런데 사실 뉴턴은 느긋하게 만년을 즐기던 언젠가, 자신의 공식적인 시각에 대해 스스로 의문을 드러낸 적이 있다. 뉴턴은 1693년, 젊고 탐구심 많은 케임브리지 출신 철학가 리처드 벤틀리Richard Bentley에게 보낸 편지에서 우주가 텅 빈 것이 아닐지도 모르겠다고 썼다. 오히려 그 반대로, 중력 같은 힘들에는 실체가 있어서 텅 빈 듯 보이는 공간 속으로 그 촉수를 뻗고 있는 게 아닐까 한다는 것이었다.

뉴턴은 대담하게도 이렇게 썼다. "물체가 어떠한 중간 매질의 도움도 없이 완벽한 진공 속을 멀리 가로질러 다른 물체에 작용한다는 생각은 내게는 너무나 바보스럽게 보입니다. 제대로 된 사고 능력을 갖춘 사람이라면 누구도 그런 식으로 생각하지 않을 것입니다."

흥분한 벤틀리는 이 대과학자의 진의가 무엇인지 밝히고자 얼른 답장을 썼다. 하지만 뉴턴은 몸을 사렸다. 그저 늙은이의 잡생각이었을 뿐이고, 더 말할 것도 없다고 했다. 아직도 종교적 이단자를 화형에 처하던 시대였으니 더 이상 말해선 위험할 수 있었다. 권력자들은 공간이 비어 있을 수 없다는 생각을 신의 능력이 빈 공간을 가로질러 현현할 수 없다고 믿는다는 것으로 해석할 수 있었다. 그러면 그들은 뉴턴의 개인적인 종교 관련 글들을 뒤지기 시작할 것이고 아마도 이단으로 가득 차 있다고 결론 낼 것이 분명했다. 서신 교환은 중단되었다. 벤틀리에게 보낸 편지에서 잠시 드러났던 뉴턴의 자기 성찰도 곧, 잊혀졌다.

그러나 이제, 140년도 더 지난 시점에, 자신이 완전히 틀린 것은 아니라는 확신을 얻고자 문건을 뒤지던 패러데이는 뉴턴이 벤틀리에게 보낸 오래된 편지를 발견했다. 이로써 패러데이는 혼자가 아니라는 사실을 깨달았다. 자신에 앞서 이미 뉴턴이 있었다.

패러데이는 더 이상의 업적을 이뤄내지는 못했다. 나이가 들어 기억력마저 서서히 희미해갈 무렵, 패러데이는 젊고 능력 있는 스코틀랜드 출신 과학자 친구, 제임스 클러크 맥스웰James Clerk Maxwell에게 편지를 썼다.

> 왕립연구소
> 1857년 11월 13일
> 친애하는 맥스웰,
> ……한 가지 묻고 싶은 것이 있습니다. 물리적 행동들에 대해 탐구하던 수학자가 그만의 결론에 다다랐을 때, 그 결론들을 수학 공식 못지않게 풍부하고, 정확하고, 완벽한 형태의 일상 언어로 표현하면 안 되는 것입니까? 그렇게 표현해준다면 우리 같은 사람들에게는 대단히 고마운 일이 되지 않겠습니까? 그 결론을 어려운 기호들로부터 번역해준다면 우리 같은 사람들도 실험을 통해 그에 대해 연구할 수 있을 것입니다……

맥스웰은 성실한 답변을 보냈다. 하지만 패러데이는 이미 뒤처지고 있었다. 수학에 약하다는 사실이 중요한 탐구를 시작하는 데 도움이 된 적도 있건만, 이제 남은 일생에서 더 나은 발전을 이루는 것은 불가능했다.

패러데이는 멀리 앞을 내다봄으로써 스스로를 위로했다. 그는 언젠가 자신의 관찰에서 비롯한 실용적 발명들이 생겨날 것이라고 확신했다. 정말 그런 날이 오면 그를 무시했던 비판자들조차 그의 짐작이 옳았다고 인정할 수밖에 없을 것이다.

수십 년이 흐르고 60줄에 접어든 패러데이가 한 가지 짐작하지 못했던 점은, 그가 실제로 그런 날이 오는 것을 볼 때까지 살게 되리라는 것이었다. 곧 거대한 기술적 모험이 깊은 바다 속에서 벌어질 찰나였다. 이 사업이 완성되면, 보이지 않는 역장에 대한 패러데이의 모든 상상이 사실이라는 것을 입증하는 결정적 증거가 될 터였다.

5

대서양 너머와 통화하다

영국군함 아가멤논, 1858년 그리고 스코틀랜드, 1861년
대서양 횡단 전선

패러데이의 직감을 최종적으로 증명해줄 해저 사업을 시작한 이는 사이러스 웨스트 필드Cyrus West Field였다. 1854년의 추운 1월 오후, 그는 뉴욕의 대저택 서재에 앉아 장식 지구본을 앞에 두고 공상에 빠져 있었다. 모스의 이름이 붙여진 전보는 당시 탄생 10주년을 맞았다. 토머스 에디슨은 아직 미시간에 사는 일곱 살짜리 꼬마였다. 필드는 사업을 해서 큰돈을 벌었지만 삼십대 중반의 나이에 벌써 은퇴한 상태라 딱히 할 일이 없었다. 부자들을 위한 안내가 따라붙는 여행이긴 했지만 남아메리카로 탐험을 나서보기도 했다. 그리고 그가 재규어 한 마리와 그보다는 덜 사나운 것이 분명한 아마존의 십대 원주민 한 명을 데리고 뉴욕 시에 돌아왔을 때 사람들의 반응은 두 번 다시는 기억하고 싶지 않은 것이었다. 그는 소설가 이디스 와튼Edith Wharton이 잘 그려낸 바 있는 분위기의 뉴욕 상류 사교계에서 시간을 보내려고도 해보았지만 티타임과 뜬소문들에 대한 강박을 경험해보니 아마존도 그리 나쁘지는 않았다는 확신만 들 뿐이었다.

지금, 서재에 앉아, 그는 지구본에서 무언가⋯⋯ 신경 쓰이는 것을⋯⋯ 발견했다. 한쪽에는 고상한 백인 문화의 위대한 원천인 대영제국이 있다. 멀리 반대쪽에는 거대한 바다를 사이에 두고 미국이 있다. 당연히 동맹이어야 할 두 나라는 왜 이다지도 잔인할 정도로 멀리 떨어져 있는가? 양국 사이에 소식을 전하는 유일한 방법은 배를 통하는 것이었으므로, 두 나라 수도가 소식을 주고받는 데는 수주일이 걸렸다.

과거에는 이로 인해 상당한 오해들이 야기되곤 했다. 1815년 1월 뉴올리언스에서 벌어진 치열한 전투에 참가했던 영국군과 미국군에게 이미 몇 주 전에 전쟁이 실질적으로 종식되었다는 소식이 전해지자, 전투의 영광은 꽤나 흐려지고 말았다. 미국 남부 저 아래까지 소식이 전달되는 데는 그토록 많은 시간이 걸렸던 것이다.

1850년 무렵이 되자 육로가 확보되는 곳에서는 이 문제가 많이 나아지고 있었다. 육로로 연결되는 대도시들 사이에는 전보선이 가설되었다. 워싱턴과 볼티모어, 파리와 베를린이 이어졌다.

심지어 몇 킬로미터 가량이긴 하지만 물속으로 놓인 전보선도 등장했다. 영국 해협을 가로지르는 선은 이미 수년간 잘 가동되고 있었다. 하지만 가장 위대한 도전, 최고의 모험은 아직 남아 있었다. 필드는 그것을 알고 있었다. 바로 북대서양을 잇는 거대한 전선을 놓는 작업이었다.

바다의 표면은 파도가 거세고 위험하더라도 그보다 더 아래로 내려가서 인간의 발전된 전기 기술의 작업물인 전선을 조심스럽게 내려놓으면 전선이 수십 년간 탈 없이 살아남는 것도 가능하지 않을까? 이런 꿈을 가진 자들은 많았다. 몇 년 뒤에는 젊은 프랑스인 쥘 베른Jules Verne이 바다 속 깊은 곳에서 몇 달씩 머무를 수 있는 첨단 잠수함과 영리한 바다 선장인 주인공 네모 선장 이야기를 선보이기도 했다. 하지만 결정적으로 필드는 두 대륙을 연결하겠다는 꿈을 실행에 옮길 만한 재력을 갖고 있었다.

그는 대양을 가로지르는 거대한 전선을 가설하기로 결심했다. 거대한 두 제국을 이어서 세계적 우애를 형성할 것이다. 최소한 막대한 이득이라도 챙길 수 있을 것 같았다. 그러기 위해서 그는 이 빌어먹을 대저택과 답답한 뉴욕 사교계의 허례허식을 떠나 세계 금융의 중심가인 런던으로 갈 것이다. 그리고 기술자, 선원, 소금기 가득한 선장들과 함께 일할 것이다.

이 일은 그가 애초에 생각했던 것보다 훨씬, 고통스러울 정도로 힘든 것이 될 참이었다. 이후 15년간 필드는 수십 차례 대서양을 횡단했고, 그때마다 번번이 멀미에 시달렸다. 영국 돈으로 수천 톤이나 나가는 전선들이 바다 한가운데서 물에 휩쓸려갔다. 기세등등한 폭풍과 사기꾼들, 국회의 심리, 고래의 습격, 심지어 뉴욕 시청이 거의 불타 없어질 뻔한 황당한 순간까지 겪어야 했다. 그러나 필드가 이 모든 일들을 미리 알았다 해도 그는 아마 변함없이 사업을 추진했을 것이다. 적어도 지루한 것보다는 나았다. 그리고 영광스런 성공이라는 희망 앞에서 경제적 손실이나 고래의 습격, 배 멀미 따위가 무슨 의미가 있겠는가?

무엇보다도 필드는 마음속에서 실제적인 기술 작업은 쉬우리라 믿고 있었다. 그가 보기에 전선은 좁은 터널이나 관 같은 것이었다. 전류는 전지로부터 신비스럽게 생겨나 딱딱 쉭쉭 소리를 내며 흘러가는 모종의 물질이다. 그것을 그냥 관 속에 밀어넣으면 된다. 전선의 저 끝에서 전달받는 신호가 너무 약하다면 더 많이 부어넣으면 될 것이다.

결국에 가서는 필드도 이 이상의 무언가가 있다는 사실을 알게 된다. 그러나 지금, 그가 뉴욕 양복점에서 빼입을 수 있는 최상급의 옷을 걸치고 번쩍번쩍한 모습으로 런던에 도착한 1854년에, 그는 그저 투자할 돈이 있는 건실한 미국인이라면 응당 받아 마땅한 열렬한 환영 인사를 받았을 뿐이었다. 모두가 그의 계획이 훌륭하고 멋지다고 말해줬고, 전보와 관련된 일을 하는 사람들은 그의 계획을 실행하기 위한 시험이 이미 끝났거나 최소한 끝이 멀지 않다고 공언했으며, 좌우지간에 정확히 성사되리라는 것은 불 보듯 뻔한 일이라 약속하면서 필드 씨가 믿음직한 사업 파트너를 찾고 있다면 이보다 더 나은 상대는 없을 것이라고 다짐했다.

필드는 이들을 정중하게 대했다. 하지만 뉴욕의 섬유 및 제지 사업에 종사하며 남의 말을 곧이곧대로 믿어서 돌아오는 것은 파산밖에 없다는 것을 배웠던 그는, 투자할 돈을 잔뜩 싸들고 런던에 입성하는 대다수 미국인들이 이미 깨닫고 있는 바이지만, 자신이 만나는 사람들 대부분은 자기를 갖고 놀려 한다는 사실을 잘 알았다. 그는 어디에도 발목을 잡히지 않은 채 신중하게도 영국에서 가장 뛰어난 전기 이론가를 찾아 나섰다. 자신의 계획이 제대로 된 것임을 확인하기 위해서였다.

그 사람이 스코틀랜드 출신의 과학자 윌리엄 톰슨이었다(J. J. 톰슨과는 아무런 관계가 없다). 이 시절에 톰슨을 찾아왔던 한 방문객은 흰 수염이 성성한 원로를 예상했으나, 계단을 한 번에 두 칸씩 뛰어올라가는 정력적인 삼십대 청년을 발견했다고 했다. 톰슨은 탄탄한 체격의 선원으로서 케임브리지 대학의 조정 및 수영 챔피언이기도 했다. 또한 수학 기말고사에서는 학교를 통틀어 그해 최고점을 기록하기도 했는데, 문제들 가운데 최소한 하나 이상이 그가 발표하여 상금까지 획득했던 논문에서 발췌된 것이었다는 사실에 덕을 봤다.

사이러스 필드가 톰슨을 알게 된 것은 당시 가동 중이던 몇몇 해저 전선에 대해 톰슨이 연구한 적이 있었기 때문이다. 그의 연구 결과는 널리 유포하기에 바람직한 내용은 아니었다. 대영

제국의 긍지를 훼손시킬 우려가 있었다. 영국의 해저 전선 체계 모두에서 여러 심각한 이상이 발견되었던 것이다.

이상이 발견된 곳이 한 곳뿐이라면 대적하고 있는 다른 강대국의 소행이 아닐까 짐작해볼 수도 있으나, 이유를 알 수 없는 결함은 지중해에 놓인 여러 개의 전선에서 동시에 발견되었으며 심지어 런던-브뤼셀 구간도 마찬가지였다. 단 한 번의 짧은 전기 자극을 통해 날카롭고 깨끗하게 보내진 신호가 끝에 가서는 날카롭지도 깨끗하지도 않았다. 흐리멍텅하고 희미했다.

짧은 구간이라면 이런 결함도 그럭저럭 참을 만했다. 하지만 먼 거리라면 중요한 소식을 여러 차례 반복하여 전송해야만 했다. 영국 해군 본부 또한 해저 전선에 점차 의존하고 있는 중이었으므로 이는 중대한 문제였다. 이 결함을 제대로 연구하여 고치지 않는 한, 필드가 대서양 바닥에 가설하려고 하는 그토록 긴 전선의 경우에는 깨끗한 전보 송수신이 애초에 불가능할 것이다.

육상에 설치된 보통 전보선은 아무리 길어도 이런 문제가 생기지 않았다. 그건 또 왜 그럴까? 해저 전선에는 무언가 특이한 점이 있었다. 톰슨은 자신이 그 답을 알고 있다고 생각했다.

톰슨은 패러데이의 시각을 진지하게 받아들인 몇 안 되는 연구자 가운데 하나였다. 그 역시 패러데이처럼 표면에 보이는 현상에만 집중하면 호도될 수 있다고 믿었다. 전류의 흐름에서 생겨나는 불꽃과 딱딱거리는 소리 이면에는 더 깊은 차원의 힘, 즉 보이지 않는 힘의 장이 있을 것이고, 그것이 전류를 밀어주고 있다고 그는 믿었다. 전선 속을 굴러가는 '불꽃들(전자들)'은 스스로의 힘으로 움직이는 게 아니라 마치 보이지 않는 마법 양탄자에 올라탄 듯 옮겨지는 것이다. 톰슨과 패러데이의 시각에서 보자면 그 양탄자 역할을 하는 것이 바로 보이지 않는 힘의 장이었다.

패러데이가 최초로 고안한 이 개념을 오랜 뒤에야 톰슨이 발전시키게 된 것이다. 보이지 않는 역장은 전지에서 솟아나는 것이며, 역장이야말로 하찮은 불꽃들보다 훨씬 중요했다. 전선을 앞에 둔 역장은 전선 속으로도 움직이겠지만 밖에서 전선을 둘러싸고 죽 뻗어가기도 할 것이다. 힘의 장은 굉장히 빠른 속도로 전선 길이 전체에 자리 잡을 것이며, 그 후 근처에 있는 모든 대전된 입자와 전자들을 앞으로 끌어당길 것이다. 톰슨은 장을 거의 살아 있는 생명체처럼 상상했다. 예의 놀라운 추동력을 발휘하는 동안 끊임없이 발버둥치고 뒤트는 모습이었다.

그리고 바로 이 점 때문에 그는 걱정이 되었다. 톰슨이 알기로 사이러스 필드가 제작하려는 대서양 횡단 전선은 세 겹으로 되어 있었다. 무게를 줄이기 위해 각 겹은 가능한 한 얇게 만들 예정이었다. 중심에는 가는 구리선을 두고, 얇은 절연용 고무로 그 주위를 두른 뒤, 마지막으로 전체를 철로 둘러싸 깊은 바다 바닥에 전선이 끌리고 요동쳐도 끊어지지 않게 할 계획이었다. 사이러스 필드의 입장에서 보자면 타당한 계획이었지만, 톰슨에게는 끔찍할 뿐이었다. 송신원이 전보를 두드려 신호를 보낸다고 생각해보자. 힘의 장은 즉시 수천 킬로미터 길이의 구리선을 따라 자리 잡을 것인데, 동시에 슬금슬금 옆으로도 움직여 구리 절연체에까지 작용을 할 것이고, 심지어 일부는 그 바깥에 있는 수천 킬로미터 길이의 철제 외장에 있는 전자들까지 끌어 당기려 할 것이다. 심지어 더 바깥으로 퍼져나가 수백만 톤의 차가운 바닷물에까지 작용하려 할 수도 있다. 이렇게 넓게 퍼져 나가면 장의 에너지는 유실될 것이다.

해군 본부 및 여타 검사자들이 우려하는 신호 지연의 원인도 이것이었다. 사람이 각각의 신호 사이에 여유를 두기 위해 손가락을 신호기에서 떼면, 앞의 신호로 수천 킬로미터 전선에 자리 잡았던 힘의 장은 다음 신호가 들어오기 전에 완전히 사라져야 한다. 힘의 장은 물에서 철로, 철에서 절연체로, 그리고 구리로 쪼그라든 뒤 구리 속에서 재빨리 사라져야만 한다. 만약 다음번 신호가 너무 빨리 들어오면 새로 생겨나는 힘의 장은 미처 사라지지 못한 채 바닷물과 철과 구리 사이에 남아 있는 오래된 힘의 장과 부딪힐 것이다. 해저 전선을 통한 신호가 희미해지고 불안정해지는 것도 무리가 아니었다(보통의 육상 전보에서 이런 일이 일어나지 않는 까닭은, 전선들이 전봇대에 들려 있어 두터운 절연 공간을 갖게 되기 때문이다. 구불텅구불텅 대는 힘의 장을 바깥으로 꼬여내는 철제 외장도 없다. 전선을 이탈한 힘의 장은 그저 공기 중으로 사라져 아무런 해도 주지 않는다).

점잖은 사이러스 필드의 귀에도 이 이야기는 미친 사람의 공상쯤으로 들렸을 것이 분명하다. 톰슨이 설명하는 힘의 장은 소리를 지르며 바깥으로 빠져나오려 애쓰는 램프 속 요정이나 다름없었다. 그의 말을 좇자면, 사업을 성공시키기 위해서는 전선의 구조와 가동 방식을 모조리 바꿔야 했다. 우선 힘의 장을 최대한 잘 가두기 위해 고무 절연부는 훨씬 두꺼울 필요가 있었다. 그러나 사이러스 필드의 세계에는 램프 속 요정도, 힘의 장도 존재하지 않았다. 그는 이미 절연부가 얇게 설계된 전선을 주문하고 대금도 치른 상태였다. 이제 와서 바꿀 생각은 없었다.

필드는 톰슨에게 고맙다고 인사한 뒤, 보다 현실적인 인물을 사업의 전기 기술 책임자로 택했다. 보이지 않는 힘의 장 따위의 비상식적인 존재를 믿지 않는 에드워드 화이트하우스Edward Whitehouse라는 인물이었다. 화이트하우스에게 전류는 전지의 금속에서 발사되어 전선으로 밀어넣어지는 물체일 뿐이었다. 그 곁을 날아가며 속도를 북돋우는 은밀한 힘의 장 따위는 필요 없었다.

화이트하우스의 또 다른 장점은 다소 미묘한 문제에서 필드를 도와줄 수 있다는 것이었다. 필드는 사람들의 생각처럼 큰 부자는 아니었다. 꽤 많은 돈을 모았지만 이후에 잘못된 투자로 잃기도 했다. 해저 전선 사업에 투자를 받지 못하면, 그것도 즉시 받지 못한다면, 그는 수치스럽게 뉴욕으로 돌아가는 수밖에 없을 것이다. 그의 돈만으로는 사업에 충분하지 않았다. 십 분의 일, 아니 어쩌면 백 분의 일도 댈 수 없었다. 투자자를 확보할 때까지는 급한 기색을 보이거나 불확실한 느낌을 주어서도 안 되는 상황이었다.

화이트하우스는 아무 문제도 없는 척 투자자를 안심시키는 데 적격인 인물이었다. 그는 톰슨의 가설을 지지하는 몇몇 젊은 과학자들을 위협하여 조용히 입을 다물고 있거나 주장을 번복하도록 만들었다. 심지어 늙은 마이클 패러데이를 공개 모임에 모셔와 필드의 사업을 지지하는 발언을 시키는 염치없는 일까지 벌였다.

패러데이는 벌써 몇 년째 생각이 오락가락하는 증세를 보이고 있었다. 아마 연구실 마룻바닥에서 올라오던 수은 증기 때문이었을 것이다. 수은을 장기간 흡입하면 뇌에 나쁜 영향을 미치기 때문이다. 화이트하우스는 조심스럽게 패러데이에게 접근했다. 패러데이가 실험의 권위자라는 것은 누구나 아는 사실이었으므로, 화이트하우스는 톰슨의 계산에 오류가 있음을 증명하는 실험 증거를 날조해 패러데이를 속였던 것 같다.

화이트하우스의 압력을 받은 패러데이는 톰슨이 완벽히 옳은 것 같지는 않다는 식의 애매모호한 발언을 했다. 화이트하우스와 필드는 이 발언을 교묘히 포장하여, 패러데이도 절연체가 얇은 전선 설계를 기꺼이 지지한다는 인상을 풍겼다. 실로 21세기 생명공학 벤처 자본가들도 탄복할 솜씨였다. W. H. 새커리W. H. Thackeray(『배니티 페어』 등을 쓴 19세기 영국 소설가—옮긴이) 같은 존경받는 유명 인사들이 주식을 사기 시작했다. 필드는 곧 현금을 충분히 모았고, 그 돈으로 전선 제작 공장을 총가동시키는 한편 영국 및 미국 해군과 협상에 나섰다.

톰슨은 그들이 자신의 우상인 패러데이를 이용했다는 사실을 알고 있었다. 하지만 달리 어쩔 수 있겠는가? 자신의 이론에 대한 확신에는 변함이 없었으나 그는 이론만 갖고서는 부족하다는 것도 잘 알았다. 전선 사업은 이미 탄력을 받아 진행되고 있고 그는 무시되었다. 화이트하우스는 그가 필드에게 쓴 편지들을 중간에서 가로챘다. 톰슨이 전선에 사용할 송신기를 개량한 설계도를 보여주자, 화이트하우스는 한껏 비웃으며 회사 돈으로 그런 것을 제작하지는 않겠노라 거절했다.

1858년 6월 10일, 영국 군함 아가멤논호와 미국 해군의 나이아가라호는 전선 가설 준비를 마친 채 영국 플리머스항에서 출항했다(그 전인 1857년에도 한 차례 시도가 있었으나, 전선이 바닷물에 휩쓸려내려가 미처 걷어올릴 수가 없었다). 절연부와 금속 외장을 장착한 전선은 상당히 무거워 1.6킬로미터에 1톤 이상 나갔으므로 배 한 척에는 전부 실을 수 없었다. 그래서 두 척의 배가 중간에서 만난 뒤, 전선의 반쪽씩을 나눠 갖고 반대 방향으로 실어나르는 계획이 고안되었다. 한 척은 아일랜드로, 다른 한 척은 미국 뉴펀들랜드로 항해하며 사이에 전선을 놓는 것이다.

필드는 든든한 수석 기술자 찰스 브라이트Charles Bright와 함께 아가멤논호에 승선했다. 그런데 출항할 시각이 되어도 화이트하우스는 나타나지 않았다. 당시 영국 해군은 대서양 폭풍 때문에 많은 배를 잃곤 했는데, 화이트하우스는 조심해서 나쁠 것 없다고 생각했던 것이다. 그는 또 윌리엄 톰슨과 배 위에서 마주치고 싶지 않았다.

톰슨은 증명되지 않은 자신의 추론을 필드가 믿을 리 없다고 생각했지만, 그래도 언젠가 기회가 오면 자신과 패러데이의 생각이 진실임을 밝히고 싶었다. 또 그는 사이러스 필드가 마음에 들었기 때문에 필드의 의향이야 어쨌든 성공을 돕고 싶었다. 화이트하우스는 편지를 쓸 때야 한껏 즐거운 심정으로 톰슨을 놀리곤 했을지언정, 톰슨의 학문적 명성을 익히 알고 있었기에 필드의 면전에서 그와 기술적 논쟁을 벌이는 모험 따위는 하고 싶지 않았던 것이다.

화이트하우스의 지나친 조심성을 비웃던 사람들은 1858년 늦은 6월에 대서양에 몰아닥친 폭풍을 보고는 입을 다물었을 것이다. 그 폭풍은 19세기에 북대서양에서 발생한 폭풍 가운데 가장 끔찍한 것으로 기록되어 있다. 아가멤논호의 선장 조지 프리디는 선체가 옆으로 기울어 돛대가 몰아치는 파도에 긁힐 때만 해도 그다지 염려하지 않았던 것 같다. 하지만 부서진 갑판 사이로 연료용 석탄이 마구 날아오르고 뒤를 이어 무게가 수톤에 달하는 전선이 도망치기 시작하자 마침내 선장은 배에 타고 있던 런던의 《타임스》 기자에게 전신선을 가설하기 위한 이상적인 날씨는 아닌 것 같다고 털어놓았다.

난타당한 두 척의 배는 바다 중간에서 만났지만 다시 폭풍이 몰아쳤고, 또 한 번 전선 일부를 바다에서 잃어버렸으며, 고래의 습격까지 받았다. 그들은 마침내 아일랜드에 잠시 정박하여 전선을 수리하고 석탄도 채우기로 결정했다. 아무튼 프리디 선장은 나이아가라호의 미국인들이 출항하는 한 자기 배가 손떼는 것은 말도 안 되는 일이라고 호언했고, 미국인 선장도 같은 견해로 응답했으며, 양쪽 배의 선원들 또한 아일랜드 정박 기간 중 항구 근처 여러 술집에서 정중하고도 깔끔한 토론을 벌이며 서로의 결의를 강조해 마지않았다. 그리고 드디어 1858년 7월 느지막이, 날씨가 갰다. 대서양은 이후로 일주일 넘게 내륙의 연못 마냥 잔잔했고, 마침내 나이아가라호의 전선은 뉴펀들랜드 해안으로, 아가멤논호의 전선은 아일랜드 발렌티아 만으로 각기 끌어 올려졌다.

8월 5일 성공 소식이 전해지자 신문은 열광했다. 이것은 우월한 혈통을 지닌 앵글로 색슨끼리의 합작품이었고 지구를 정복한 기술이었다. 합당한 축하연이 곧 마련되었다. 영국에서는 교회 종들이 근엄하게 울리는 가운데 영웅들에게 기사 작위가 수여되었으며(스물여섯 살에 불과한 수석 기술자 찰스 브라이트도 포함되어 있었다) 여왕의 공식 축전이 《타임스》에 실렸다. 미국에서는 축포 사격이 있었고, 목사들은 앞 다투어 업적을 축복했으며, 횃불 퍼레이드도 열렸다(덕분에 타기 쉬운 재질로 만들어진 뉴욕 시청의 둥근 천장에 횃불의 불이 옮겨 붙는 당황스런 사건도 벌어졌다).

필드는 영웅이었고 화이트하우스는 그의 대변자가 되는 분위기였다. 톰슨은 아일랜드의 오두막에 미리 도착해 전선을 잇고 있었는데, 화이트하우스는 곧 그를 몰아내고 자리를 떡 차지했다. 전보선을 통해 보낼 메시지 십여 개가 대기 중이었다. 그중 처음 몇 개를 이미 톰슨이 무리 없이 전송해본 뒤였지만, 이제 화이트하우스는 자신이 나머지 메시지들을 보내어 영예를 굳힐

참이었다.

그는 곧 가장 대단한 메시지를 선택했다. 빅토리아 여왕이 뷰캐넌 대통령에게 보내는 공식 축전이었다. 뉴펀들랜드의 전보 번역가들은 이미 대기 중이었다. 미국 신문에서 특별히 파견된 기자들도 곁에서 기다렸다.

그런데 무언가가 잘못되었다. 맨 처음 보낸 전보들은 이상 없이 잘 전송되었는데, 그 뒤에 전선 속에 뭔가 변화가 생긴 듯했다. 여왕의 전보 메시지는 단어 수가 99개밖에 되지 않아 숙달된 전보원이라면 몇 분 안에 송신을 마칠 양이었다. 그러나 한 시간 두 시간 계속 시간이 흘렀고, 그사이 필드의 직원들은 우울한 표정으로 전보소를 들락날락거리며 조용히 보고를 전했고, 마침내 16시간 30분의 진 빠지는 송신 작업이 끝난 뒤 다음 날이 되어서야 메시지 전문 전달이 완료되었다.

전보원들의 수고는 그때부터 더욱 심해지기만 했다. 뷰캐넌 대통령이 여왕에게 보내는 마찬가지로 간결한 답신을 전송하는 데는 서른 시간도 넘는 반복 작업이 필요했다. 지금도 남아 있는 그때의 기록들을 통해 보자면 전보선에는 점차 "더 천천히 보낼 것" "반복 바람" 같은 말들이 넘쳐나기 시작했고, 개중에서도 가장 단순명료한 "뭐라고???"가 끝없이 반복되었다. 신문들은 의심을 품기 시작했고 휘황한 찬사의 말들은 조롱으로 변했다. 곧 필드의 대변인들은 사람들 앞에 나서지 않게 됐다.

이 모든 사태의 원인인 에드워드 O. 화이트하우스는 아일랜드의 전보 송수신소에 앉은 채 차차 몸이 달고 있었다. 그는 거의 아무것도 손쓸 수 없는 형편이었다. 톰슨이 예견했던 것이 대부분 사실로 드러나고 있었다. 화이트하우스의 전보원들이 또렷한 신호를 보내도 곧 신호는 흐릿하게 번졌고, 대서양을 가로질러 반대편에 도착할 즈음에는 알아보기가 불가능한 상태였다.

화이트하우스는 허세를 부리다 들통 난 싸움꾼의 전형적인 모습을 보였다. 한껏 당황한 것이다. 그는 막대한 비용을 들여 거대한 추가 발전기를 아일랜드 오두막에 설치했다. 높이가 약 1.53미터나 되는 것으로, 마치 거대한 전지처럼, 전선 속에 막대한 양의 무엇인가를 쏟아넣을 수 있는 장치였다. 그런데, 무엇을 쏟아넣는단 말일까? 화이트하우스의 생각에 전지에서 나오는 것은 크기가 작을 뿐 용접공의 토치램프에서 나오는 불꽃과 같은 것이었다. 오늘날의 용어를 빌려 설명하자면, 전지의 역할은 강력한 전자들을 무더기로 전선에 밀어넣는 것이고 그 다음부터는 전자들이 알아서 끝까지 굴러간다는 생각이었다. 톰슨은 이 견해를 믿지 않았다. 톰슨의 생각에 전지에서 발사되는 것은 거칠고 강력한 힘의 장이었다. 해저 전선에 더 높은 전압을 먹인다는 것은 이 요동치는 힘의 장을 더 많이 만드는 것에 불과했다. 바로 그렇기 때문에 그는 절대 큰 전지를 사용해서는 안 된다고 말했던 것이다.

화이트하우스는 톰슨의 말을 무시했다. 화이트하우스는 단단하고 현실적인 사람으로서 영국 사회에서 혼자 힘으로 일어선 자였다. 힘이 없었다면 자신이 이만한 인물이 되지 못했을 테니,

남은 길도 힘을 믿어야 했다. 게다가 신비로운 부분 같은 것은 존재하지 않았다. 신호가 제대로 통과하지 못할 뿐이니, 전지 금속에서 쏟아져나오는 그 작은 입자들을 더 많이 밀어넣으면 될 것 같았다. 목소리가 크면 말귀도 더 잘 알아듣겠거니 하는 생각에서 외국인에게는 더 큰 소리로 말하는 오래된 영국 풍습을 따르는 격이었다. 1858년 8월의 끝자락에 그는 직원들을 시켜 1.53미터 높이의 코일을 연결하고 최고로 가동하게 했다.

이것은 더할 수 없을 정도로 나쁜 선택이었다. 텔레비전이나 컴퓨터에 보면 "전원을 뽑은 뒤라도 기기를 분해할 때는 조심하시오"라는 눈에 띄는 경고 문구가 붙어 있다. 전원 코드도 뽑은 마당에 무슨 문제가 생긴다는 걸까? 까닭은, 텔레비전이나 컴퓨터의 내부에는 여러 금속 표면을 따라 전하들이 충전되어 있기 때문이다. 아마추어 수리공의 축축한 손가락이 이리저리 들쑤시다가 그러한 금속 표면들 두 군데 사이에 닿으면, 직전까지 분리된 채 대기하고 있다가 이제 손가락 양면에 닿은 전하들은 갑자기 알맞은 지름길을 발견한 셈이 된다.

작은 노트북 내부에 존재하는 전하들로는 가벼운 충격을 받는 것으로 끝난다. 그러나 화이트하우스가 연결한 강력한 전지들이라면 대서양 전선은 훨씬 심한 충격을 받게 될 것이다. 그는 톰슨이 상상했던 것보다 수백 배 강력한 힘의 장을 밀어넣고 있었다. 역장 중 일부는 중심 구리선에 닿아 그 속의 전하들을 끌어당기겠지만, 나머지 힘은 얇은 고무 절연부를 손쉽게 빠져나와 차가운 바깥 철제 외장 속에서 전류를 일으키는 데 소모될 것이다. 그런데 잠깐, 에디슨의 전구 필라멘트가 얼마나 쉽게 달아올랐던지 기억해보자. 다량의 전하가 필라멘트로 밀고 들어가면 필라멘트의 금속 원자들과 부딪히고 쓸려 열이 발생한다. 여기 대서양 아래에서도 마찬가지 일이 벌어졌다. 중심 구리선과 바깥 철제 외장이 뜨거워지자 가운데 낀 고무가 녹기 시작한 것이다.

화이트하우스의 송신 명령이 떨어질 때마다 전보원들은 수백 번씩 모스 부호를 타전했다. 즉 보이지 않는 역장의 파동을 수백 번씩 전선을 따라 내보낸 셈이다. 이 약동하는 힘의 장은 중심 구리선과 철제 외장에 강력한 전류를 흐르게 했으므로, 이들은 금세 뜨거워졌다. 결국 그 사이에 낀 고무 절연부는 그저 조금 따뜻해지는 것으로 끝나지 않고 녹기 시작했다. 전선 중 이런 일이 벌어지는 부분에 다다르면 전선 속을 흐르던 대전된 전하들은 3,220킬로미터나 되는 긴 길을 계속 여행할 필요가 없었다. 그들은 대신 지름길을 택했다. 즉 구리선에서 철제 외장까지, 이제 아무런 보호막도 없는 2.5센티미터 거리에 불과한 이 곁길로 빠졌다. 이야말로 말 그대로 '더 짧은' 회로였다. '누전 (short circuit, 절연 불량 등의 이유로 저항이 더 작은 우회로가 생겨 전류가 새는 일, 단락이라고도 한다 — 옮긴이)' 이라는 용어는 여기서 생겨났다.

사태를 수습하기 위해 화이트하우스가 미친 듯이 거대한 전지의 출력을 높일수록 전선의 상황은 나빠져만 갔다. 며칠이 지난 뒤 화이트하우스는 자신이 만든 기기를 내버리고, 기술자들에게 입을 다물라는 약속을 받아낸 뒤, 톰슨이 원래 고안했던 보다 섬세한 송신기와 수신기로 비밀스럽게 교체했다. 그러나 이미 가해진 손상을 되돌릴 수는 없었다. 기다란 중심 구리선에서 이탈하지 않고 무사히 끝까지 전달되는 전하들의 수는 너무 적었다. 점점 더 많은 전하들이 바로 옆 철제 외장으로 빠지는 간편한 누전 회로로 새어나갔다. 그러고는 맥없이 바다로 빠져나가 바닷물의 온도를 아주 조금 올릴 뿐, 수천 킬로미터 먼 곳에 있는 수신소 근처에는 가지도 못했다.

9월이 되자 단어의 극히 일부만이 전송되었고, 10월 20일경에는 절연부가 너무 많이 녹아버린 탓에 신호가 하나도 전달되지 않았다. 먹통이 된 전선은 다시는 사용할 수 없었다. 화이트하우스는 해고되고 톰슨이 후임이 되었다. 절망에 사로잡힌 필드 회사의 임원들은 톰슨의 말에 무조건 따를 것을 약속했다. 톰슨은 그들에게 제안할 새로운 방법을 갖고 있을까?

분명 그랬다. 그는 고무 절연부를 한층 두텁게 한 전선을 새로 가설해 요동치는 힘의 장이 빠져나가는 것을 막겠다고 설명했다. 전선이 연결되면 매우 가벼운 전압만 적용할 것이다. 톰슨도 구리선 속에서 무슨 일이 벌어지는지 정확히 알지는 못했다. 당시는 전자가 발견되기 수십 년 전이었다. 어쨌든 그는 전류를 운반하는 물질이 무한히 가벼운 것이어서 세상에서 가장 정밀한 보석 세공사의 저울을 동원해도 그 무게를 측정할 수 없으리라고 짐작했다. 전지에서 나온 역장은 그만큼 가벼운 무게를 옮길 정도면 족한 것이다. 그는 사이러스 필드에게 으르렁대

일렉트릭 유니버스

는 요정이 아니라 조용히 속삭이는 요정을 데려다줄 것이다.

사이러스 필드는 아직도 이 이론에 의구심을 갖고 있었지만 대안이 없다는 사실을 잘 알았다. 자신이 포기하면 사업은 끝이다. 화이트하우스가 이미 실패를 거둔 강압적 접근법을 반복할 수도 없는 노릇이었다. 패러데이와 톰슨이 옳아서 전하를 움직이는 보이지 않는 역장이 정말 존재한다는 쪽에 도박을 걸어볼 수밖에 없었다. 결국 이 사업은 패러데이의 비범한 예측을 상세하게 검증해보는 시험장이 되었다.

이후로 많은 노력과 수차례의 일정 지연이 뒤따랐다. 1865년에 개량형 전선의 가설을 시도했지만 가슴 아프게도 바닷길의 3분의 2 정도 진척된 마당에 전선이 바다에 떠내려가 미처 끌어올려 수선할 틈 없이 실패하고 말았다. 하지만 1866년에는 당시 세계에서 가장 큰 선박이던 그레이트 이스턴호를 동원한 결과, 드디어 전선 가설에 성공했다. 해안가에 끌어올려진 새 전선은 잘 작동했다. 이후로 거의 쉼 없이 사용된 이 전선은 해가 갈수록 많은 돈을 벌어다주게 된다. 패러데이는 매우 나이 들고 아팠지만 이 소식을 전해들은 듯하다. 아마도 젊은 톰슨이 직접 말해주었을 것이다.

톰슨은 자랑스러웠고, 사이러스 필드는 부자가 되었다. 오늘날 우리는 집에 있는 콘센트에서 계속 전자가 뿜어져나오는 것이 아님을 잘 안다. 콘센트에는 역장이 대기하고 있을 뿐인데, 이것은 먼 발전소에서 집까지 전달된 것이다. 벽에 있는 콘센트에 무언가를 꽂고 스위치를 틀면 이 역장이 당신의 집 안으로 퍼져

들어와 컴퓨터든 전구든 좌우간 물체 안에 자리를 잡는다. 그리고 이미 그 물체 속에서 기다리고 있던 전자들을 잡아 끌어준다. 콘센트에서 스위치를 뽑으면 역장은 더 이상 들어오지 않는다.

이로써 전화로 이야기를 듣고 있는 사람의 수화기에서 전자들이 떨어져 쌓이지 않는 수수께끼가 해결되었다. 당신이 말을 하면 전자들이 선을 따라 굴러가 듣는 이의 수화기까지 도달하는 게 애당초 아닌 것이다! 당신이 누군가에게 전화를 걸 때는 보이지 않는 역장을 보내는 것뿐이다. 이 힘의 장은 전화 받는 이의 전화기에 이미 대기하고 있던 전자들을 흔들어 깨운다. 개개의 전자들은 거의 움직이지 않는다. 사실 전자의 운동 속도는 너무나 느려서 사람의 걷는 속도에도 못 미치기 때문에, 하나의 전자가 전선을 따라 뉴욕에서 로스앤젤레스까지 굴러가려면 한 달이 넘게 걸릴 것이다. 반면 무게가 없는 역장은 이 거리를 1초도 안 되는 순간에 달려 전자들을 밀어붙인다. 따라서 거의 시차 없는 전화 통화가 가능하다.

대서양 전선의 성공 이후 사이러스 필드는 늘 정중하게 톰슨을 대했다. 그렇지만 보이지 않는 역장에 대한 토론은 되도록 삼가했던 것 같다. 철컥거리는 증기 엔진 기술의 시대를 살아온 사업가가 보기에 이것은 여전히 믿기 힘든 기묘한 이야기였다. 하지만 톰슨은 언젠가 전기가 거대한 산업의 대상이 되리라고 확신했다. 사람들은 보이지 않는 역장이 제공하는 압력을 구매하게 될 것이므로, 그 양을 가리키는 편리한 명칭이 필요하다고도 생각했다. 아마 톰슨은 자신의 우상인 패러데이의 이름을 이 압력의 명칭으로 붙이고 싶었을 것이다. 하지만 19세기에 과학 용어 제정의 실권을 쥐고 있던 것은 프랑스 관료들이었다. 이들도 고명하신 패러데이 씨에 대해 특별히 나쁜 감정을 갖고 있지는 않았다. 그러나 매우 불운하게도 패러데이는 프랑스인이 아니었으며, 이런 예민한 부분을 거론하는 것은 항상 가슴 아픈 일이지만, 프랑스어를 몰랐기 때문에 자신의 업적을 프랑스어로 발표하지도 못했던 사람이다.

많은 기록이 오갔다. 비방을 담은 편지들이 전달되고 밀실 회합들이 난무한 뒤, 마침내 파리에서 회의가 열렸다. 불만에 가득 찬 윌리엄 톰슨이 참석한 그 회의에서 보이지 않는 장의 힘을 가리키는 데 사용할 어휘가 공표되었다. 수십 년 전 나폴레옹이 이탈리아를 침공했을 당시, 이탈리아의 많은 애국자들은 충격에 휩싸였다. 그러나 두 개의 금속 원반을 입 속에 넣어 최초의 안정적인 전지를 발견했던 인물, 즉 알레산드로 볼타Alessandro Volta는 순수한 신념에 의한 진출과 세속적인 영달을 위한 정복 사이에는 차이가 있다고 생각했다. 그는 프랑스의 침공을 받아들였다. 그는 현명한 해방자 나폴레옹의 고귀함을 화려하고 우아한 말로 칭송했고, 게다가 적절하게도 프랑스어로 수많은 논문을 발표하기까지 했으므로, 당연히 프랑스인들이 선호할 만한 인물이었다. 볼타는 전지의 작동 방식에 대해서 일말의 단서도 잡지 못한 사람이었지만 그야 어쨌든, 가정에 전달되는 압력의 세기를 측정하는 단위는 '패러데이'가 아닌 '볼트'로 결론났다. 새로 산 컴퓨터에 "110볼트용"이라고 적혀 있다면, 110단위의 압력이 가해지도록 조정된 역장에서 사용하도록 설계되었다는 뜻이다.

전기 이야기는 이 지점에서 끝난 것처럼 보일지도 모른다. 모든 물체 속에는 대전된 전자들이 고대로부터 숨겨진 채 존재해왔고, 이 대전된 전자들을 떼어내어 움직이는 힘의 장이 있다. 그런데 그뿐이었다면 오늘날 우리는 아직도 웅장한 빅토리아 시대 기술의 세계에 살고 있었을 것이다. 정교한 전구와 전보, 어쩌면 말이 아닌 전기로 끄는 탈 것이 있었을지 몰라도 그 이상은 없었을 것이다. 라디오나 텔레비전, 휴대폰은 구경도 못 했을 것이다. 위성 신호를 통한 GPS(Global Positioning System, 위성항법장치―옮긴이), WiFi(IEEE가 정한 국제 표준을 사용한 무선 네트워크. 무선 랜을 오디오처럼 쉽게 사용할 수 있다 하여 와이파이라는 별칭을 얻었다―옮긴이), 블루투스(Bluetooth, 근거리 무선 통신 규격으로서 컴퓨터, 가전제품 등을 무선으로 연결하여 통신하는 방법에 대한 세계규격 중 하나이다―옮긴이), 여타 무선 기술들은 존재하지 않았을 것이다. 톰슨이 살았던 중기 빅토리아 시대에 이미 사람들은 전기의 또 다른 속성이 있을지 모른다고 추측하기 시작했다.

대규모 대서양 해저 전선 사업이 진행되고 있는 동안, 톰슨의 친구 가운데 하나인 제임스 클러크 맥스웰은 톰슨이 씨름하고 있는 힘의 장에 대해 더 자세히 연구하기 시작했다(패러데이가 1857년에 편지를 써 조언을 구했던 젊은 과학자가 바로 그다). 그는 역장은 복잡한 내부 구조를 갖고 있다는 것을 깨달았다. 역장은 실제로 두 부분, 즉 전기적 부분과 자기적 부분으로 구성되어 있었다.

그의 시각은 독특했다.

그의 글에 따르면, 이 우주에서 전기적으로 대전된 모든 입자는 거대한 역장의 중심으로 기능한다. 이 '전기적' 장은 마치 어떤 기운이 흘러나오듯 바깥으로 뻗어나간다. 우리 모두는 움직일 때에도 이 거대한 기운들을 안고 다닌다. 이들은 우리의 움직임과 정확히 보조를 맞추어 이동한다. 보통 우리 주변에는 양전하와 음전하가 균형을 이루고 있기 때문에 아무런 영향도 느낄 수가 없다. 그러나 만약 당신이 깔개에 발을 비비는 바람에 카펫에 있던 잉여 전하를 몸에 흡수했다면 당신으로부터 비롯되는 장은 더 강해지고, 더 조밀해진다. 손가락을 들어올리면 마치 자유의 여신상이 들고 있는 횃불에서 빛이 새어나오듯 이 약간 강해진 장이 밖으로 퍼져나가고, 정전기를 느낄 가능성이 높아진다. 그런데, 여기서 끝나는 것이 아니다.

당신이 전하가 가득한 손가락을 흔들면, 커다란 접시에 담긴 젤리를 흔들거나 고요한 연못에 손을 담근 것과 같은 현상이 일어난다. 당신으로부터 뻗어나오는 장이 흔들리기 시작한 것이다.

비로소 마술과 같은 일이 벌어진다. 실제 연못에 담가 흔들던 손을 빼버리면 수면의 물결은 곧 잦아든다. 당신이 일으켰던 파동은 가라앉는 셈이다. 하지만 패러데이의 보이지 않는 역장에는 전기적 부분뿐 아니라 자기적 부분도 있다는 것을 맥스웰은 알고 있었다. 전기적 부분에 파동이 일어나면 그 때문에 보이지 않는 자기적 부분의 파동이 촉발된다(왜? 전기장의 변화는 자기장을 발생시키기 때문이다. 조지프 헨리가 전자석을 통해 알아낸 사실이 바로 이것이다. 전류를 흐르게 하면 자기력이 생겨난다). 보이지 않는 장의 자기적 부분이 강해지면 또 무슨 일이 벌어지는가? 자기장의 변화는 새로운 전기장을 유발하게 된다. 1831년에 패러데이가 유명한 지하실 실험을 통해 보여준 사실이다.

정리하자면, 당신이 전하를 흔듦으로써 전기장이 퍼져나가기 시작한다. 이 최초의 파동이 가라앉으면 새로운 자기장이 생겨난다. 이 자기장이 가라앉음과 동시에 자기장의 세기의 변화 때문에 새로운 전기장이 또 생겨난다. 그것마저 약해지면 또 다른 자기장이 생겨나고⋯⋯

끝없이 반복된다. 처음에 전하를 흔들 때 당신이 약간의 에너지를 소모해야 하지만, 일단 한번 상호작용하는 장이 생겨나면 당신은 없어도 그만이다. 수십 년, 수백만 년이 흐르고 유한한 우리 인간의 존재가 까맣게 잊혀지는 날이 온다 해도, 당신이 '전기장-자기장'의 결합을 통해 만들어낸 파동의 진행은 언제까지나 이어지고 있을 것이다. 이것은 사라지지 않는다. 이 파동은 우주를 날아다니는 마법의 양탄자다. 이들은 "하늘 가득 거미줄처럼 엮여 있다." 톰슨은 이 사실을 알아채지 못하고 이것저것 혼동했다. 그는 두 개의 서로 다른 부분이 존재하고 그들이 불사조처럼 영원히 서로 재생한다는 것을 깨닫지 못했다.

지하 실험실에서 잉태된 패러데이의 상상이 사실임을 밝혀낸 사람은 맥스웰이었다.

맥스웰은 몇 개의 난해한 방정식을 동원해 발상을 정리했다. 톰슨은 그를 지지했다. 그러나 1879년에 맥스웰이 죽을 때까지도 대부분의 과학자들은 그의 발상을 하나의 가설로 간주했다. 우리가 보이지 않는 파장이 흘러넘치는 우주에 살고 있다는 이야기를 누가 믿겠는가? 평범한 전선의 여기저기에서 간혹 파장이 새어나올지도 모른다는 생각은 널리 퍼져 있었다. 그러나 그 누구도 전선을 손보아 '전자기장' 파동의 발사대로 사용할 수 있겠다는 생각을 하지 못했다. 또한 1880년대가 시작될 때까지 그 누구도 파동이 착지하는 지점을 잡아내는 감지기를 만들겠다는 생각도 하지 못했다.

그런데 1887년, 마침내 누군가가 그 생각을 해냈다. 실험과학자 하인리히 헤르츠였다. 그가 쓴 굉장히 꼼꼼한 일기가 남아있는 덕분에, 우리는 헤르츠 자신의 입을 통해 그의 작업에 대한 설명을 들을 수 있다. 동시대 및 후대 연구자들의 말은 보충이 되어줄 것이다. 이 일기와 기록들 속에서 현재 우리가 살고 있는 무선 세상이 탄생했다.

3부 | 파동 기계

고독한 과학자의 무선 신호

칼스루에, 독일, 1887년
하인리히 헤르츠

하인리히 헤르츠Heinrich Hertz의 일기에서 발췌

__ 1884년.

| 1월 27일 | 전자기선에 대해 생각했음.

| 5월 11일 | 저녁에 맥스웰 전자기학에 대해 열심히 연구.

| 5월 13일 | 오로지 전자기학.

| 5월 16일 | 하루 종일 전자기학에 대해 연구했음.

| 7월 8일 | 계속 전자기학 연구하고 있으나 성과가 없음.

| 7월 17일 | 우울. 어느 하나 잘되는 게 없음.

| 7월 24일 | 일할 기분이 아니었음.

| 8월 7일 | 리스의 논문 「마찰 전기」를 읽었음. 내가 지금까지
발견한 내용들은 대부분 벌써 잘 알려진 것들이라
는 사실을 깨달았음.

하인리히 헤르츠가 부모에게 보낸 편지에서
_ 1884년 12월 6일.

제가 곧 칼스루에로 갈지도 모른다는 소문이 나돌고 있습니다
(당시 헤르츠는 키엘 대학에서 이론물리학 강사로 있었으며 다음 해 칼
스루에 대학의 물리학 교수로 임명 된다—옮긴이). 몇몇 동료들은 제
게 직접 "우리를 놔두고 다른 데로 가고 싶은 건가?"라고 묻곤
합니다. 저는 그 소문에 대해 전혀 아는 바가 없는데 말입니다.

하인리히 헤르츠의 일기에서 발췌
_ 1885년~1886년.

1885년

| 11월 28일 | 토요 사교 모임에 나가 저녁을 보냈음.

| 23월 13일 | 아침에 혼자서 눈보라를 뚫고 에틀링겐까지 산책
함.

| 12월 31일 | 올해가 끝나서 다행임. 내년은 제발 올해 같은 해
가 되지 않았으면 좋겠음.

1886년

| 1월 22일 | 심한 감기와 치통.

| 1월 23일 | 하루 종일 되도록 가만가만 다니다가 최대한 일찍 잠자리에 들려 함.
| 2월 12일 | 하루 종일 전지를 갖고 일했음.
| 2월 18일 | 전지에 대한 작업에 매진했음.
| 3월 24일 | 마르틴의 연구실에서 작업하며 공작 조수 한 사람을 씀. 그의 첫 성과. 커다란 마찰 발전기의 유리판을 깨먹었음.
| 6월 15일 | 성령강림절 휴가. 전쟁의 위험이 느껴져 우울함.
| 7월 31일 | 결혼식 날.
| 9월 16일 | 어떤 연구에 착수할지 아직 정하지 못했음.

하인리히 헤르츠, 베를린 왕궁에서의 기조연설에서
__ 1891년 8월.

우리의 의식 너머에는 실제의 사물들로 구성된 냉정하고도 낯선 세계가 존재합니다. 우리와 바깥 세계 사이에는 감각이라는 협소한 완충 지대가 있을 뿐입니다. 이 협소한 영역을 거치지 않고서는 두 세계 사이의 소통은 불가능합니다. ……우리 자신과 바깥 세상을 모두 잘 이해하려면 이 경계 지역을 철저히 탐구해야만 하며, 이는 대단히 중요한 일입니다.

노벨상 수상자 막스 폰 라우에Max von Laue의 하인리히 헤르츠 (1857~1894)에 대한 추모사에서 __

바야흐로 헤르츠의 인생에서 황금과도 같은 시기가 시작되었던 것이다. ……헤르츠는 실험을 하다가 무언가 예기치 못한 현상을 발견했다.

하인리히 헤르츠의 일기에서 발췌

__1887년.

| 6월 3일 | 공기가 습해 작업을 제대로 하지 못했음.
| 6월 7일 | 실험을 조금 했음. 맥이 없고 일할 의욕도 나지 않음.
| 7월 15일 | 커다란 전지를 충전하기 시작했음.
| 7월 18일 | 전지에서 이는 불꽃 방전을 갖고 몇 가지 실험을 했음.
| 7월 19일 | 일하고자 하는 의욕이 완전히 사라져버림.
| 9월 7일 | 높은 진동수의 전기 진동에 대해 실험실 작업을 시작했음.
| 9월 8일 | 핵심에 다다를 때까지 철저히 실험했음.

하인리히 헤르츠가 부모에게 보낸 편지에서

__1887년 가을.

저를 조금이라도 관찰하는 동료라면 아마 제가 모종의 광학 실험에 몰두해 있다고 믿을 겁니다. 하지만 사실 저는 그와는 전혀 다른 작업을 하고 있는 중입니다……

헤르츠의 조언자인 헤르만 폰 헬름홀츠Hermann von Helmholtz는 오래전부터 그에게 맥스웰 이론을 검증해보라고 권해왔다. 그런데 드디어 헤르츠가 검증 실험을 가능케 할 기구를 생각해낸 것이다. 기구는 두 부분으로 이루어져 있었다. 하나는 발신기였다. 두 개의 반짝거리는 금속 구체 사이로 방전 불꽃이 찌르르 오가는 회로였다. 그는 이 방전 불꽃의 전하로부터 움직이는 역장이 생겨나, 맥스웰이 예측했던 보이지 않는 파동들을 만들어 내리라 기대했다.

기구의 다른 한 부분은 사각형 철제 고리였다. 이것이 수신기다. 그의 생각이 옳다면, 발신기에서 흘러나온 보이지 않는 파동들은 강당을 가로질러 이 금속 고리까지 도달할 것이다. 파동들이 잘 도착했는지 확인하기 위해 그는 고리 중간에 작게 틈을 냈다. 보이지 않는 파동은 고리에 도달한 뒤 그 틈을 지나야 하므로 여기서도 한 번 불꽃 방전을 일으킬 것이다.

파동의 발신기와 수신기를 잇는 전선 같은 것은 없었다. 수신기의 틈에서 불꽃 방전이 관찰되기만 한다면 그것은 곧 맥스웰이 예측한 파동들이 방 안을 가로질러 날아왔다는 증거가 된다.

>*<

독일자연과학진흥협회 모임에서 하인리히 헤르츠가 했던 기조 연설에서, 하이델베르크
__ 1889년 9월 20일.

(수신기에서 감지된) 불꽃 방전은 현미경으로 관찰해야 할 정도로 작아, 겨우 백 분의 일 밀리미터쯤 될까 말까 한 길이였습니다. 그나마 수명도 백만 분의 일 초 정도로 짧았습니다. 이것을 관찰하기란 말도 안 되는 일로 거의 불가능한 듯 보일지도 모릅니다. 그러나, 완벽하게 캄캄한 방에서, 눈을 충분히 어둠에 익힌 뒤 관찰하면 가능합니다. 이 가느다란 불꽃의 존재에 우리 실험의 성공이 달려 있습니다.

하인리히 헤르츠의 일기에서 발췌
__1887년.

| 9월 17일 | 매우 아름답고 상호보완적인 실험 결과들이 나오고 있음.

| 9월 19일 | 회로들의 상대적 위치를 바꾼 실험들을 고안하고 디자인을 스케치했음.

| 9월 25일 | 일요일. 집에서 열심히 두 번째 실험 스케치 작업을 했음.

| 10월 2일 | 새벽 2시 45분에 딸아이가 태어났음. 이름은 요한나 소피 엘리자베스로 지었음.

| 10월 5일 | 아침 일찍 실험을 시작함.

하인리히 헤르츠가 헤르만 폰 헬름홀츠(독일의 선도적 물리학자)에게 보낸 편지에서
__1887년 11월 5일.

존경하는 추밀고문관님, 이 편지를 빌려 제가 최근 성공리에 마친 몇 가지 실험들에 대해 말씀드리고자 합니다. ……추밀고문관님의 귀중한 시간을 뺏는 게 아닌가 싶어 우려도 되지만, 이 논문의 주제는 몇 년 전에 추밀고문관님께서 제게 씨름해보라며 직접 던져주셨던 바로 그 문제입니다.

엘리자베스 헤르츠(헤르츠의 부인)가 헤르츠의 부모에게 쓴 편지에서
__1887년 11월 9일.

하인츠(부인이 하인리히를 부르던 약칭)는 토요일에 원고를 헬름홀츠 교수님께 보냈습니다. 화요일이 되자 답장으로 엽서가 왔습니다. 엽서에는 이 말만 달랑 적혀 있었어요. "원고 받았음. 브라보! 목요일에 인쇄되도록 넘길 것임." 당연하게도 답장을 받은 저희는 굉장히 기뻤지요. 게다가 하인츠는 월요일에 이미 새 실험에 착수한 상태였는데, 저녁에 퇴근해서 제게 말하기를 기구를 설치하고 시험해본 뒤 15분도 지나지 않아 또 한 번 최고로 멋진 실험에 성공했다는 것입니다. ……그이는 이제 이 아름다운 일들을 꼭 마술처럼 술술 해내고 있어요! 물론…… 저는 하나도 이해하지 못하는 일들이지만요.

막스 플랑크 교수가 베를린의 독일물리학회 모임에서 했던 추모사에서
__1894년 2월 16일.

이 발견이 이루어졌다는 소식에 느꼈던 그때의 그 경이롭고도 놀라운 기분을 오늘날에도 기억하지 못하는 과학자가 어디 있겠습니까? 논문들이 줄을 지어 쏟아져나왔으며, 새로운 관찰 결과들이 산처럼 쌓였습니다. 우리는 전기적 과정이 새로운 (역동적인) 영향을 발생시킬 수 있음을 알게 되었습니다. 전자기적 파동은 공기 중을 날아다니며, 또 빛의 파동과 정확히 같은 식으로 전파된다는 것입니다. 이 모든 일에 대한 증거를 준 것은 너무나 자그마한 불꽃들이었습니다. 캄캄한 어둠 속에서 돋보기를 쓰고서야 겨우 보일락 말락 할 정도로 작은 불꽃들 말입니다!

하인리히 헤르츠가 부모에게 쓴 편지 중__1887년 11월 13일.
이번 주에도 실험에 운이 따랐습니다. 실험을 하면서 이토록 만사가 형통한 적은 처음입니다. 어느 쪽을 보아도 성공할 가능성이 열리는 듯합니다. 제가 지금 하고 있는 일은 사실 몇 년이나 마음속에 담고 있던 주제인데, 설마 이렇게 실현되리라고는 전혀 생각지 못했습니다.

**하인리히 헤르츠의 일기에서 발췌
__1887년.**

12월 16일	다시 실험을 시작해 이전에 부족했던 부분들을 메우기 시작했음.
12월 17일	실험이 성공적으로 진행됨.
12월 21일	하루 종일 실험을 했음.

| 12월 28일 | 전기역학적 파동들의 효과에 대해 실험하고 관찰했음.

| 12월 30일 | 파동의 효과를 쫓아 강당 전체를 헤집었음.

| 12월 31일 | 실험을 많이 해 지쳤음. 저녁에 장인 댁을 방문. 즐거운 마음으로 한해를 돌아보았음.

독일자연과학진흥협회 모임에서 하인리히 헤르츠가 했던 기조 연설에서, 하이델베르크

__ 1889년 9월 20일.

이 실험들은 모두 그 자체로는 상당히 단순한 것들이었지만, (잘 끝마치고 나니) 자연스럽게 후속 실험에 대한 생각들이 제게 떠올랐습니다.

하인리히 헤르츠가 부모에게 보낸 편지에서

__ 1888년 3월 17일.

강당에 매달려 있던 커다란 샹들리에를 내렸습니다. 탁 트인 공간을 가능한 한 많이 확보하기 위해서입니다. ······어제는 다시 몇 가지 새로운 실험을 시도해보았습니다.

막스 폰 라우에의 하인리히 헤르츠에 대한 추모사에서 __

헤르츠는 (그 다음의) 연구를 통해 진정으로 진일보할 수 있었습니다. 그때까지 발신기와 수신기가 비교적 가까운 거리에 설치되어 있었던 반면, 새 실험에서 헤르츠는 자신이 활용할 수 있는 가장 큰 공간인 연구소 강당의 최대 거리, 즉 15미터 가량의 거리만큼 최대한 양자를 떨어뜨려 두었습니다. 한쪽 벽에는 발신기를 붙여 세워두고, 맞은편 벽에는 전파를 반사하기 위한 거울을 설치했습니다.

발신기와 수신기를 서로 멀리 띄워둔 실험에서 헤르츠는 보이지 않는 파동들이 맞은편 벽에 반사되어 튕겨나올 것이라고 예상했던 것입니다.

하인리히 헤르츠의 일기에서 발췌
___1888년.

| 2월 27일 |　　새 실험을 준비했음. 방패처럼 생긴 금속 포물면을 마련했음.

| 3월 5일 |　　전자기 빔이 만들어내는 그림자의 형성에 대해 실험했음.

| 3월 9일 |　　카이저(1871년 독일 황제로 즉위했던 프로이센 왕 빌헬름 1세를 가리킴 – 옮긴이) 타계.

| 3월 14일 |　　저녁에 수학 클럽에서 강연을 했음.

하인리히 헤르츠의 「논문 모음집」에서
___1894년.

나는 벽 바로 앞에서 전파가 눈에 띄게 강화된다는 사실을 포착했다. ……어떤 식인지는 몰라도 전기력이 반사되기 때문이리라는 생각이 들었다. ……사실 나조차도 이 생각을 선뜻 인정하기가 어려웠다. 전기력의 속성에 대해 이제까지 알려진 사실들과는 너무나 상충되었기 때문이다.

✻

헤르츠는 자신이 만들어낸 보이지 않는 파동들이 거울에 반사되어 튕겨나올 수 있다는 사실을 발견한 것이다. 그것은 우리 눈에 보이는 빛의 행동과 똑같았다. 헤르츠가 고안한 단순하기 그지없는 발신기가 이 놀라운 파동들을 만들어낸 것이다. 발신기에서 방전 불꽃들이 빠르게 움직이면 그로부터 힘의 장이 생겨나고, 이 역장의 물결치는 듯한 운동 형태로부터 파동들이 생겨났다.

✻

하인리히 헤르츠의 일기에서 발췌
__ 1888년 3월.
−극도로 조심하면서 실험들을 다시 반복해보았음.
−실험 결과 벽에서 반사되어 나오는 전자파 때문에 생긴 정상파를 감지해낸 것이라 생각됨.

하인리히 헤르츠가 헤르만 폰 헬름홀츠에게 보낸 편지에서
__ 1888년 3월 19일.

연구에 진전이 있어 다음의 사실들을 발견했다는 것을 알려드리고 싶습니다. 공기 중의 전자파는 단단한 도체로 만들어진 벽에 부딪치면 반사되어 나옵니다. 매우 두드러지는 현상이며 다양하게 관찰되고 있습니다. ……또 오목거울들을 활용하여 이 반사 현상이 아주 먼 거리에도 적용되는지 알아보려 했는데, 그렇다고 믿을 만한 자료들을 어느 정도 얻었습니다……

엘리자베스 헤르츠(헤르츠의 부인)가 헤르츠의 부모에게 쓴 편지에서

__1888년 12월 9일.

오늘도 헤르츠의 연구실에서 편지를 쓰고 있습니다. 그이는 엄청나게 일에 몰두해 있기 때문에 방해받고 싶어 하지 않아요. ……오늘 아침에는 알트호프 추밀고문관(프로이센의 교육부 관리로 교수 임용을 맡았으며 그의 관리 아래 베를린 대학 등 독일 대학은 경쟁력을 높였다―옮긴이)의 편지를 받았습니다. 하인리히에게 베를린이나 본의 교수직 중 하나를 선택하라는 내용이었습니다.

하인리히 헤르츠가 부모에게 보낸 편지에서

__1888년 12월 16일.

본으로 갈 것이 거의 확실합니다. 22일에 본에서 알트호프 씨와 회의를 갖고 계약을 확실히 마무리 지을 참입니다. 들리는 바에 따르면 그곳의 강의료는 꽤 비싼 편이라 교수가 되면 부자가 될 수도 있다는군요. ……이번에도 제게 꽤 행운이 따랐다는 점을 인정하지 않을 수가 없습니다. 적어도 대외적으로, 사람들이 보기에는 의심의 여지가 없겠지요……

헤르만 폰 헬름홀츠가 하인리히 헤르츠에게 보낸 편지에서
__ 1888년 12월.

존경하는 친구, ……개인적으로야 자네가 베를린 대학으로 오지 않는 것이 아쉬우나, 본으로 가기로 한 자네의 선택은 잘한 것이라고 믿는다네. ……앞으로 더 많은 과학 문제들과 씨름하고자 하는 연구자라면 대도시가 아닌 곳에 정착하는 것이 낫겠지……

하인리히 헤르츠가 부모에게 보낸 편지에서
__ 1888년 12~1889년 1월.

클라우지우스(독일의 이론물리학자로 사실 헤르츠는 1888년에 사망한 그의 후임으로 본에 왔다—옮긴이) 하우스로 거처를 정했습니다. 정원에는 거의 다 자란 아름다운 밤나무도 한 그루 있습니다. 하지만 걱정되는 점은 하나 있습니다.

이곳은 4년 전까지 병원으로 쓰였답니다. 4년 전에 이미 벽을 다 닦아내고 바닥도 새로 깔았다고 하지만 그래도 의학 일을 하는 사람들 가운데는 어린 식구를 데리고 이 집으로 이사 가는 것을 말리는 사람들이 있습니다. 아직도 집이 오염되어 있을지 모른다는 것입니다.…… 그래서 의학 교수를 찾아가 물어보았습니다만, 교수에 따르면 감염의 위험은 거의 없다고 합니다.

헤르츠를 베를린 과학 아카데미 회원으로 추천하는 헬름홀츠의 추천사에서

＿1889년 1월 31일.

본인은 하인리히 헤르츠 교수를 아카데미의 통신 회원으로 선출하고자 하여 이에 발의합니다. ……헤르츠는 매우 독창적이고 대단히 의의 있는 일련의 연구를 수행함으로써 회원의 자격을 충분히 입증하였습니다……

하인리히 헤르츠의 일기에서 발췌

＿1889년.

| 3월 17일 |　　미친 듯이 계산만 했음.

| 3월 26일 |　　논문을 보냈음.

독일자연과학진흥협회 모임에서 하인리히 헤르츠가 했던 기조연설 중, 하이델베르크

＿1889년 9월 20일.

전기는 거대한 왕국을 이루었습니다. 이전에는 눈치도 채지 못했던 수많은 장소들에서 이제 우리는 전기의 존재를 알아보게 되었습니다. ……전기의 영역은 자연세계 전반으로 확장되었습니다……

하인리히 헤르츠가 부모에게 보낸 편지 중, 왕립협회의 초청으로 이루어진 명예로운 런던 방문에 대해 설명하는 부분

__ 1890**년** 12**월** 5**일.**

여기서 금요일 저녁에 출발해 토요일 정오에 런던에 도착했습니다. ……그야말로 모든 영국 과학자들을 소개받았습니다. 제대로 이름을 외우지 못한 사람도 부지기수입니다. ……특히 저는 영국 물리학자 중에서도 연장자인 W. 톰슨 경과 그밖의 분들을 만날 수 있었던 것이 너무나 감격스러웠습니다.

헤르츠의 『논문 모음집』에 쓴 윌리엄 톰슨의 서문 중에서 __

패러데이가 최초로 힘의 곡선이라는 개념을 들고 나와 물리수학자들을 화나게 한 이래 많은 시간이 흘렀고, 수많은 실험가와 이론가들이 등장하여 19세기 물리학의 형성에 기여했다. ……그리고 19세기 끝 무렵에 세상에 발표된 헤르츠의 전기에 대한 논문들은 개중에서도 영원한 금자탑으로 남을 것이다.

하인리히 헤르츠의 일기에서 발췌

__ 1891**년.**

| 1월 14일 | 둘째딸 태어남. 산모와 아이 모두 건강함.

| 1월 16일 | 전위계를 충전시킴.

| 1월 18일 | 축전기의 전기 전도에 대해 실험함.

하인리히 헤르츠가 부모에게 보낸 편지 중에서

__ 1892**년.**

저희 가족은 더 이상 평온할 수 없는 나날을 보내고 있습니다.

……안타깝게도 저만은, 저 때문에 엘리자베스도 마찬가지겠지만, 두통을 동반한 감기에 걸리는 바람에 좋은 나날을 완전히 망쳐버리고 말았습니다만. 당최 이유를 알 수 없는 이 감기는 너무 지독하고 불쾌합니다.

하인리히 헤르츠의 일기에서 발췌
__1892년.

| 5월 10일 | 엘리자베스가 집에 없을 때 아이들끼리 놀 수 있도록 정원에 커다란 모래사장을 만들었음. 안에는 마법 동굴도 있음.
| 7월 27일 | 감기가 더 고약해지고 있음. 일을 놓고 쉬었음.

막스 플랑크 교수가 베를린의 독일물리학회 모임에서 했던 추모사 중
__1894년 2월 16일.

그의 병은 처음에는 대수롭지 않은 것으로 보였지만, 아무리 치료를 해도 병세에 차도가 없었습니다. 오히려 시간이 흐를수록 증상은 악화되기만 했습니다. 겨울의 초입에 다다를 무렵, (그의 친구들은) 미래에 닥칠 결과를 차마, 아니 감히, 마주하기가 두려워졌습니다.

하인리히 헤르츠의 일기에서 발췌
__1892년.

| 8월 29일 | 부모님들께서 함부르크 댁으로 돌아가심.

| 10월 6일 | 대수술.

| 10월 7일 | 먹을 것을 삼킬 때 심한 고통이 따름.

| 10월 9일 | 극심한 고통.

| 10월 11일 | 자리에서 일어나보려 했으나 열이 매우 높음.

하인리히 헤르츠가 부모에게 보낸 편지에서 __

불행하게도 저는 앞으로 한동안 기력을 회복하기 어려울 것 같습니다. ……그러나 저는 아직도 언젠가 다시 일에 완전히 집중할 수 있는 날이 오리라는 희망을 품고 있습니다.

하인리히 헤르츠가 부모에게 보낸 편지에서

__1892년 10월.

불행하게도 제 병세에 대해서는 희망적인 소식을 전할 것이 없습니다. 아무런 차도가 없습니다. 유일한 위안이라면—이런 것이 위안일까 싶습니다만—경험에 비추어볼 때 이런 상태가 더 나빠지지 않는 채 오래 지속될 가능성이 높다는 것입니다.

하인리히 헤르츠의 일기에서 발췌

__1892년.

| 10월 19일 | 험난한 시기.

| 10월 28일 | 귀 뒤에 부어오른 혹이 점점 커지고 있음. 고름을
            짜내려 했지만 잘 되지 않았음.

| 10월 29일 |　발브가 비첼 교수를 모셔왔음. 유양돌기(귀 뒤에 만
져지는 아래쪽으로 돌출한 뼈 부분—옮긴이) 쪽으로
파들어가는 수술을 해주었음.

하인리히 헤르츠가 부모에게 보낸 편지에서
__1892년 12월 23일.

정말로 크리스마스가 온 것인가요? 바로 어제가 한여름이었던 것만 같습니다. 그 뒤로 어떤 일이 벌어졌는지 저는 하나도 알지 못하는 것만 같습니다. 아니, 그 뒤로 계속 지금도 깨지 못하는 끔찍한 꿈을 꾸고 있는 것만 같습니다.

하인리히 헤르츠의 일기에서 발췌한 잡다한 기록들
__봄, 1890년대.

－산책을 나갔음. 어디서부터 새롭게 일을 시작할지 생각해보았으나 찾지 못했음.

－철제 기압계 관으로 실험.

－실험에서 좋은 결과가 나올 가능성이 있음.

－실험은 전망이 없어 보임. 의욕이 사라져 그만두었음.

－물리학 실험에는 이제 물렸다는 기분이 듦.

하인리히 헤르츠가 부모에게 보낸 편지에서
__1893년 12월.

저는 짧은 인생을 살도록 운명지어진 사람들 중 하나인 모양입니다. ……제 스스로 이런 운명을 선택한 것은 아니지만, 어쨌든 저에게 주어진 일이니, 이 삶에 만족해야만 하겠지요.

하인리히 헤르츠는 당시 패혈증이라 불리던 질병에 감염되어 1894년 1월 1일, 사망했다. 아마 이전에 병원이었던 그의 집에서 무언가에 감염되었기 때문일 것이다. 그의 나이 겨우 서른여섯이었다.

그의 사망 직후, 실용적인 발명가들이 등장해 그의 이론 연구를 응용하기 시작했다. 그중 가장 성공적인 사람은 그 유명한 제임슨 아이리시 위스키 집안 상속녀의 아들이었다. 아일랜드에서 태어난 그 상속녀는 이탈리아로 옮겨 가 살았기 때문에, 그녀의 아들은 능숙한 영어를 구사하긴 했지만 어쨌든 아버지의 성을 물려받았다. 그가 바로 마르코니이다.

굴리엘모 마르코니Guglielmo Marconi의 노벨상 수락 연설에서 __1909년 12월 11일.

저는 이탈리아 볼로냐 근처에 있는 제 집에서 1895년부터 실험을 시작했습니다. 실험의 목적은 전선으로 잇지 않고 헤르츠파를 활용하여 먼 거리의 통신이 가능한지 알아보는 것이었습니다. 최초의 시험에서는 (헤르츠가 초창기 실험에서 사용했던 것과 비슷한 형식으로, 방전 불꽃을 통해 파동을 생성하는) 보통의 헤르츠 발진기를 사용했습니다. 이 기구를 갖고 저는 0.8킬로미터 정도의 거리에서 무선 전신에 성공할 수 있었습니다.

1895년 8월에 저는 새로운 기구를 발명했습니다……

찰스 브라이트Charles Bright의 책 『해저전신: 그 역사와 구조, 작동 방법』에서 발췌

___1898년.

마르코니는 14킬로미터 이상 떨어진 거리에서 공진기를 작동시키는 데 성공했다. 유도 전신법의 최신 발명품인 셈이었다. 마르코니의 무선 전신은 전기 불꽃을 통한 헤르츠파를 전송하기에 알맞게 만들어냄으로써 가능했다.

W. H. 프리스Preece 경(영국 우편국 수석 기술자로 자신이 개발하던 무선 전신 체계가 실패하자 마르코니를 물심양면으로 도와 성공을 일궜다—옮긴이)이 '전선 없이 공기를 통해 신호를 전하는 방법'이라는 제목으로 가진 대중 연설문 중에서, 런던의 왕립연구소, 1897년 6월 4일.

지난해 7월, 마르코니 씨는 참신한 계획을 품고 영국으로 왔습니다. 마르코니 씨의 계획은 전자파 또는 헤르츠파라고 불리는 것을 활용하는 것입니다. ……그는 새로운 중계기를 발명했습니다. ……이미 브리스틀 해협 너머로 신호를 주고받는 실험이 성공리에 이루어졌습니다.

『왕립협회 회보』에서
__1903년 5월 28일.
놀랍게도 대서양 너머로 무선 신호를 주고받는 마르코니의 실험이 성공하였으므로, 전파가 구부러지며 지구의 표면을 따라 진행한다는 것은 사실로 보인다.

마르코니가 사용했던 신호는 헤르츠가 실험실에서 만들어낸 것과 똑같은 것이었다. 전기장과 자기장의 진동에서 생겨난 보이지 않는 파동으로서 단지 보다 강력했을 뿐이다. 이 파동은 외부로 '퍼져나갔기radiated' 때문에, 곧 헤르츠파라는 이름 대신 '라디오radio' 파라고 불리게 되었다.

『브리태니커 백과사전』(11판)에서
__1910년.
오늘날에는 고성능 발전소들을 이용해 대서양 횡단 통신을 하고 있다. 낮에는 물론이고 밤에도 통신이 가능하다. ……헤르츠파

전신, 또는 '라디오 전신'이라고도 불리는 이 통신기법은 해군의 전략을 군함들끼리 교신하여 공유하는 데에도 중대한 역할을 하고 있다.

미국 동부 해안에서 2,253킬로미터 떨어진 곳을 항해하고 있던 SS(증기선SteamShip의 약자——옮긴이) 올림픽호로부터 전송된 전신 __1912년 4월 14일.

… … / _ .. _ ._ _. .. _._. / ._. ._ _. / .. _. _ ___ / .. _._. . _ … .
._. _. / … .. _. _._ .. _. _. / ._. _ … _

(전신의 내용은 'SS 타이타닉호가 빙하에 부딪쳤음. 빠르게 가라앉고 있음'이다. 이 전신을 수신한 사람은 필라델피아의 워너메이커 백화점에서 일하고 있던 젊은 전신 기술자 데이비드 사노프였다).

많은 발명가들과 그 밖에 관심이 동한 단체들은 이 새로운 기기를 어떤 참신한 방식으로 이용할 수 있을까 상상하기 시작했다.

전에 전신 기술자였던 데이비드 사노프David Sarnoff가 미국 마르코니 무선전신 회사의 부사장 에드워드 J. 낼리Edward J. Nally에게

보낸 문서에서

__1915년.

제가 머릿속에 구상하고 있는 계획은 라디오를 피아노와 마찬가지로 '가정 필수품'으로 만들자는 것입니다. ……즉 무선방송을 통해 가정에 음악을 전송해주는 것입니다. ……수신기는 간단한 '라디오 뮤직 박스'의 형태로 디자인하면 됩니다. 몇 가지 종류의 파장에 맞게 설계되어야 하며, 스위치를 돌리거나 버튼을 누르는 등의 간단한 조작으로 수신 파장을 변환할 수 있어야 합니다.

✳

사노프의 건의는 기각되었다. 그러나 십여 년 뒤인 1920년대에, 사노프가 직접 창설한 회사 RCA는 라디오 기기를 팔아 세계에서 가장 유력한 회사로 발돋움하게 된다.

라디오는 이 기기를 도입한 나라들의 모습을 완전히 바꾸어 놓았다. 전신이나 전화도 메시지를 굉장히 빠른 속도로 전달할 수 있기는 마찬가지였지만 이 기기들은 사람을 일 대 일로만 연결할 수 있다. 반면 라디오파는 얇은 구리선 속에 갇혀 있지 않았다. 파동의 물리적 속성 자체가 온 방향으로 퍼져나가는 것이므로, 라디오는 정보를 그만큼 넓게 보낼 수 있다. 이 새로운 현상을 가리키는 용어로 '방송broadcasting'이라는 단어가 널리 쓰이게 된 것도 그 때문이다.

갑자기 여러 변화가 뒤따랐다. 소비자들은 이제까지보다 훨씬 더 전국적 브랜드를 선호하게 되었다. 지역에 연고를 둔 스포츠 팀도 점차 전국에 팬층을 갖게 되었다. 할리우드 스타 등 유명인 숭배 현상도 더 넓게 번졌다. 청취자들은 라디오 방송이 오직 자신만을 위한 것처럼 느꼈다.

그리고, 정치 역시 바뀌었다.

아돌프 히틀러의 「나의 투쟁」 중에서

모든 프로파간다는 호소력을 가져야 하며, 내용의 지적 수준은 프로파간다가 선전 대상으로 삼는 사람들 중에서도 가장 지성이 뒤떨어지는 자의 수용 한도에 맞춰 설정되어야 한다. 더 많은 수의 사람들에게 선전하려면, 더 낮게 프로파간다의 순수 지적 수준을 설정해야 한다. ……최고로 뻔뻔한 거짓말이라도 어느 정도는 사람들의 마음에 남게 마련이다.

미국에는 라디오를 활용하여 자신의 주장을 전파하는 선동가가 그리 많지 않았다. 하지만 일본과 몇몇 유럽 국가의 사정은 달랐다. 나치당이 1933년의 선거에서 승리할 수 있었던 데는 라디오 방송을 혁신적인 선전 수단으로 활용한 덕이 컸다.

1930년대에 독일의 탱크 부대 지휘관들은 대규모 기갑 및 항공 편대에 라디오를 이용해 명령을 내리는 기술을 시험하기 시작했다. 이웃 국가들을 침공하기 위한 연습이었다. 다른 나라에서도 몇몇 과학자들이 라디오파에 내재된 힘을 활용하여 적국의 전쟁 기계들을 무력화시키는 문제를 고민하기 시작했다. 개중에서도 영국 정부의 열망이 컸다. 영국 해군은 오랫동안 바다에서 나라를 수호했다. 라디오파를 이용한다면 창공에서 나라를 방어하는 것도 가능하지 않을까?

><

영공 방어를 위한 과학연구위원회 간사 A. P. **로우**Rowe**가 임페리얼 칼리지의 학장이자 왕립협회 회원인** H. T. **티자드**Tizard**에게 보낸 메시지에서**

__1935년 2월 4일.

친애하는 티자드 씨께

동봉하는 것은 왓슨 와트가 준비한 보고서로, 전자기파 복사를 영공 방어 목적에 이용하는 방법에 관한 비밀 문서의 사본입니다.

7

E l e c t r i c
U n i v e r s e

하늘을 뒤덮은 힘
레이더 전쟁

서포크 코스트, 1939년 그리고 브루네발, 프랑스, 1942년
왓슨 와트

세월이 흐르면서 여러 기술자들이 레이더의 가능성을 발견하게 되었다. 그러나 개중에서도 가장 앞선 발견자들은 높은 사람들에게 이 사실을 이해시키는 데 애를 먹었다. 가령 1922년 9월, 미국 해군 소속의 앨버트 테일러Albert Taylor와 레오 영Leo Young은 포토맥강 너머로 간단한 라디오 신호를 전송하다가 자꾸만 모종의 방해를 겪었다. 고개를 들어 올려다보았더니 커다란 증기선 한 척이 앞을 지나가고 있었다. 그들은 이 현상을 연구하기 위해 자금 지원을 요청했지만, 돌아오는 것은

일렉트릭 유니버스

비웃음뿐이었다. 라디오 전파는 무게도 없고 유령처럼 모든 것을 통과하는 법인데 거대한 증기선이라 한들 무슨 영향을 끼칠 수 있단 말인가? 러시아, 프랑스 등 라디오파를 많이 사용하던 다른 지역에서도 비슷한 현상이 관측되었지만, 사람들의 반응은 미국에서나 다름없이 미적지근할 따름이었다.

라디오 기술자들은 대체로 조용한 성격의 사람들이기 쉬워서 그러잖아도 어려운 사태 해결에 별 도움이 되지 못했다. 그런데 영국의 생존을 위해서는 다행스럽게도, 아니 문명 세계 전체를 위해서 참으로 다행스럽게도, 조용한 것과는 거리가 먼 성격의 라디오 전문가가 단 한 명 있었다. 이름은 로버트 왓슨 와트 Robert Watson Watt라고 했다. 그는 1935년까지만 해도 슬로우라는 황량한 영국 도시 근처에 있는, 마찬가지로 황량한 분위기의 국립물리연구소 산하 대기연구지국에서 일하고 있었다. 시인 존 베처먼John Betjeman은 영국 남부의 풍광을 사랑한 것으로 잘 알려져 있지만, 그런 그조차 이 슬로우라는 마을을 보고 나서는 다음과 같은 유명한 시를 지었다.

오라, 반가운 폭탄들이여, 와서 슬로우에 떨어지라
……그리하여 산산조각을 내버리라
에어컨이 설치된 저 환한 군대 매점들을……
(계관시인 베처먼이 시를 쓰기 시작한 1930년대부터도 슬로우에는 군
사 기지가 즐비했다 — 옮긴이)

왓슨 와트는 제임스 와트, 즉 증기 엔진 개량자의 직계 후손으로서 스코틀랜드에서 대학을 다닐 때만 해도 전도유망한 학생이었다. 그러나 이후로는 별 신통한 일이 없었다. 결혼 생활은 이미 오래전에 지루해졌고("일 아니면 잠으로 양분된 하루 24시간 중 그나마 남는 짧은 시간에도 나는 멍하고 지루한 남편일 뿐이다"), 다른 일상사들도 그만그만한 수준이었다("나는 키가 168센티미터이고, 불친절하게 표현한다면 땅딸막하고 후하게 평하자면 통통하다 할 수 있는 몸매를 가졌다. 기상학자 비슷한 일을 하고 있으며…… 서른 살쯤 된 공무원이다").

이 마지막 부분이 특히나 문제였다. 명망 있는 집안의 일원으로서 왓슨 와트는 자신이 런던에서 멀찌감치 떨어진 정부 연구기관 말단에 눌러앉은 중년의 중산층, 게다가 명성이라고는 중간에도 미치지 못하는 인물로 경력을 마치게 되리라고는 꿈에도 생각지 못했다.

그러던 어느 날, 1935년 1월에 그에게 한 가지 요청이 떨어졌다. 마치 하늘에서 떨어진 듯 황송하기 그지없는 그 요청은 런던의 항공부(당시 영국 정부에는 항공부, 육군부 등이 따로 있었으며 후에 국방부로 통합되어 오늘에 이른다—옮긴이)에서 온 것이었다. 요청자는 그에게 라디오파 발신기에서 끔찍한 '살인 광선'을 쏘아올려 적기에 타격을 줄 수 있다는 소문이 타당성 있는 것인지 물었다. 답은 두 번 생각해볼 것도 없이 부정적이었다. 라디오파는 거대한 비행기에 위해를 가하기에는 너무나 약하기 때문이다. 그렇지만 왓슨 와트는 이렇게 허무하게 기회를 날려보낼 수가 없었다.

그는 답변만 간단히 담은 회신을 보내는 순간, 잠시나마 그에게 열렸던 런던 정부 부처로의 문이 닫혀버리리라는 것을 깨달았다. 그는 슬로우에 남아 있게 될 것이다. 아마도 평생. 하지만 이 개념을 좀 비틀어 무언가 더 나은 것을 만들어낼 수 있다면 어떨까? 또 아는가? 어쩌면 정기적으로 런던에 불려갈 수 있을지도 모르는 일이다. 경비를 두둑이 받으며 열차로 출장을 다니게 될지도 모르고, 얌전하게 보고를 올리거나, 높은 사람들을 만날 수도 있고, 승진까지 바라볼 수 있을지 모른다.

우연히 접수된 문의에 그가 보낸 답신은 실제로 그의 상상을 훨씬 뛰어넘는 결과들을 가져오게 된다. 그는 일급 기밀 임무를 띠고 워싱턴으로 파견되기도 하고, 처칠에게 개인적 보고를 올리기도 하며, 여왕으로부터 작위를 수여받고, 승리를 거두고 있는 국가로부터 막대한 자금을 지원받게 된다. 그러나 미래의 일이야 어쨌든, 비가 잦은 1935년 1월에 그는 런던 항공부에 보고할 흥미로운 무언가를 만들어내야 하는 처지였다. 쉽지 않은 문제였다. 왓슨 와트는 자긍심이 높은 인물이었지만 또한 자신의 능력을 객관적으로 파악하고 있었다. 그는 뛰어난 기상학자였지만 스스로의 판단에 비추어보더라도 안됐지만, 기껏해야 "2류 물리학자"였고 "수학자로 따지자면 6류"라고나 할 수 있었다.

하지만 그가 사무실에서 친하게 지내는 동료 가운데 아널드 윌킨스Arnold Wilkins라는, 슬로우에 온 지 오래되지 않아 아직 실력이 이류로 떨어지지 않은 연구자가 있었다. 윌킨스는 접근하는 비행기의 방향으로 라디오파를 쏘아보내면 무슨 일이 벌어지는지 계산하기 시작했다. 패러데이와 맥스웰 그리고 헤르츠가 존재를 장담했던 보이지 않는 파동들, 즉 마법 양탄자 같은 역장의 파동들에는 적기를 녹여버리거나 조종사를 다치게 할 만한 힘은 없을 것이다. 하지만 뭔가 다른 일을 할 수도 있지 않을까?

월킨스는 이 문제를 고심했다. 그리고 적군의 비행기를 이용해 적기 자신에게 불리한 상황을 만드는 방법이 있다는 것을 깨달았다. 월킨스는 금속의 속성을 잘 알았다. 특히 비행기의 동체를 이루는 금속 안에서 무슨 일이 벌어질 것인지 알고 있었다. 왓슨 와트도 이 분야의 교육을 받은 적이 있었으나 계산에 능숙하지 못했다. 따라서 월킨스가 연구에 앞장을 섰다.

패러데이와 윌리엄 톰슨의 시대에는 보이지 않는 파동들이 보통의 고체 물질에 영향을 미쳐 심지어 움직이게 할 수도 있다고 생각하는 과학자가 거의 없었다. 당연한 일이었다. 떨어져 나온 대전 입자가 없으면, 즉 우리 주변의 일상적인 물체들 속에서 모든 전하들이 균형을 이루며 원자에 꽉 잡혀 있을 때에는, 전기력이나 자기력이 비빌 언덕이 없는 셈이다(대조적으로 중력에는 균형을 이룰 만한 상대적 힘이 없기 때문에 우리는 어떤 상황에서도 그 작용을 쉽게 관찰할 수 있다).

그러나 월킨스와 왓슨 와트가 힘을 모아 연구하던 즈음에는 전기력의 속성에 대해 이미 많은 사실들이 알려져 있었다. 1930년대에 원자는 태양계의 축소판으로 생각되었다. 그 가운데는 마치 태양처럼 크고 무거운 원자핵이 놓여 있다. 바깥에는 태양계의 행성들처럼 멀찌감치 떨어진 궤도를 도는 전자들이 있다. 라디오파는 전기장과 자기장이 번갈아 파동을 일으키며 앞으로 나아가는 것이므로, 이 파동이 하나의 원자에 가 부딪히면 그 원자에 딸린 전자들을 끌어내려 애쓰게 된다.

파동이 아무 영향을 미치지 못할 때도 많다. 우리 몸속 전자들은 대개 원자의 중심핵에 꽤 강하게 묶여 있기 때문에, 우리 몸은 파동에 아무런 반응을 하지 않는다. 라디오파는 인간의 몸을 슥 통과해 지나갈 뿐이다. 라디오파의 입장에서 보자면 우리는 투명인간들이다. 보통의 바위나 벽돌 속의 원자들도 비슷한 식이어서 라디오파를 그냥 통과시킨다. 집 안에서 휴대폰을 사용할 수 있는 까닭도 이 때문이다.

그러나 금속은 사정이 다르다. 철이나 알루미늄 원자들은 훨씬 느슨하다. 맨 가장자리에 있는 행성을 특별히 신경 쓰지 않는 태양계와 비슷하다고 볼 수 있다. 금속 원자의 전자들 대다수는 제 궤도에 머물러 있지만, 가장 바깥쪽의 전자들은 자유롭다. 수십억 개의 원자들을 갖고 있는 번쩍이는 알루미늄 한 조각은 수십억 개의 별들로 구성된 은하계나 마찬가지인데, 그 별들에는 모두 행성이 딸려 있으며 그중 몇몇은 별에 가까운 궤도를 돌고 있지만 바깥의 것들은 궤도를 탈출하기도 한다. 그 은하에는 수많은 해왕성이나 명왕성들이 전하를 띤 채 별들 사이를 누비며 떠다니고, 다른 태양계에서 도망쳐 나온 행성들도 수두룩한 셈이다.

금속으로 된 비행기의 날개가 바로 그렇다. 비행기 동체의 금속에 있는 이 축소판 은하계에 라디오파가 날아들어와 부딪히면, 축소판 태양계 각각에서도 가장 안쪽에 있는 전자들은 조금 흔들릴 뿐 멀리 떨어져나갈 정도로 영향을 받지는 않는다. 그러나 가장 바깥쪽에 있는, 외롭고 정처 없고 혼자인, 그래서 축소판 은하계를 떠다니기 쉬운 전자들의 사정은 다르다. 이들은 금속에 날아든 라디오파에 쉽게 '움켜잡히며' 라디오파의 힘에 의해 끌어당겨져 움직이기 시작한다.

휴대폰 속에 있는 소형 금속 수신기에서 일어나는 일도 이와 비슷하다. 수신기의 단독 전자들이 진동하기 시작하면 그 진동을 증폭함으로써 우리가 전하고자 하는 중요한 정보 — 가령 "이봐, 나 지금 차 안에 있다니까!" — 가 전달된다. 그러나 윌킨스가 깨달은 바, 훨씬 커다란 금속 면에 라디오파가 부딪히게 되면 그 결과도 훨씬 극적이다.

적군의 비행기에는 이렇게 라디오파에 취약한 금속이 한없이 잔뜩 붙어 있는 것이다. 적기가 날아오는 방향으로 라디오파를 보내면 움직이기 쉬운 느슨한 금속 전자들이 힘을 받는다. 그런데 그 각각의 전자들은 또한 자신만의 힘의 장에 둘러싸여 있다. 전자가 부동 상태로 있으면 전자의 힘의 장도 정지된 상태로 있을 것이므로 비행기의 날개에서 별다른 파동 신호가 검출되지 않는다. 그러나 전자가 이쪽저쪽 마구 흔들리기 시작하면 힘의 장도 따라서 흔들린다(이것이 바로 맥스웰과 헤르츠가 알아낸 점이다).

따라서 라디오파 발신기를 목표 비행기에 잘 조준하면, 비행기에 있는 수도 없이 많은 전자들이 한데 움직이기 시작하여 그 각각이 마치 자그만 라디오파 발신기처럼 바글바글 신호를 내보내게 될 것이다. 그러니까 윌킨스는 보이지 않는 라디오파를 쏘아올림으로써 적기를 움직이는 방송국으로 탈바꿈시키는 셈이다! 비행기의 몸체는 커다란 안테나로 기능한다. 게다가 그 안테나를 조종하는 사람이 스위치를 꺼 기능을 정지시킬 도리도 없다.

남은 문제는 비행기에서 반사되어 돌아오는 전파가 탐지 가능할 정도로 셀까 하는 점이었다. 하늘은 넓고도 넓지만 라디오파는 약하다. 하늘로 쏘아올린 라디오파의 대부분은 창공에 분산되어 비행기에 다다르지 못할 것이며, 설혹 가 닿는다 해도 이미 세기가 매우 약해져 있을 것이다. 윌킨스는 정확한 계산을 해보았다. 그 결과, 가령 발사된 라디오파가 폭넓게 분산되어 원래 세기의 천 분의 일만이 6,000킬로미터 밖에 있는 비행기 금속 전자에 가 닿는다 할지라도, 반사파를 탐지하기에는 충분하다는 결론이 나왔다. 이 일이 가능한 것은 전자가 극도로 작기 때문이다. 윌킨스의 계산에 따르면 이렇게 약한 파동으로도 비행기의 날개에서 초당 6경(60,000,000,000,000,000)개의 전자들이 미동을 일으키게 할 수 있었다. 이 활발한 전자들이 방출해내는 보이지 않는 라디오파는 지상에서 탐지가 가능할 정도이다(수십 년 후에 발명된 스텔스기는 레이더의 탐지를 피할 수 있는데, 비행기 동체에 입힌 도료가 레이더 에너지를 투과시키지 않기 때문이기도 하지만, 비행기의 몸체가 직선으로 깎여 있어서 파동을 원래의 레이더파 발신기 방향과는 정반대로 반사해내도록 설계되어 있기 때문이기도 하다).

왓슨 와트의 일은, 굳이 말하자면, 윌킨스의 작업을 지도하는 것이었다. 따라서 런던의 항공부에 제출된 보고서에 윌킨스가 중요 조력자로 거론된 것은 지당하기 그지없는 처사였지만, 정작 보고서의 작성자로 기재된 것은 왓슨 와트의 이름뿐이었다.

그러나 윌킨스는 조금도 불만스러워하지 않았으며 오히려 한 걸음 물러난 역할을 맡는 것에 흡족해했다. 그는 왓슨 와트의 특별한 능력을 잘 알고 있었기 때문이다. 화이트홀(영국 정부의 주요 건물들이 몰려 있는 곳을 가리킴—옮긴이)에 있는 관료들도 곧 왓슨 와트의 그 능력을 체험하게 될 참이었다. 왓슨 와트의 능력이란 말하기를 좋아한다는 점이었다. 아니, 말이 많다는 정도로는 부족했다. 그는 말을 하면서 생각하는 타입이었고, 다른 사람에게 말로 호소하기 좋아했고, 입에 거품이 일 정도로 말을 쏟아내면서 종내는 듣는 이를 압도해버리곤 했다. 그는 특허권을 둘러싼 소송으로 법정에 선 적이 있는데, 당시 그가 즉석에서 펼친 발언에 소요된 단어의 개수를 세어보면 30만 개가 넘었다. 왓슨 와트는 심지어 "제가 이렇게 법정에서 발언하는 특별한 경험을 즐기지 않았다고 한다면 그것은 솔직하지 못한 말일 것입니다"라고도 말했다.

이제 슬로우에서 벗어나게 해줄지도 모르는 실마리를 잡은 그는 이 아이디어를 통과시키기 위해 갖은 노력을 다했다. 그는 런던에 확인을 청하는 연락을 보낸 뒤, 거듭 두 번째 메모를 전하였다("기다리기보다는 즉시 이 메모를 전하는 것이 바람직하지 않을까 생각하게 되었습니다"). 드디어 왓슨 와트는 애초에 문의를 넣었던 사람, 즉 파이프 담배를 좋아하는 점잖은 공직자 A. P. 로우를 만나게 되었다. 다음에는 한 단계 올라가 로우의 상관인 헨리 윔페리스와 함께 아테니엄 클럽(1824년 창립된 정치인, 문필가, 과학자, 예술가들의 1200명 회원제 클럽으로서 격조 있는 사교 클럽이다—옮긴이)에서 점심식사를 했다. 곧, 더 높은 인물들, 나아가 영국에서 최고로 높은 인물들이 왓슨 와트의 제안에 흥미를 갖기 시작했다.

독일의 공습을 방어할 별다른 수단이 영국에 없다는 점도 왓슨 와트를 도왔다. 제1차 세계대전 때는 청력이 탁월한 맹인들을 독일 고타 폭격기의 진입 길목에 앉히고 빅터 축음기의 스피커처럼 생긴 커다란 나팔에 붙은 헤드폰을 씌워 소리를 감지하게 했다. 조금 지난 1930년대 초반에는 템스 강 근처 습지대에 길이 60미터, 높이 7.5미터에 달하는 거대한 콘크리트 '귀'를 세우기도 했다. 영국 해협을 바라보도록 하여 적기가 나타나면 소리를 알아채려는 것이었다. 그러나 어떤 방법도 효과가 신통치 않았다. 이제, 발신기 속의 대전된 전자들에서 나오는 보이지 않는 전기장으로 파동을 쏘아올리는 방법에 기대를 품어볼 수밖에 없었다. 파동은 멀리 창공으로 뻗어나가, 날아드는 적기의 금속에 있는 전자들을 사로잡은 뒤 파동을 되돌려보내줄 것이었다.

공상과학 소설의 이야기처럼 들리는 일이었지만 왓슨 와트는 3주 만에 윔페리스, 로우, 그밖에 접촉 가능한 모든 사람을 설득했다. 그리고 실제 상황을 재현하는 실험을 할 때가 되었다고 장담했다. 별다른 장비가 필요한 것도 아니었다. 적기 역할은 보통의 RAF(Royal Air Force, 영국 공군 — 옮긴이) 폭격기가 대신하면 되고, 당시 이미 정기적으로 방송을 내보내고 있던 노햄프턴셔 대번트리의 BBC 방송국 송출탑 중 하나를 라디오파 발신국으로 사용하면 될 것이다. 폭격기의 전자에서 분명히 되돌아올 파동을 탐지하려면 오실로스코프oscilloscope가 있어야 하는데, 이것은 대학 연구실에서 빌리면 되었다.

이 시점에서, 왓슨 와트는 항공부의 과학 연구진뿐 아니라 — 이 사람들은 초기 단계의 문제점들에 대해서는 관대히 눈감아줄 것이다 — 행정 지도부들에게도 강한 확신을 심어주어야 한다는 사실을 깨달았다. 특히 극도로 깐깐한 공군 대장 휴 다우딩Hugh Dawding의 마음을 잡아야 했다. 다우딩은 친구들 사이에서조차 '고집쟁이'라는 별명으로 불리는 인물이었다. 영국의 방어력을 마법처럼 증강시켜주리라 호언장담한 수많은 무기들이 있었지만, 다우딩의 깐깐한 점검 앞에서 성공적으로 실험을 통과한 것은 단 하나도 없었다. 다우딩은 그가 확보할 수 있는 재원이 얼마 되지 않아서 효과 없는 방식을 후원하는 모험을 할 수 없었다.

1935년 2월 26일 이른 아침, BBC 방송탑 근처 풀밭에 모인 참관자들의 머리 위로 RAF 폭격기 한 대가 비행했다(사전에 왓슨 와트는 기다란 금속 조각 하나를 비행기에 남몰래 살짝 붙여두었다. 시험의 확실한 성공을 위해서였다). 폭격기는 13킬로미터 밖에서부터 탐지되었다. 시험이 끝나자 왓슨 와트는 항공부의 관료들에게로 몸을 돌려, 그답지 않게 너무나 간결한 어조로 이렇게 말했다.

"영국은 다시 섬이 되었습니다."

다우딩은 첫 번째 실험에 다소 속임수가 있다는 점을 알지 못했다. 그가 금속 전자의 이론에 대해 아는 것은 중세 세르보 크로아티아어의 모음형에 대한 것만큼이나 적었다. 하지만 그는 슬로우에서 온 이 땅딸막하고, 지나칠 정도로 자신만만한 사내가 그간 누구도 해내지 못한 일을 해냈다는 사실을 깨달았다. RAF는 예산이 빠듯했고 그중에서도 전투기 사령부에 할당된 예산은 더욱 적었지만(당시 RAF는 전투기 사령부, 폭격기 사령부, 해안 사령부, 훈련 사령부로 나뉘어 있었다—옮긴이), 어쨌든 휴 다우딩은 몇 주 내에 자그마치 백만 달러에 가까운 금액을 마련하여 왓슨 와트를 지원하기 시작했다. 왓슨 와트에게 주어진 유일한 과제는 '레이더'의 작동 방식에 대해 더 깊이 연구하여 이것을 영국군에 유리하게 활용하고, 나아가 실용적인 레이더 전파국을 건설하는 것이었다(사실 레이더라는 용어는 1941년이 되어야 등장한다. 두 명의 미국인 해군 장교들이 '라디오 탐지 및 범위 측정'이라는 말의 약어로 레이더라는 말을 만들어내게 된다. 1935년만 해도 이보다 의미가 불분명한 '라디오 방향 탐색'이라는 용어가 쓰였다. 적군에게 정보를 주지 않으려는 의도였다).

RAF의 지원을 받고는 있었지만 외부인이나 다름없었던 와트는 정부 관료 체계 내에서 더 강력한 후원자를 필요로 했다. 그런데 다행히도 와트가 작성했던 초기 보고서들은 화이트홀의 이곳저곳을 돌아다니던 중, 유능한 행정가이자 성품이 친절한 헨리 티자드Henry Tizard의 눈에 띄었다. 티자드는 1차 대전 중 솝위드 캐멀기를 시험 비행했던 비행사였으며, 옥스퍼드 대학에서 열역학을 가르치다가 임페리얼 칼리지의 학장이 된 인물이었다. 앞으로 닥칠 관료 세계의 암투에 대비하기라도 하듯, 젊은 시절에는 공세적이고 뛰어난 경량급 권투선수이기도 했다.

와트의 프로젝트에는 특히나 위태로운 순간이 있었다. 의회의 권력 관계가 움직이면서 잠시 처칠의 정부 장악력이 커졌을 때였다. 처칠 역시 독일에 대한 방어를 강화해야 한다는 주장에 크게 찬성하는 입장이었으나 과학 문제에서만큼은 프레더릭 린드만Frederic Lindemann이라는 인물의 조언에 전적으로 의존하고 있었다. 린드만은 성격이 불같고 지위에 집착이 강한 전직 학자였다. 그는 마음만 먹으면 조용하고도 매력적인 사람으로 가장할 수 있고, 고위 인사들을 주물러 그들이 스스로 대단한 사상가라 착각하도록 만드는 비법을 갖고 있었다. 처칠의 과학적 지식이 19세기 초반의 수준에도 미치지 못했던 탓에 처칠은 린드만이 실제로 별 볼일 없는 학자임을 간파할 도리가 없었다.

처칠은 린드만을 티자드가 이끄는 위원회에 밀어넣으려 했다. 린드만은 위원회가 개발하고 있는 첨단 레이더 방어 체계라는 것이 절대로 효과적일 리가 없다는 의견을 즉각 내놓았다.

사실 린드만과 티자드에게는 또 다른 악연이 있었다. 젊은 연구자였던 두 사람이 1908년에 베를린을 방문했을 때, 둘은 권투의 사각 링에서 자웅을 겨룬 적이 있었다. 린드만은 몸집이 훨씬 컸음에도 티자드의 민첩함에 당하지 못했다. 린드만은 티자드에게 쓰러진 일을 참지 못했고 시합 후 악수마저 거부했다. 지금 런던에서, 린드만은 왓슨 와트가 벌써 몇 달이나 준비해온 레이더 건설 프로젝트의 발목을 잡았다. 그러나 티자드는 관료사회에 한층 교묘한 로비를 펼친 덕에 마침내 린드만을 몰아내는 데 성공했다. 평생에 걸쳐 상대할 위험한 적을 만든 셈이었지만, 어쨌든 당분간 그는 왓슨 와트의 앞길을 열어줄 수 있었다.

1938년, 뮌헨 위기 사태(오스트리아를 합병한 히틀러의 독일이 체코 침공의 야심을 드러내며 본격적으로 연합군과 팽팽히 대치하기 시작한 사태—옮긴이)가 닥쳤다. 독일의 라디오에서는 총통의 함성이 작열했고 그의 연설을 담은 라디오 신호는 한 세기 전에 마이클 패러데이가 예견한 그대로 멀리멀리 퍼져나갔다. 신호는 영국 남부의 다섯 장소에서 진행되고 있는 대규모 건축 현장까지 날아들었다. 이 건축물이 바로 최초의 체인 홈 레이더였다. 레이더 기지국에는 거대한 전신주처럼 생긴 높은 금속 송신탑이 여러 개 있었는데, 높이는 100미터에 달했다. 수신용 탑은 75미터 정도의 높이였으며 보통 목재로 만들어졌다. 1939년 여름 무렵에는 이런 전파국들이 스무 개나 건설되어 있었는데 대부분 영국 남동부 지역에 밀집되어 있었지만 몇 기는 북쪽으로도 흩어져 있어 스코틀랜드까지 가 있었다. 송신탑에서는 긴 파장의 파동들이 뿜어져나왔다. 송신탑들이 보낸 파동은 뮌헨 위기 사태 중에 체임벌린 수상이 중재를 시도하려 타고 나간 비행기를 영국 해안에서 161킬로미터 밖까지 쫓았다. 비행기가 가시거리를 벗어나고도 한참을 더 간 거리였다. 점차 전쟁이 닥쳐오는 와중에, 영국에서는 독일 전투기나 폭격기의 가상 공습 경로를 영국기로 모의 비행하여 송신기로 추적하는 점검 훈련이 반복되었다.

독일군 참모들은 영국에서 무슨 일이 벌어지고 있는지 어렴풋이나마 알고 있었다. 그러나 독일 정부 기관들 사이의 의사소통이 원활하지 못했던 탓에 그들은 정확한 내용을 파악하지 못했다. 폭풍 전야의 평화가 유지되고 있던 1939년, 루프트바페(Luftwaffe, 1933년에서 1945년까지 히틀러 총통 시기 헤르만 괴링의 지도 아래 활동했던 독일 공군—옮긴이) 소속 장교인 볼프강 마티니 대령은 영국의 방어체계를 탐색하기로 결정했다(영국 레이더망이 내보내는 라디오 신호를 염탐하려는 계획이었다). 그는 극도로 꼼꼼하게 탐색하리라 결심했다. 영국의 입장에서는 참으로 고마울 따름이었다. 왜냐하면 많은 양의 무거운 장비들을 실어야했던 마티니가 거대한 제플린 비행선을 동원했기 때문이다(그가 사용한 것은 그라프 제플린 LZ-130호로, 그 2년 전에 미국에서 비행 중 폭발한 LZ-120 힌덴부르크호의 자매선이다).

자신의 위치를 고스란히 영국에 노출하는 데 이보다 더 나은 방법도 없었을 것이다. 제플린 비행선은 번쩍이는 알루미늄 안료로 도포되어 있었다. 알루미늄은 물론 금속이다. 그러니 제플린호의 표면에는 느슨하게 결합된 전자들이 수백 평방미터씩 펼쳐져 있다. 창공 높은 곳에 떠 있는 비행선은 참으로 안성맞춤인 레이더 목표물이었다. 영국 레이더 기지국이 쏜 신호가 처음 제플린호에 가 닿은 것은 비행선이 영국 해협을 완전히 건너기도 전이었다. 그 즉시 알루미늄 코팅된 제플린호의 표면에서 전자들이 요동치기 시작했고, 윌킨스가 예상한 대로 이들은 약한 라디오 신호를 뿜어내기 시작했다. 제플린호는 영국 해안을 오르락내리락 정찰하는 동안 육중한 몸체를 구름 속에 잘 감추고 있었고, 체인 홈 레이더 기지국의 높은 철탑들 역시 작동의 낌새를 주지 않으려고 가만히 정지해 있었다. 결국 1940년 7월 제출된 영국의 방어 현황에 대한 루프트바페 최종 첩보 보고서에는 체인 홈 레이더에 대한 언급은 하나도 없었다.

1940년 여름이 되자 독일군은 서부 유럽의 대부분을 점령하고 영국 해협 끝자락까지 몰려와 진을 쳤다. 영국 본토와는 겨우 몇 킬로미터 떨어져 있을 뿐이었다. 독일 해군은 대규모 침공 함대를 구축하는 중이었다. 이들이 해협을 건너는 데 성공하는 날에는 몇 남지 않은 영국 무장 군함은 수적 열세를 면치 못할 것이었다(영국군의 탱크는 이전의 작전에서 괴멸된 채 프랑스에 남겨진 채였다). 처칠은 캐나다로 도피하지 않는 한 독일군에 의해 처형되고 말 것이다. 독일 지휘부는 유태인 유력가, 노동 조합 운동가, 종교인, 기타 불필요한 인물 등 처칠과 함께 처형될 사람들이 길게 나열된 목록을 작성했다.

영국 해군은 침공을 막기 위해 최대한 애를 쓰겠지만 공군의 협조가 없이는 성공할 가능성이 희박했다. RAF는 독일 침략의 결정적인 방어선이었다. 그러나 RAF는 한없이 미약해 보였다. 그간 전투기 사령부에 배당된 예산이 적었기 때문에, 최고급 전투기들을 상당수 보유하고 있었음에도 불구하고 숙련된 조종사가 턱없이 부족하여 계속 정찰 비행을 할 수가 없었다. 히틀러는 이 몇 안 되는 RAF 부대만 쓸어버리면 당당히 침공할 수 있었다. 독일 고위 사령부의 판단에 따르면 공습에는 한 달도 걸리지 않을 것이었다. 공습은 8월 13일로 예정되었다. 디데이는 아들러 탁Adler tag, 즉 독수리의 날이었다.

새벽 5시 30분경, 영국 최동부 레이더 기지국의 기술자들은 프랑스 아미앵 상공에 독일 비행 편대가 집결하는 것을 탐지했다. 곧 디에프 상공에도 하나의 편대가, 셰르부르 상공에 세 번째 편대가 나타났다. 독일 조종사들은 당연히 자신들이 탐지되고 있다는 사실을 꿈에도 생각지 못했다. 자신들의 비행기 금속 날개에 전자기 파동이 날아들어 일 초의 몇 분의 일도 안 되는 짧은 순간에 반사 신호가 생성되고, 그것이 정확히 영국 기지국으로 되돌아가는 기술이 있으리라고는 상상할 수 없었기 때문이다. 하지만 수백 대의 전투기가 영국 상공에 도착하여 깜짝 공습을 벌이려는 순간, 이미 RAF 비행 중대 열조가 출격하여 그들을 기다리고 있었다. 당시 상황을 목격한 한 사람은 이렇게 적었다. "영국의 접대 위원회는 최고로 불친절한 방식으로 바다 건너온 방문객들을 돌려보냈다."

왓슨 와트에게는 최고의 시기였다. 그 후로 몇 주간 독일은 수차례 불시 공습을 시도하여 수적 우세의 득을 보려 했다. 한 예로 8월 말경, 독일 공군은 영국 남부에 거대한 공습을 감행하는 듯 가장하면서 그보다 더 많은 수의 대부대를 비밀리에 덴마크 상공으로 보내어 방어선이 뚫렸을 것이 분명한 북동부를 침공하려 했다. 하지만 비밀 공습조가 영국 상공에 다다르지도 못하고 여태 북해를 날고 있는 동안, 폴란드, 노르웨이, 기타 영연방 곳곳에서 모인 RAF의 역전의 용사들이 나타나 그들을 물리쳤다.

레이더 기지국의 희생도 큰 도움이 되었다. 몇몇 독일 첩보 장교들이 레이더 기지국으로 보이는 물체에 의심을 품고 공습을 감행했을 때, 대부분 여성이었던 영국 레이더 기술자들은 오실로스코프 앞을 지킨 채 꼼짝도 하지 않았다. 상당 수의 사람들이 다치거나 죽었는데도 말이다. RAF도 아무런 반응을 보이지 않았다. 혼란스러워진 독일 고위 사령부는 정체를 알 수 없는 높은 첨탑들은 영국 방어 체계의 일부가 아닌 것 같다는 결론을 내리고 물러갔다.

영국 정부가 방어 체계에 대한 거짓 이야기를 지어내 퍼뜨린 것도 또 하나의 성공 요인이었다. 영국 공군이 특히 한밤중에 그토록 정확하게 적기를 차단하는 것은 조종사들이 시력을 좋게 하는 성분이 다량 함유된 당근을 많이 섭취하기 때문이라는 이야기가 신문에 버젓이 실리곤 했다(당근이 특히 눈에 좋다는 말은 여기서 비롯된 듯하다). RAF 군인들의 기지도 한몫했다. 필립 웨어링 하사는 적기를 추격하다가 격추되어 프랑스로 끌려갔는

Electric u

iverse

RAF 스핏파이어

2차 대전, 영국의 하늘에서는 연일 독일과 영국 양쪽 항공기들의 처절한 사투가 벌어지고 있었고, 지상에서는 많은 영국민들이 가슴을 졸이며 생생하게 이 광경을 지켜보았다. 그들 중 대부분은 영국의 전투기 가운데 어떤 것이 스핏파이어이고, 어떤 것이 허리케인인지도 구별도 못하는 평범한 시민들이었으나, 독일기가 하나씩 격추될 때마다, 이구동성으로 소리를 질렀다. "우리 스핏파이어가 독일 폭격기를 또 한 대 격추시켰다!" 스핏파이어는 영국 공군(RAF)의 대들보였고, 그 조종사들은 영국 국민들의 영웅이었다.

데, 포로가 된 직후 다음과 같은 심문을 받았다.

"한 독일인이 묻더군요. '우리가 출격하면 항상 영국군이 먼저 나와 있는 이유가 뭐지?' 저는 '성능이 뛰어난 쌍안경이 있어서 전방위로 감시하고 있기 때문' 이라고 답했습니다. 더 이상 아무 질문도 않던데요."

8월 내내, 그리고 9월에 접어들어서도 레이더 기지국은 계속하여 독일 침공 편대의 길목마다 RAF 조종사들을 미리 내보내는 역할을 담당했다. 전자기파의 흐름은 여기저기서 튕겨나며 온 하늘을 가득 채웠고, 살아남은 침착한 기술자들이 레이더 기지국에서 풀어낸 정보에 따라 영국군 비행기는 올바른 길로 인도되었다. 하늘에서는 비행기의 금속 잔해가 수도 없이 떨어져 내렸다. RAF도 적지 않은 손실을 입었지만 루프트바페의 손실은 훨씬 심했다. 9월 말이 되자 해협에는 가을 폭풍이 불기 시작했다. 그리고 10월 11일, 독일은 계획하고 있던 영국 상륙 계획 '바다사자 작전' 에 무기한 연기 명령을 내렸다.

그러나 영국은 레이더 기술의 우위를 그리 오래 지키지 못했다. 독일군이 런던 및 다른 대도시들에 대한 야간 공습을 계속하는 와중에, 영국의 레이더 기술자들은 루프트바페의 전술에 뭔가 미심쩍은 부분이 있다는 것을 느끼게 되었다. 독일 비행기들은 이전보다 한층 빠르고 정확하게 비행 지점을 선택하고 있었다. 한밤중에도 그러했다. 한번은 프랑스에 진지를 둔 독일의 급강하 폭격기들이 해안에서 약 97킬로미터 가량 나가 있던 영국 구축함으로 곧장 날아와 격침시킨 적도 있었다. 가시 영역을 훨씬 벗어나 있던 거리였다.

　이것은 불길한 소식이었다. 독일이 영국의 레이더 활용 기술을 따라잡기만 한 것이 아니라 오히려 능가하고 있었던 것이다. 영국의 체인 홈 레이더들은 수 미터가 넘는 길이의 파장을 활용하고 있다. 이런 장파장은 영국 해협을 건너오는 비행기 위치를 대강 가늠하기에는 충분했지만, 빨리 확산되어버리기 때문에 대부분의 에너지를 쓸데없이 영국 남부에 펼쳐진 초원이나 젖소나 우유 배달차들을 데우는 데 낭비한다는 단점이 있었다. 왓슨 와트도 단파장을 사용하면 목표물을 정확히 조준하기가 더 쉽다는 것을 알고 있었다. 그와 동료들의 생각에 독일이 개발한 것은 바로 단파장을 활용한 레이더였다. 독일 지휘관들이 야간에 비행기 편대의 움직임을 조정하거나 멀리 있는 군함을 정확히 요격하는 것을 보면 분명했다. 그렇다면 짧은 전파를 활용해 대단한 효과를 내는 이 기계들을 독일은 어디에 숨겨두고 있을까?

　이제까지 레이더는 나라를 보호하는 영웅이었다. 그러나 독일이 기술을 따라잡았다는 사실이 알려지자, 레이더는 곧 배신자가 될 운명에 놓였다.

E l e c t r i c
U n i v e r s e

전자파의 비극
함부르크 폭격

함부르크, 1943년

그것은 별 대수롭지 않은 자료로 보였다. 이 자료 덕분에 독일에 새로운 레이더 장비가 있다는 것을 알게 되고, 나아가 패러데이의 보이지 않는 파동을 대량 학살에 활용하는 날이 오게 되리라고는 전혀 짐작할 수 없었다. 타자기로 작성된 8쪽 분량의 그 문서는 1939년에 익명의 한 독일 시민이 오슬로 주재 영국 해군 무관에게 보낸 것이었다. 그 보고서는 사실이라고 보기에는 너무 황당한 내용을 담고 있었다. 영국이 상상할 수 있는 범위를 넘어선 활동들을 적시하고 있었기 때문이다. 자료에 따르면 독일군은 발트 해의 한 섬에 연구 시설을 세워 글라이더 모양의 제트 추진식 비행기를 만들고 있다는데 이는 마치 공상과학 소설 속의 이야기처럼 보였다. 게다가 영국이 보유한 것보다 훨씬 발전된 형태의 레이더 체계를 하나도 아니고 둘씩이나 갖고 있다는 것이다. 이 우편물이 번역되어 런던 관가에 배포되었을 때, 간수하여 읽어볼 가치가 있다고 생각한 사람은 단 한 명뿐이었다.

그 유일한 인물은 레지널드 V. 존스Reginald V. Jones로서 나이보다도 어려 보이는 28세 청년이었다. 전공은 천문학과 물리학이었지만 그는 옥스퍼드의 베일리얼 칼리지에서 대학원 공부를 했기 때문에, 폭넓은 인문학적 교양을 강조하는 학교의 전통에 따라 모든 의견은 한 번쯤 곱씹어볼 가치가 있다는 교훈을 배워 알고 있었다. 나치 관료들은 자기들끼리도 서로 의심한다는 점을 알고 있던 그는 루프트바페의 중앙 관리자들도 모르는 새 여러 독일 연구진들이 각자 레이더 개발을 진행했을 수도 있다고 생각했다. 그리고 그것은 사실로 드러난다. 어쨌든, 1941년 현재 그가 알고 있는 것은 독일에 실제로 작동하는 레이더가 있다는 사실이었고, 포로들의 대화 기록이나 라디오 감청을 통해 알게 된 바에 따르면 레이더 체계의 암호명이 '프레야Freya'라는 점이었다.

존스처럼 교양을 갖춘 이에게 이 암호명은 정확한 정보를 발목에 감은 비둘기가 런던 SW1 구역 화이트홀 거리에 있는 공군 첩보국으로 곧장 날아든 것마냥 확실하게 독일군의 의도를 드러내는 것이었다. 독일의 고위 사령부는 아리안 민족의 신화에 매우 집착했다. 20세기 중반에 닥친 전기 기술 분야의 이 커다란 위험을 해결하는 방도는 천 년의 시간을 거슬러 올라가 신화를 탐색하는 것이었다. 젊은 존스는 이 점을 깨달았다.

그래서 존스는 1941년의 어느 날, 느지막이 화이트홀의 사무실을 나와 런던의 도서 유통 중심지인 채링 크로스 가까지 걸어 갔다. 해가 지기 전에 그는 원하던 것을 찾았다. 프레야는 고대 북구 신화에 등장하는 여신이고, 보통 또 다른 신화 속 인물인 하임달과 함께 다닌다고 했다. 프레야는 목걸이를 하나 갖고 있는데 하임달의 임무는 그것을 지키는 일이었다. 그래서 그에게는 낮이고 밤이고 늘 온 방향으로 저 멀리까지 내다볼 수 있는 특별한 능력이 있었다.

RAF 정찰기들은 독일이 점령한 프랑스 영토에서 레이더 기지처럼 보이는 시설물들을 발견한 적이 있었다. 하지만 그토록 정교한 요격의 원인이라 하기에는 너무나 오래되고 덩치가 큰 기기들이었다. 사실 서로 다른 효력을 지닌 두 종류의 레이더 기기가 동시에 사용되고 있으리라고는 아무도 생각지 못했던 것이다. 오래된 북구 신화에서 하임달과 프레야가 함께 다닌다는 내용을 확인한 존스는 독일 사령부의 레이더 건설도 이런 식으로 이루어지고 있으리라 생각했다.

존스는 카메라가 장착된 스핏파이어 전투기 한 대를 제일 처음에 발견되었던 대규모 부지 한 군데로 보냈다. 르아브르에서 수십 킬로미터 가량 떨어진 곳으로서 브루네발이라는 마을 근처였다. 정찰은 눈 깜짝할 속도로 이루어졌으며, 비행기는 지면에서 몇 십 미터까지 바싹 붙어 날았다. 독일 경비군이나 대공포에 공격할 시간을 허락하지 않기 위해서였다. 사진 원판이 런던에 도착하자마자 항공부의 사진 판독가들이 달려들었다. 처음에는 부대 내의 포상砲床과 철조망 울타리, 징발되어 사용되고 있는 성 등 평범한 기지에 응당 있을 법한 것들만 보였다. 하지만 확대경을 사용하여 자세히 들여다보니 성에서 뻗어 나온 소로가 뚝 끊기는 지점에 또 하나의 레이더 기기가 보였는데, 폭이 몇 미터에 불과한 좁은 공터에 설치되어 있었다.

예상보다 심각한 상황이었다. 그만한 공터에 들어갈 정도로 작은 레이더 설비라면 영국 체인 홈 레이더의 거대한 안테나 같은 것은 사용하지 않는다는 뜻이다. 사진으로 보자면, 독일 기술자들은 그 대신 1.5미터 혹은 그보다도 짧은 파장을 활용하는 레이더를 개발한 듯했다. 소형 트럭의 짐칸에 기기 전체를 싣고, 지름 1미터 정도의 방향 조정 가능한 안테나를 차 위에 올려 파동을 발생시키거나 수신하는 것도 가능할 것 같았다(체인 홈 레이더의 안테나는 아주 높은 철탑만한 크기였기 때문에, 그것을 회전시키려면 수백 입방미터의 공간이 필요한데다가 그런 일을 수월하게 해낼 만한 엔진도 거의 없었다).

영국인들은 어떻게 독일이 이리도 탁월한 기술력을 갖게 되었는지 알 수가 없었다. 이 기기가 여러 벌 있고, 비행기에 밀어 넣어 설치될 수도 있다면, 독일 초계기들은 캄캄한 밤중에 바다 한가운데서라도 영국으로 들어오는 대책 없는 미군 수송선을 감지할 수 있을 것이다. 그리고 그 정보를 대기 중인 유보트U-boat에 전달할 것이다. 루프트바페 전투기들도 마찬가지로 캄캄한 어둠 속에서 연합군 비행기를 가려낼 수 있을 것이다.

조그맣고도 치명적인 레이더 기기와 그 기지를 정탐하기 위해, 두 명의 프랑스 레지스탕스, 로저 듀몽Roger Dumont과 샤를 샤보Charles Chauveau가 자원해 나섰다. 그들이 관찰한 바에 따르면 백 명이 넘는 독일군과 15개가 넘는 기관총 포상이 있었다. 암호명 뷔르츠부르크로 불리는 그 레이더(뷔르츠부르크는 독일의 한 도시 이름인데, 실제 레이더와는 아무 상관이 없다. 이 레이더를 탄생시킨 독일 텔레푼켄 사 연구소장 빌헬름 룽게가 지도에서 마음에 드는 도시 이름을 하나 골라 맘대로 붙인 이름이었다 — 옮긴이)를 살펴보거나 포획해야 하는데, 영국 해군이 나설 수가 없었다. 브루네발의 성은 해안가에 있긴 했으나 해변에는 백악층으로 된 기암절벽이 백 미터 넘는 높이로 솟아 있었다. 그러니 상공에서 급습하는 방도밖에 없었다. 그런데 비행기 착륙에 마땅한 공간도 없었다. 결국 신설된 지 얼마 되지 않은 낙하산 부대의 투입이 결정되었다.

그리하여 1942년 2월 어느 날 아침 일찍, 전쟁 전에는 영사기 사이자 아마추어 무선 통신사였으며 지금은 영국 공군 하사인 찰스 W. 콕스Charles W. Cox가 런던의 항공부로 출두 명령을 받게 되었다. 공군 소장 빅터 테이트가 그를 기다리고 있었다. 평소 콕스는 하루 종일 실내용 슬리퍼를 신고 지냈다. 발바닥에 티눈이 있었기 때문이다. 게다가 그는 허리띠 대신 전선줄로 허리춤을 단속하곤 했다. 그러나 그런 그도 오늘만큼은 특별하다는 것을 눈치 챘으므로, 제대로 차려입고 나타났다.

"자네 위험한 임무에 자원했더군, 콕스 하사." 테이트가 말했다.

"그렇지 않습니다, 소장님." 콕스가 받아쳤다.

"'그렇지 않다' 니, 무슨 뜻인가?" 테이트가 물었다.

"아무 데도 자원한 적이 없습니다!" 콕스의 대답이었다.

콕스가 남긴 유산 중 하나인 스무 페이지짜리 미발표 기록을 보면 다음에 무슨 일이 벌어졌는지 알 수 있다. 그들은 콕스를 경계가 삼엄한 맨체스터 근방 링웨이 훈련 기지로 보냈다. 처음에 콕스는 수십 명의 강건한 낙하산병들과 함께 행진을 하고 있는 까닭을 알 수가 없었다. 그는 비행기라고는 한 번도 타본 적이 없을 뿐더러 고소공포증도 있었다. 그러다 어느 순간, 그는 자신이 그들과 함께 급습 작전에 나서야 하기 때문에 함께 훈련을 받는 것이란 끔찍한 사실을 깨달았다. 뷔르츠부르크 레이더를 확보하여 영국에 가져오려면 부속품의 분해를 감독할 사람이 있어야 했는데, 사령부가 이렇게 군말 없이 그를 지정한 것을 보면 사령부가 차출할 수 있는 그나마 제일 나은 인물이라는 것이 고작해야 아마추어 무선 통신사 경험이 있는 콕스였던 것이다.

낙하산병들은 새로 생긴 제1공수사단 소속이었으므로 육군 제복을 입었는데, 콕스는 RAF 제복을 입었다. 기습작전팀이 포로가 된다면 그 혼자만 도드라져 보일 것이고 게슈타포는 그가 낙하산병들 사이에 섞여 있는 이유를 궁금해할 것이다. 누가 봐도 이해할 만한 걱정거리였다. 머지않아 존스가 위로차 링웨이를 방문했다. 콕스는 그 어떤 위로보다도 다른 부대원들과 같은 복장을 허락해주십사 건의했다. 그러나 존스의 대답은, 자신이 런던에 허가를 요청해보았으나, 군 제복을 바꿔 입는 것은 나쁜 선례를 남긴다면서 육군본부가 완강히 거절하더라는 것이었다. 콕스는 자신도 선례가 중요하다는 것이야 잘 알지만, 게슈타포가 사방에 깔린 마당에 이번만은 특별한 경우로 고려해주는 게 정당하지 않겠냐고 설득했다. 존스는 육군본부가 말도 못 하게 완강하니 낸들 어쩌겠냐고 꽁무니를 뺄 뿐이었다.

낙하 훈련을 서둘러 마친 콕스는, 여전히 RAF 제복을 입은 채, 또 다른 기습 기술들을 익히기 위해 솔즈베리 평원으로 이송됐다. 콕스는 이제 몇몇 훈련들을 즐기기까지 했다. 특히나 무슨 물품이든 주문만 하면 재깍 마련해주는 것이 맘에 들었다. 쌍안경, 나침반, 깨끗한 군화, 심지어 최신형 45구경 콜트 권총까지 받았다. 반대로 몇몇 훈련들은 상당히 괴로웠다. 가령 함께 훈련을 받던 스코틀랜드 군인들이 철조망 넘기 연습을 할 때가 그랬다. 철사 절단기가 동원되리라는 콕스의 예상과는 달리, 그들은 멀쩡한 철조망에 한 사람을 기대게 한 다음, 그 몸을 우지직 밟으며 건너갔던 것이다. 얼마나 어려운 작전이 될지 콕스에게 설명해주는 장교는 아무도 없었다. 작전팀은 비교적 가벼운 무기들만 지닐 것이며, 이전의 공수 작전들은 예상보다 훨씬 어려웠다는 정보뿐이었다.

낙하 기습 작전은 1942년 2월 27일 밤에 거행되었다. 그들이 훔쳐와야 할 바로 그 뷔르츠부르크 레이더는 빠른 진동의 보이지 않는 파동을 캄캄한 밤하늘로 내보내고 있었고, 32킬로미터 밖에서부터 그들의 위치를 탐지하기 시작했다. 날아드는 영국군 비행기는 어쩔 도리 없이 그 전파를 반사해 돌려보냈다. 콕스와 낙하산병들이 앉아 있는 곳의 몇 센티미터 옆, 비행기의 몸체와 날개로부터 밤하늘로 반사파가 퍼져나간 것이다. 역시 보이지 않는 이 화답의 표시 덕택에, 영국 작전팀의 존재는 들통 났다.

약 100여 명의 군인들이 비행기에서 뛰어내렸다. 그중 스무 명 남짓한 대원들은 강하 목적지에 제대로 내리지 못하고 수 킬로미터 멀리 날려갔지만 나머지 인원은 목표 지점에 안착했다. 착륙 후의 의식이나 마찬가지인 예의 관습에 따라, 그들은 비행기를 타기 전에 마셨던 차를 다시 꺼내 마시며 감사한 마음으로 안도의 휴식을 가진 뒤, 곧 집결하여 뷔르츠부르크 레이더를 굽어보고 있는 성 쪽으로 발걸음을 재게 놀렸다. 콕스도 바퀴가 달린 자그만 손수레를 달달 밀면서 뒤를 따랐다. 런던의 작전 계획가들이 레이더 부품을 담는 데 필요할 거라면서 가져가라고 한 수레였다.

성에 있는 방어군은 얼마 되지 않았다. 하지만 독일 레이더 기술자는 레이더 화면에 점멸하는 점들이 수없이 많이 다가오고 있는 까닭을 정확히 이해했기 때문에, 독일군의 주 부대는 미리 경고를 받고 잠복 중이거나 잠복 준비를 하는 중이었다. 총격전이 시작되었다. 콕스는 이 순간 재빨리 움직여야 한다는 사실을 깨달았다. 뷔르츠부르크 레이더에는 만일을 대비한 폭발장치가 숨겨져 있을지도 몰랐다. 정말 폭발이 일어나버린다면 테이트 소장은 분명 콕스를 나쁘게 생각할 것이다. 그래서 콕스는 어둠 속을 뚫고, 날아다니는 총탄을 누비며, 레이더를 둘러싼 철조망을 넘어서, 폭발물이 있나 찾아본 뒤 해제하는 작업을 서둘렀다. 와중에 그는 수상한 그림자가 움직이는 것을 발견하고, 도망치던 독일 레이더 기술자를 군인들이 정중하게 생포하도록 도왔다. 콕스는 영국군들에게 뷔르츠부르크 전자 부품의 느슨한 부분들을 쇠지레로 풀도록 지시한 뒤, 침착하게도 교환 부속품들의 일련번호까지 수집하게 했다. 그는 견본을 충분히 확보하지 못한 채 영국에 돌아가면 어떤 일이 벌어질까 너무나 염려한 나머지, 접근해온 독일군이 박격포 사격을 시작하여 영국의 낙하산병 주 부대가 계획보다 일찍 뷔르츠부르크에서 손 떼고 나가게 된 상황에서도 계속 둥글게 생긴 진동 안테나의 핵심 부품을 열심히 풀고 있었다.

계획에 따르면 이후 바닷가까지는 쉽게 빠져나갈 수 있어야 했다. 하지만 이 탈출 과정을 엄호하기로 한 부대가 하필이면 착륙 당시 어딘가 모르는 곳으로 날려가버린 바로 그 팀이었다. 독일 기관총 사수들이 영국군에게 발사하기 시작했다. 이 또한 콕스의 걱정거리가 되었다. 결국 그는 사람들에게 뷔르츠부르크 부품을 손수레에서 꺼내 배낭에 집어넣게 했다(전자 부품들이 손상되는 것을 막기 위해서였다). 또 그는 부상자들을 돌보는 일도 나서서 도왔던 것 같다. 이제 기습작전팀 전체가 당하고 말겠구나, 하는 시점에, 갑자기 "카바르 페이드!"라는 고함 소리가 들려왔다(Cabar Feidh는 스코틀랜드 방언인 게일어로 '사슴의 뿔'이란 뜻이다. 스코틀랜드 전통 백파이프 연주에서 가장 널리 알려진 곡의 제목이기도 하다. 스코틀랜드 낙하 부대의 연대기장도 사슴뿔 모양이라, 그들은 적을 습격할 때 종종 이렇게 외쳤다—옮긴이). 스코틀랜드 출신 엄호 부대가 드디어 도착한 것이다! 독일 기관총 사수들은 고함을 질러대는 이 부대와 대결하느니 계곡으로 후퇴하는 편이 낫겠다고 판단했다. 공습 부대는 마침내 해변까지 빠져나올 수 있었다.

그런데 이번에는 영국 해군이 와 있지 않았다. 급히 라디오 신호를 타전하고 심지어 조명탄까지 쏘아올려도 아무 기척이 없었다. 등뒤 절벽 꼭대기에 독일 보충 부대 트럭의 불빛이 비추는 찰나, 그러나, 해군의 상륙 주정이 모습을 드러냈다. 그것도 여러 척이었다. 그들의 든든한 화력이 있으니 이제 저 위에 등장한 적의 지원군은 하등 문제될 것 없었다. 탈출길에 오른 군인들은 영국으로 돌아가는 귀로 내내 육중한 상륙 주정 속에서 불편하게 몸을 맞대야 했다(승선하자마자 럼주를 받긴 했지만 말이다). 그렇지만 콕스는 따로 불려가 곧 쾌속정에 옮겨 탔다. 쾌속정은 두 척의 해군 구축함이 옆을 호위하고 스핏파이어 전투기 편대가 상공을 엄호하는 가운데 20노트가 넘는 속력으로 포츠머스 항을 향해 달렸다. 육지에 내린 그는 전속력으로 달리는 자동차 행렬에 몸을 실어 런던까지 간 뒤, 간략한 설명과 함께 소중한 뷔르츠부르크 부품들을 넘겨주고 나서, 얼마든지 쉬어도 좋다는 허락을 받았다. 자정도 되기 전에 그는 이스트 앵글리아에 있는 위스베치라는 작은 마을의 자기 집에 도착했다. 그의 집에는 난로가 딱 하나 있었는데, 그 주위에 그의 아버지, 어머니, 조부모, 아내, 그리고 아장대며 걷기 시작한 아이가 모두 둘러앉아 그를 기다리고 있었다. 콕스의 말에 따르자면 그는 당당히 걸어들어가 이렇게 말했다.

"다들 잘 계셨어요? 저는 프랑스에 다녀왔어요. 이제까지 죽 거기 있었죠. 제가 한 일이 오늘밤 런던의 신문에 나왔더군요. 자, 어때요?"

콕스는 대번 영웅이 되었다. 그렇지만 그가 가져온 것은 현대 역사상 최고로 끔찍한 대규모 학살들 중 하나의 현장에서 쓰이게 된다. 뷔르츠부르크 레이더는 영국 전문가들의 예상보다 훨씬 뛰어났다. 뷔르츠부르크는 파장의 한 마루에서 다음 마루까지의 길이가 25센티미터도 안 되는 단파장을 사용했다. 이렇게 짧은 파장을 이용하면 목표물을 더 정확히 포착할 수 있다. 이에 비하면 몇 미터 단위의 파장을 사용하는 체인 홈 레이더는 구식이나 마찬가지였다.

이것만 해도 심란하기 짝이 없는데, 콕스가 수집해온 부속품 일련번호에 대해 계산을 해보니 더 심란한 결과가 나왔다. 뷔르츠부르크 교체 부품 중 일부는 12월에 설치된 것이었는데, 이 부분의 일련번호들은 서로 가까운 숫자들이었다. 즉 작동 중인 기계의 수가 많지 않다는 뜻이다. 그런데 2월에 설치된 교체 부품들의 일련번호는 사이가 더 넓게 벌어진 숫자들이었다. 그새 뷔르츠부르크 기계의 수가 많이 늘어나 부속품도 더 많은 양을 생산해야 했다는 뜻이다. 이로써 RAF가 그간의 공습에서 속수 무책으로 당한 까닭도 설명되었다. 날아드는 비행기를 포착하는 능력에다 믿을 수 없을 만큼 정확하게 탐조등의 방향을 지시하는 능력까지 갖춘 최첨단 뷔르츠부르크가 수없이 많으니, 유럽의 하늘이 연합군 조종사들의 무덤으로 변한 것도 무리가 아니었다.

그런데 그때, 런던의 분석가들은 뷔르츠부르크의 약점 한 가지를 발견한다. 지금에 와서는 이런 생각도 든다. 이 발견이 불러온 이후의 참상을 피할 수 있는 방법은, 정말 없었던 것일까? 아무튼 그 단점이란 개조가 어려운 설계라는 것이었다. 처음에는 그 까닭을 알 수가 없었다. 콕스의 도움으로 생포했던 젊은 독일 기술자와 이야기를 해보고서야 단서를 잡을 수 있었다.

매우 젊은 그 기술자는 기꺼이 이야기할 준비가 되어 있었다 (존스는 이렇게 회상했다. "우리는 오후 내내 함께 마룻바닥에 앉은 채 다양한 부품들을 조립하면서 그의 설명을 듣곤 했다"). 그러나 사실 그는 레이더의 작동 원리에 대해서는 거의 전무하다시피 아는 바가 없었다("그는 독일에서도 감옥 안에서 보낸 시간이 감옥 밖에서 보낸 시간보다 더 많은 것 같았다"). 영국에는 숙련된 아마추어 라디오 기술자들이 많아서 차출이 용이했지만, 독일은 오래전부터 민간인들이 라디오를 조립하는 것을 엄격히 금하고 있었다. 설령 기술직에 적합한 재능을 갖춘 여성들이 있다 해도 징집할 수 없었다. 우생학에 미친 듯 열광하는 독재 사회에서 여성은 언제든 아이를 낳을 준비가 된 상태로 얌전히 집 안에 있어야 했다. 존스는 점차 깨닫게 되었다. 복잡한 레이더를 수리하거나 운영할 정도로 숙련된 남성들이 많지 않았기 때문에 독일의 레이더는 단순해야 했던 것이다. 달리 말하자면, 최고의 기술을 자랑하는 독일의 레이더는 어떤 바보도 견뎌낼 수 있을 정도로 튼튼하고 대단히 세련된 물건이어야 했다.

독일 레이더에 융통성이 부족하다는 사실을 알게 되자, 존스를 비롯한 항공부의 인물들은 독일 선진 기술의 칼끝을 고스란히 그들에게 겨눠줄 수 있겠다고 확신했다. 이미 몇 달 전부터 RAF는 일견 너무나 단순해 무슨 커다란 도움이 될 것 같지도 않은 무기 한 가지를 생각해왔다. 수많은 알루미늄 조각들을 마치 기다란 색종잇조각들이 흩뿌리는 것마냥 비행기에서 떨어뜨리는 방법이었다(무기의 원래 암호명은 '창문'이었지만 나중에는 '채프[쓰레기]'라는 이름으로 불렸다. 이 책에서도 채프라고 부르도록 하겠다). 연구자들에 따르면, 비행기 편대에서 이 금속 조각들을 뿌리면 이들이 갑자기 몰아닥친 구름처럼 작용해 막대한 규모의 전자파를 내뿜을 것이다. 독일의 도시들은 많은 수가 레이더를 활용한 방어 체계를 구축하고 있었다. 레이더 유도 탐조등, 레이더 유도 대공포 부대, 게다가 지상의 레이더 기지에서 쏘아 올려주는 정보에 의존해 움직이는 강력하고 재빠른 야간 전투기들이 있어 영국군의 공습에 효과적으로 대비하고 있었다. 채프가 제대로 기능해서 독일 기술자들의 화면에 가짜 신호가 난무하게 되면 레이더는 무용지물이 될 터이며, 공습에 나선 영국

일렉트릭 유니버스

비행기들은 탐지되지 않는 것이나 마찬가지가 된다. 이제 영국 전문가들은 뷔르츠부르크의 정확한 파장까지 알게 되었으므로, 채프의 크기를 얼마로 만들어야 최상의 결과를 얻을 수 있는지 계산할 수 있었다.

왓슨 와트는 채프를 써보고 싶어 안달난 자가 누군지 알고 있었다. RAF 폭격기 사령부의 책임자, 아서 해리스Arthur Harris였다. 해리스는 오래전부터 채프의 가능성을 깨닫고 있었지만 실전에 투입할 수는 없었다. 채프는 딱 한 번만 최고의 효과를 발휘할 수 있는 무기이기 때문이다. 채프가 여러 번 사용되면 적군은 곧 느리게 흩어지는 채프와 빠르게 날아가는 비행기를 구별하는 방법을 개발해낼 것이다. 거꾸로 그들이 채프 기술을 이용해 영국 레이더를 먹통으로 만들지도 모른다. 모든 사람이 독가스를 갖고 있지만 누구 하나 감히 사용할 수 없는 상황과 비슷한 처지였다. 그런데 브루네발 기습작전을 통해 독일의 레이더 기기들, 특히 초정밀도를 자랑하는 뷔르츠부르크의 설계가 지나치게 고정되어 있다는 사실을 알고 보니, 독일 운영자들이 새 무기 채프에 민첩하게 대응하지 못하리라는 추측이 가능했다. 영국의 비행 대대는 채프를 활용하면 상당한 기간 동안 무적이 될 수 있었다. 왓슨 와트는 일생일대의 싸움이 벌어지려 한다는 것을 직감했다. 그것은 해리스도 마찬가지였다. 그리고 해리스는 이번만큼은 정말 자신이 이기리라 확신하고 있었다.

2차 대전 당시 연합군 소속 군인 중에서 해리스만큼 불쾌한 인물을 따로 찾기도 어려울 것이다. 그는 가까운 가족에게는 친절하게 굴기도 했지만 친구도 없고 취미도 없었다. 책이라곤 읽는 법이 없고 음악도 듣지 않았다. 그가 일생 동안 간직한 단 하나의 거대한 열정은 증오심이었다. 독일에 겨눠진 증오도 아니었다. 그의 행동이 증거하는 바에 따르면, 그것은 육체노동자들을 향해 타오른 증오였다.

해리스는 극우 보수주의자였다. 당시의 많은 부유층 인사들과 마찬가지로, 그는 종종 영국 노동 계급에 대한 강한 거부감을 표현하곤 했다. 독일 노동 계급은 말할 것도 없다. 당대 지식인들 중 외견상 상당히 온건한 이들도 이 문제에 대해서만큼은 황당한 견해를 글로 남기곤 했다. 이것은 일본과 미국이 태평양 전쟁 중 서로에게 인종적 혐오감을 느끼게 된 것과 다소 비슷한 현상이라고도 할 수 있다. 일본의 도시들을 산산이 부숴뜨리는 데 미군 지도자들의 혐오감이 한몫했듯, 해리스의 혐오감은 그가 지시한 폭탄들이 떨어질 때 지상에 있을 노동자나 어린이들에 대해 아무런 동정심도 느끼지 못하는 냉혈한 세계관으로 발전했다.

그의 계획을 알게 된 장교들은 그 의도를 깨닫고 소스라쳤다. 미군만 해도 폭격하는 대상은 적군의 공장, 철도, 부두 시설에 국한됐다. 간혹 실수가 지나쳐 민간인의 피해를 초래하기도 했다. 하지만 최소한 유럽에서의 작전에서는 민간인 살상이 주목적인 적이 없었으며, 반복적으로 목표물을 놓치는 미국인 조종사는 임무에서 제외됐다. 영국 공군 역시 동원한 폭격기들이 잠수함 공장이나 조선소를 노려주길 바랐고, 가능하다면 바다에서는 적군 잠수함이나 선박을 목표로 하길 바랐다.

해리스의 생각은 완전히 달랐다. 겉으로는 적군의 공장들을 주 목표물로 삼는 척했지만, 사실 그는 공장이나 건설 부지를 정확히 맞추려고 노력하는 일이 철저한 시간 낭비라고 확신했다. 비행기들이 적군 잠수함을 찾아 바다 위를 막연히 맴도는 것도 바라지 않았다. 그런 산만함은 필요치 않았다. 꼭 해야 한다면 허락이야 하겠지만, 그 자신은 결코 장려하지 않을 일이었다. 그는 건물이나 무기를 파괴하고 싶은 만큼이나 사람들을 죽이고 싶었다. RAF가 축적해온 대량의 고성능 폭약과 방화제들은 노동자들을 직접 겨눠야 했다. 사람들이 살고 있는 집 위로 떨어져야 했다. 그는 그것이 적의 힘을 약화시키는 가장 효과적인 방법이라고 굳게 믿었다. 브루네발 기습작전이 있던 달에, 폭격기 사령부는 지령 22호를 공포했다. 지령의 내용은 앞으로의 모든 공습에서 "주 목표점은 해군 조선소나 비행기 제조창 등이 아니라 건물이 밀집한 지역이어야만 하며…… 어느 경우에도 이 점이 확실히 지켜져야 한다"는 것이었다.

군 내부나 민간 전문가들로부터 제기된 반대 의견은 철저히 무시되었다. 해리스는 브루네발 자료를 근거로 강력히 주장함으로써 자신의 의도를 관철시킬 수 있었다. 그는 채프를 사용하여 도시의 레이더 보호망을 교란시킬 것이다. 도시가 무력한 처지에 놓이면 그는 뭐든 내키는 대로 할 수 있을 것이다. 공장을 파괴할 수도 있겠지만, 도시에 사는 사람들을 원하는 만큼 죽일 수도 있다.

왓슨 와트는 공포에 질렸다. 이런 일을 벌이자고 그가 레이더를 발명한 게 아니었다. 하지만 부하 직원 신세인 그가 말이나 문서를 통해 아무리 절박하게 호소해도 소용이 있을 리 없었다. 그는 스스로 탄생시킨 놀라운 방어 무기가 자신의 통제를 벗어나는 것을 속수무책으로 바라보는 수밖에 없었다. 그래서 그는 헨리 티자드에게 도움을 간청하기로 했다. 티자드는 영국이 최초의 레이더를 탄생시킬 때 그 연구 위원회를 이끌었던 사람으로, 그들이 함께 만든 레이더 체계는 1940년 영국의 전투에서 더없이 귀중한 역할을 해냈다. 티자드 자신도 해리스를 경멸했기에, 그는 반대 세력을 규합하기 시작했다. 평상시였다면 티자드의 반대 세력은 해리스를 저지하고도 남았을 것이다. 그런데 공교롭게도 티자드는 1936년, 레이더 위원회에서 자신이 모욕을 준 일이 있던 한 사내의 승인을 통과해야 했다. 바로 린드만이었다. 그는 이제 총리가 되어 있는 처칠의 오른팔이었다. 티자드의 제언을 심각하게 여길 필요가 전혀 없다고 정부에 장담할 때, 린드만은 더할 나위 없이 즐거웠을 것이다.

1943년 초, 티자드와 왓슨 와트는 패배를 깨달았다. 한번은 해리스가 폭격기 사령부 버킹엄셔 본부에 관계자들을 불러놓고 폭격의 윤리학이라는 주제로 토론을 주최했다. 토론이 끝난 뒤, 폭격기 사령부의 군목 존 콜린스가 자리에서 일어나 이것은 폭격의 윤리학이 아니라 거꾸로 윤리학에 대한 폭격이라고 항변했다. 그러나 그는 근엄한 훈계를 들었을 뿐이며, 감히 그를 지지하고 나서는 사람은 아무도 없었다.

해리스가 실력을 행사할 도시로 어디를 낙점할 것인가에 대해서는 이견이 없었다. 함부르크야말로 노동자 주거지가 빡빡하게 밀집한 거대 산업 중심지였다(함부르크가 레이더파를 최고로 활용한 공습의 대상이 된 것은 참으로 아이러니다. 전파의 가능성을 발견한 헤르츠의 고향이기 때문이다—옮긴이). 게다가 북해에 면하고 있는데다 엘베 강을 끼고 있었다. 육지와 바다가 만나는 경계에서는 비행기 조종이 특히 쉽다(지면과 수면은 매우 다른 방식으로 레이더에 감응하기 때문인데, 상세한 내용은 뒤에서 알아보겠다).

해리스는 RAF 조종사들이 도시 상공에 진입할 때 지켜야 할 지침을 마련했다. 엘베 강 남쪽에는 많은 공장들과 함께 블롬 & 포스, 스틸켄, 호발츠베르케라는 유명한 유보트 건조 조선소가 있었다. 영국 공군과 티자드가 원하는 목표물은 그것이었다. 그러나 해리스는 조종사들에게 긴급 명령을 하달해, 그 목표물들을 노리지 말고 도시의 북쪽에만 집중하라고 지시했다. 북쪽에는 무기 공장이 없었다. 영국의 이스트 엔드 구시가지나 뉴욕의 로어 이스트 사이드처럼 6층짜리 공동주택들이 줄지어 있을 뿐이었다. 그곳에 사는 사람들 중 공장에서 일하는 자도 있었지만, 거주자 대부분은 노인이나 여자, 그리고 수많은 어린이들이었다. 교외로의 대피가 완전히 이루어지지 않았기 때문이다.

그해 봄, 브루네발 자료의 처리가 끝났다. 영국은 아래를 내려다볼 수 있는 소형 레이더를 여러 대의 비행기에 장착했다. 채프 사용에 대한 최종 승인은 초여름에 내려졌다. 이제 남은 일은 최적의 기상 조건을 기다리는 것이었다. 7월의 함부르크는 온도가 27도 가량인 따뜻한 시기였다. 벌써 여러 날 습도는 평균 이하로 낮았다. 해리스는 죽 기상 보고서를 주시했다.

몇 차례 강력한 사전 공습이 있었으나, RAF의 주 부대가 본격적으로 출격한 것은 7월 27일이다. 함부르크의 공원 등 야외에는 아직 사람들이 산책을 하고 있었다. RAF가 출현하기까지는 몇 시간이 남아 있었다.

오후 11시, 비행기들은 어두운 북해 상공을 날며 발각되지 않고 있었다. 영국 본토에서 쏘아 보낸 방송은 승무원들이 끼고 있는 라디오 헤드폰 속 전자들을 아주 조금 요동치게 만들었고, 그것은 들을 수 있는 소리로 변환되었다. 아래를 향한 레이더의 구리선 속에서도 전자들이 요동치며 라디오파를 빈틈없이 쏘아내리고 있었다. 물은 파동에 반응할 자유 전자를 상대적으로 적게 갖고 있기 때문에, 오실로스코프에 별 무늬가 없이 까맣기만 하다면 조종사들은 아직 차가운 북해 바다 위를 날고 있다는 뜻이었다.

그런데 한 시간쯤 지나자, 비행기에 장착된 레이더가 쏘아내린 보이지 않는 파동은 무언가 다른 물체들에 부딪치기 시작했다. 창고나 철로 같은 금속 구조물은 자유 전자를 수없이 많이 갖고 있다. 나뭇잎이나 벽돌 건물이나 포장도로는 자유 전자 수가 적은 편이지만 그래도 여전히 약간의 신호를 내보낸다. 지상에서 3킬로미터 높은 곳에 있는 오실로스코프에는 바다의 까만 면과 확연히 대비되는 새로운 영상이 나타났다. 편대의 앞에 나는 선도기들은 육지에 들어섰음을 깨닫고 정확한 항로를 잡기 위해 살짝 방향을 틀었다. 그 뒤로 700대가 넘는 폭격기들이 바짝 따라붙었다.

폭격기 승무원들은 색종이처럼 생긴 채프 뭉치들을 비행기에서 밀어내기 시작했다. 뭉치는 세찬 바람에 날리는 와중에 풀어지고, 대신 수천 개의 알루미늄 조각이 떨어져 내렸다. 뷔르츠부르크나 그 밖의 레이더 기기들이 창공으로 분출한 보이지 않는 파동은 천천히 흩어지는 알루미늄 속 느슨한 전자들에 가 부딪혔다. 알루미늄 원자의 최외각 느슨한 전자들이 아래에서 올라온 강력한 힘에 사로잡혀 앞뒤로 흔들리자, 소형 라디오파 발신기들이 등장한 셈이었다. 사람의 눈으로 보자면 하늘은 여전히 티끌 한점 없는 깜깜한 밤이었지만, 레이더 기기는 알루미늄 조각들의 파동이 만들어낸 불빛으로 환해졌다. 똑같은 신호들이 수백만 개씩 하늘에서 쏟아져내렸다.

뷔르츠부르크와 기타 레이더 기기들은 완전히 압도되었다. 지상의 제어 장치는 이 현란한 전기 신호의 홍수 속에서 실제 비행기의 신호를 가려내지 못했다. 레이더로 통제되던 탐조등은 목표를 잃은 채 이리저리 헤매기 시작했다. 대공포들은 작동을 멈추거나 마구잡이로 쏘아댔다. 독일 전투기 조종사들은 걷잡을 수 없이 당황하며 지상 통제자에게 방향 지시를 요청했다. 이런 상황에서 지상 통제자들 중 몇몇은 라디오를 통해 조종사들에게 고함을 질러댔다. "흩어져! 폭탄이 증식하고 있다!" 성난 다른 몇몇은 전투기 조종사들에게 나선 비행을 하라고 지시했다. 하늘 가득 불어나고 있는 알루미늄 발신파와 비행기를 구분해보려는 것이었다.

그러나 어떤 방법도 소용없었다. 이제 RAF 비행기를 대적할 상대는 없었다. 먼저 고성능 폭발물을 떨어뜨려 급수관을 뚫고 (나중의 통계에 따르면 2천 곳이 넘게 피해를 입었다고 한다) 집들을 부쉈다. 벽돌이 쪼개지고 파편이 마구 날아갔다. 그제야 주 폭탄의 문이 열리고 화학 발연제들이 투하되었다.

함부르크의 건물들은 대부분 나무로 지어졌다. 우리가 나뭇잎이라 부르는 소형 광전지들이 평범한 개개의 탄소 원자들을 취해 길게 엮으면 나무가 만들어진다. 탄소 원자들이 그런 식으로 정렬되려면 태양에서 쏟아져 내리는 빛에너지가 수개월, 아니 수년 동안 차곡차곡 모여야 한다.

RAF 폭탄이 나무 덩어리를 깨부수자 탄소 원자들은 각자의 방향으로 흩어졌다. 이것만이라면 파편과 먼지가 마구 날리고, 무너진 나뭇조각에 사람들이 다치기는 했을지언정 그 이상의 피해는 없었을 것이다. 그러나 상황은 여기서 그치지 않았다. RAF가 투하한 폭발물들은 막대한 양의 열에너지도 함께 내보냈기 때문이다.

열기는 함부르크의 시가를 따라 번져가면서 앞을 가로막는 모든 것을 망가뜨렸다. 공기에 떠다니던 먼지 덩어리는 열기를 머금어 폭발했다. 마찬가지로 함부르크의 목재 건물들에 있는 탄소도 열기를 받아 산소와 반응하고선, 불꽃으로 타올랐다. 태양이 숲을 키울 때 오랜 세월에 걸쳐 나무에 불어넣었던 에너지는 갑자기 공포스럽게 분출하기 시작했다.

우리가 레이더의 전기파를 직접 볼 수는 없다. 그러나 타오르는 건물의 불꽃에서 나온 전기파는 파장이 훨씬 짧고, 훨씬 강렬하다. 그 파동들이 사람의 눈에 부딪치면 망막 세포는 그 신호를 뇌로 보낸다.

함부르크를 휩쓴 불길 속에서, 패러데이의 보이지 않는 파동은 빛으로 변했다.

불이 일어나고, 불길이 서로 뭉쳐 번져가고, 도시 전체가 활활 타올랐다. 사람들은 탈출을 시도했지만 어떻게, 어디로 간단 말인가? 열다섯 살짜리 소녀는 다음과 같이 기억했다. "엄마가 젖은 담요로 나를 감싸고는 입을 맞췄어요. 그리고 '뛰어가거라!'라고 말했어요. 나는 문간에서 잠시 주저했지만…… 곧 거리로 달려나갔어요…… 다시는 엄마를 보지 못했어요."

열아홉 살의 한 소녀는 사람들 틈에 섞여 아이페슈트라세 대로를 가로지르려 했다. 그런데 발을 내딛으려는 찰나, 소녀는 멈춰야 한다는 것을 깨달았다. 불길은 거리까지 녹이고 있었다.

"길 한중간에 있는 사람들은 산 채로 아스팔트에 몸이 붙어 있었어요. 아무 생각 없이 거리로 뛰쳐나간 거였어요. 발이 땅에 붙어버리니까 떼어내려고 손을 대고, 그래서 손도 붙어버렸어요. 사람들은 그렇게 손과 무릎이 땅에 붙은 채 비명을 지르고 있었어요."

그들의 머리 위에서는, 한 선도기 편대의 대장이 한때 살아 있는 도시였던 불덩어리를 내려다보고 있었다. 다른 조종사들보다 나이가 많은 편인 스물일곱의 청년이었다. "불쌍한 개자식들." 그는 라디오에 대고 중얼거렸다. 그가 조종간에 손을 얹자 거대한 비행기는 선회하기 시작했다. 조종석에 설치된 절연 전선 속에서 전자들이 구리선을 타고 흘러가자 조종석 모니터에는 비행기 날개가 살짝 강하하는 모양새가 표시되었다. 패러데이의 파동들은 두터운 앞 유리를 통해 밀려들고 있었다. 일부는 공중에 뿌려진 수천 개의 알루미늄 조각에서 나온 보이지 않는 파동들이었다. 또 다른 일부는 눈에 보이는 파동들로, 이글대는 화염에서 나온, 가슴 아픈 것들이었다. 조종사는 마지막으로 힐끗 아래를 바라본 뒤 랭카스터 폭격기를 몰아 사라졌다. 하룻밤의 공습은 막을 내렸다. 그러나 앞으로 2년간 폭격은 시시때때로 이어질 것이었다.

충격적인 일이었다. 그러나 그 모든 공포, 그리고 체인 홈 방어 체계로부터 함부르크를 초토화시킨 무기에 이르기까지 그 모든 계략들은 전기가 가진 능력의 겉핥기에 불과했다. 힘을 간직한 채 가만히 기다리고 있는 전하라거나, 그 전하들을 보내 공간을 채우는 보이지 않는 파동이라는 개념보다도 더 대단한 차원의 힘이 남아 있었다. 맥스웰의 원자 이론에조차 부족함이 있었던 것이다.

1910년대와 1920년대에 걸쳐, 즉 왓슨 와트가 슬로우에 파견되기도 전에, 소수의 이론가들은 이 새로운 극미시 세계를 탐구하기 시작했다. 그들의 주장대로라면, 우리 세상을 구성하는 전자들의 운동 특성은 급작스런 비약 — '양자' 비약이라 불린다 — 이었다. 전자들은 갑자기 움직이고 갑자기 정지하는 속성을 가졌다.

이 발견은 세상을 바꾸게 될 것이다. 전기의 핵심은 전자이므로, 전자의 속성에 대해 새로운 사실을 알게 되면 새로운 기술의 초석이 놓이는 셈이기 때문이다. 후기 빅토리아 시대에는 전자를 딱딱한 작은 공처럼 생각했다. 이로부터 전화, 전구, 전동기 같은 기술들이 생겨났다. 패러데이와 헤르츠가 전기의 파동성을 이해하게 되자 라디오와 레이더가 탄생했고, 이들은 2차 대전의 주역이었다. 이제 전자가 비물질화할 수 있다는 사실을 깨달았다. 달리 말해 전자가 갑자기 공간을 가로질러 완전히 다른 장소에 짠하고 등장할 수 있다는 것이다. 이 발견은 또 하나의 새로운 기계가 탄생하는 문을 열었다. 생각하는 기계, 전깃불이나 전화가 19세기를 뒤흔들었던 것 이상으로 우리 시대를 규정하게 되는, 컴퓨터가 바로 그것이었다.

1920년대만 해도 컴퓨터라는 영어 단어(와 그에 상응하는 다른 언어의 단어들)는 사람을 가리키는 용어였다. 특히 기계식 계산기 또는 연필과 종이라는 구닥다리 도구를 갖고 책상에 앉아 단조로운 수학 계산을 하는 직업에 종사하는 여성을 말했다. 이보다 빠른 계산법은 있을 수 없는 듯했다. 생각의 속도에 맞먹을 정도로 천재적인 사고 기계가 존재하려면, 모든 사람의 상상보다 훨씬 빠른 속도로 내부 회로의 흐름을 바꾸는 방법이 필요했다. 어떤 기계 장치도 그럴 수는 없었다.

그런데 제멋대로 공간 이동을 하는 자그마한 전자들이라면? 가능할지도 몰랐다.

4부 | 바위로 만들어진 컴퓨터

지구의 인간들은 전쟁에 사용할 기계를 만들기 위해
금속을 채굴했다.
그 금속에 있는 전자들은 하나의 원자에서
바로 옆의 다른 원자로 순식간에 건너뛸 수 있는데,
그 과정에서 원자들 사이의 공간에서는 관찰되지 않았다.
금속이 아닌 다른 물질에서는 이런 전자 도약이
그리 쉽게 이루어지지 않는다.

지구의 표면에 널려 있는 평범한 바위나 결정들에서
원자 집단끼리 서로 맞닿으면, 각각의 전자들은
상대편 전자들이 건너뛰는 것을 강력히 막게 된다.
그 장소에 막 도착한 전자들은
자신의 에너지 준위를 높이기 위해
빠른 속도로 움직이려 할 테지만, 원자들 사이에는
배타 지대가 존재하여 전자의 이동을 막는 듯하다.
평범한 바위나 흙 속의 전자들은 감속되어 있다.
사실상 거의 멈춰 있는 것이나 마찬가지다.
거의 한 세기 동안 인류는 빠르게 움직이는 전자들을
적당한 목적에 맞게 잘 활용한 덕에 문명을 변혁시켰다.

이제,
20세기의
가장   피비린내 나는
전쟁이 막을   내렸다.
느리게 움직이는 전자들의 힘은
앞으로 밝혀질   것이다.

생각하는 기계를 고안하다

케임브리지, 1936년 그리고 블레츨리 파크, 1942년
앨런 튜링

영국에서 컴퓨터를 만들고자 하는 시도는 1820년대부터 있어왔다. 그러나 증기 엔진과 볼 베어링, 금속 톱니바퀴 나사로 대변되는 당대의 기술은 너무 조악했기 때문에 제대로 된 컴퓨터를 만드는 것은 애초에 불가능했다. 실패의 원인은 기술에 있다기보다는 상상력의 부족에 있었다. 한 세기가 족히 지난 1920년대에 이르자, 세상에는 기발한 기계들이 수도 없이 생겨났다. 기관차, 조립 라인, 전화, 비행기 등이 그것들이었다. 그러나 기계들은 각기 한 가지 목적만 수행할 수 있었다. 여러 가지 일을 수행하기 위해서는 여러 가지 기계를 만들어야 한다는 생각이 통념이었다.

실은 그렇게 믿은 사람들은 모두 틀렸다. 앨런 튜링Alan Turing은 이 통념을 바꾸는 것이 가능하다는 사실을 최초로, 그리고 설득력 있는 개념으로 보여준 사람이다. 그의 인생 자체는 비극이었다. 그가 비록 깔끔하고 완벽하게 설명 가능한 컴퓨터의 개념을 구축했지만, 그리고 전자들이 갑자기 비약했다가 갑자기 멈추곤 한다는 새로운 발견을 활용하면 그의 개념에 따라 실제 컴퓨터를 만드는 것도 가능했을지 모르지만, 당시의 기술은 그가 죽을 때까지도 완벽하지 않은 수준에 머물렀다. 과학 분야에서 새로운 개념이 태어난다고 해서 자동적으로 새로운 기계가 나오는 것은 아니다. 튜링은 사후에 널리 칭송받게 될 테지만, 살아 있는 동안에는 아니었다.

1910년대와 1920년대 초반의 소년 시절에 앨런 튜링은 스스로 머리를 굴려 어려운 문제들을 해결해내길 좋아했다. 오른쪽과 왼쪽을 구분하는 것이 어렵게 여겨지자, 그는 왼쪽 엄지손가락 끝에 빨간 점을 붙였다. 그러고는 비슷한 나이의 다른 아이들처럼 제대로 방향을 맞춰 돌아다닐 수 있다는 사실에 자랑스러워했다. 곧 그는 방향을 제대로 찾는 능력에서 아이뿐 아니라 어른들도 능가하게 되었다. 한번은 스코틀랜드로 소풍을 나갔다. 그는 용감하고 모험심 강한 아이라는 아버지의 칭찬을 듣고 싶었다. 그는 가까이서 날고 있는 꿀벌들의 비행 궤적을 연장한 접선을 머릿속에 긋고, 그 접선들이 만나는 지점을 확인하고는

앨런 튜링

튜링은 오늘날 사용되는 컴퓨터의 원형이라고 할 수 있는 '튜링 머신'이란 기계를 만들었다. 또한 튜링은 인공지능에 대한 최초의 실제적인 판단기준인 '튜링 테스트'를 제시하기도 했다. 튜링 테스트의 아이디어는 간단하다. 즉 사람이 커튼 뒤에 가려진 기계에게 질문하고 이 기계는 사람의 질문에 대답하는데, 그 대답으로 사람인지, 기계인지 구분할 수 없으면 그 기계는 지능을 보유하고 있다고 말할 수 있다는 것이다.

그곳에서 벌통을 발견해 가족에게 야생 꿀을 가져왔다.

그러나 사춘기가 되고 청년이 되면서 튜링은 점점 사회에 녹아들지 못하게 되었다. 열여섯 살이 될 무렵에는 자신이 남성에게 육체적 매력을 느낀다는 사실을 깨달았다. 좋지 않은 상황이었다. 게다가 그는 자신이 의심의 여지없이 지적이라는 사실도 깨달았다. 1920년대의 영국에서, 특히나 사립학교에서, 이것은 동성애보다도 괴로운 일이었다.

그의 아버지는 멀리 인도에서 공무원으로 주재하고 있어서 그에게 별 신경을 쓰지 않았지만, 전형적인 중상층 가문 출신의 어머니는 그렇지 않았다. 어머니는 앨런이 지극히 정상적인 소년이며, 언젠가 아름다움, 의식의 문제, 무엇보다도 과학에 심취하는 이상한 습성을 다스릴 날이 올 거라는 믿음은 포기하지 않았다. 또한 가까운 미래에, 런던의 멋진 사교 모임에서 만난 예쁜 여학생 가운데 한 명을 데리고 인사 올 것이라고 믿었다. 사실 그는 의무감 때문인지 예비학교에 다닐 때부터 어머니에게 보내는 편지들에 이런 일이 있을 수 있다는 여지를 스스로 내비치곤 했다.

그러나 그 대신, 그는 열일곱 살에 자신보다 나이 많은 동급생 크리스토퍼 모르콤과 사랑에 빠졌다. 두 사람은 망원경을 만들어 밤중에 기숙사 창밖으로 하늘을 관찰하곤 했다. 그들은 함께 물리학 교재를 읽었고, 별과, 인간 생명의 유한함, 양자역학, 자유 의지에 대해 토론했다. 앨런의 회상에는 행복한 기색이 역력하다. "(토론을 벌이면) 우리 둘은 좀처럼 의견이 일치하지 않았는데, 그 때문에 훨씬 즐거웠다."

그런데 만난 지 몇 달 지나지도 않아, 모르콤은 결핵으로 죽었다. 어머니에게 언제나 말을 아끼는 편이었던 튜링도 이번만큼은 심정을 숨기지 않았다. 그의 편지에 따르면 그와 모르콤은 언제나 "두 사람이 함께 해낼 일이 반드시 있을 것"이라고 생각했는데, 이제 "나만 혼자 남아 그 일을 하게 되었다"는 것이다. 그 일이란 무엇이었을까? 사람들은 사랑하는 사람의 죽음을 겪을 때 종교적 신념에 대해 회의하곤 한다. 사춘기에 겪는 죽음의 경험은 훨씬 생생한 것이며, 여파도 훨씬 크다. 남겨진 자는 어른과 마찬가지로 강렬한 감정을 느끼지만 그것을 인생의 당연한 과정이라고 이해하지는 못한다. 우주에 갑자기 구멍 하나가 뚫린 것이다.

튜링은 그나마 갖고 있던 종교적 신념을 모조리 잃은 듯했다. 사람이 죽으면 육신만 소멸할 뿐, 지상의 물질들로 만들어지지 않은 불멸의 영혼은 계속 존재한다는 에드워드 왕조 시대의 보편적 믿음을 그는 헌신짝처럼 버렸다. 모르콤은 죽었다. 친구는 어떤 식으로든 곁에 살아 있는 거라고 말하며 위로하려는 자들은 거짓말쟁이들이었다.

이러한 노여움, 유물론에 대한 이 차가운 믿음은 몇 년 후 튜링이 위대한 전기 기기를 고안하는 데 없어서는 안 될 역할을 했다. 영혼의 불멸을 믿는 사람은 인간의 생각을 모방한 인공 기계를 만들어낸다는 상상조차 할 수 없을 것이다. 컴퓨터를 구성하는 물질들, 전선이나 전자나 기타 등등은 모두 썩어 없어지는 것들이라 인간의 영혼과 비슷할 턱이 없다. 그러나 사춘기의 노여움을 간직한 튜링처럼 사람이 죽은 뒤 남는 것은 한 줌의 재뿐이라고 믿는다면, 전선들을 갖고 생명체를 모방하는 일도 가능하게 여겨지는 것이다.

이후 몇 년간 튜링은 케임브리지의 대학 생활에 만족하는 척하며 지냈다. 하지만 가끔 괴로움이 찾아오면 그는 모르콤 가족에게 기대었다. 그는 모르콤 가족의 집을 찾아가거나, 크리스토퍼의 어머니에게 가슴에 사무치는 편지를 보내곤 했다. 또 그는 디즈니의 새 만화영화 〈잠자는 숲 속의 미녀〉에 나오는 대사 하나를 시시때때로 읊어 케임브리지 대학 친구들을 황당하게 했다. 독이 든 사과를 깨문 공주가 그 즉시 '영원한 안식에 드는 부분이었다.

1935년의 여름 초입에, 스물두 살이던 튜링은 이후 업적의 단초가 될 문제 하나를 알게 된다. 그것은 20세기가 시작되던 해 8월의 어느 더운 날 파리의 한 강연장에서, 저명한 독일 수학자 다비드 힐베르트David Hilbert가 선언한 20세기 가장 중요한 수학 문제들 가운데 하나와 관련이 있었다. 힐베르트가 선정한 문제들 중에서도 가장 어려운 축에 속하는 것이었는데, 튜링이 전해 들은 시점까지도 풀리지 않았다. 그것은 심오한 논리의 문제로서, 아주 긴 일련의 추론을 수행하는 것에 관한 내용이었다. 대다수 연구자들은 이 문제의 해답이 추상적인 수학 증명을 통해 나올 것이라고 예상했다. 그렇지만 튜링은 언제나 이것저것 손으로 만들기를 좋아하는 성격이었다. 그는 라디오를 조립하거나 자전거를 고치는 등 이런저런 금속 물건들을 꿰어맞추는 데 능통했다. 이제, 평소처럼 고독한 오후의 장거리 달리기를 마친 뒤 케임브리지 근처 작은 마을의 풀밭에 누운 그는, 힐베르트의 논리 문제를 단계별로 쪼개어 수행할 수 있는 진짜 기계를 머릿속에 떠올렸다.

이후 몇 달간의 연구를 통해 튜링은 추상적 명제가 주어졌을 때 그 참 또는 거짓을 어떻게 증명할 것인가 하는 힐베르트의 문제를 이 가상의 기계가 풀 수 있음을 보였다. 이 기계는 지금까지와는 전혀 다른 새로운 형태로 전기를 활용해야 하겠지만, 튜링에게 지금 그것은 문제가 아니었다. 그는 이 완벽한 기계가 그밖에 또 어떤 일들을 할 수 있을지 골똘히 생각했다. 오히려 이 단계에 더 시간이 걸렸다. 왜냐하면, 알고 보니 이 일련의 논리 단계를 수행할 수 있는 기계라면, 이론적으로는 세상의 어떤 일도 다 해낼 수 있었기 때문이다.

기계 운영자가 할 일은 기계에 줄 명령을 매우 명확하게 적어 놓는 것밖에 없었다. 기계는 명령의 내용을 이해할 필요가 없다. 그저 정확히 수행하기만 하면 된다. 튜링은 상상할 수 있는 거의 모든 행동들―숫자를 더하거나 그림을 그리는 등―을 단순한 논리적 단계로 쪼개면 기계가 모두 수행할 수 있음을 증명했다.

기계가 그렇게 만능일 수는 없다며 기계가 수행하지 못할 듯한 다른 업무들을 거론하는 사람이 있으면, 튜링은 그에게 업무를 분리 가능한 단계들로 잘게 나눈 뒤, 정확하고도 논리적인 언어를 사용하여 각 단계들을 설명해보라고 했다. 튜링은 그렇게 쪼갠 명령들을 기계에 집어넣을 것이고, 기계는 충직하게 명령을 이행하며 잘 돌아갈 것이다. 비판자의 이의제기는 그릇된 것이 된다. 오늘날 우리는 여러 개의 명령들을 연속적으로 수행하는 기계라는 개념에 익숙해져 있다. 우리는 컴퓨터나 휴대폰에 명령들을 탁탁 줄지어 쳐 넣으면 당연히 순서대로 수행될 것이라고 생각한다. 따라서 그런 개념이 없었던 때를 상상하기 어렵다. 하지만 튜링이 학생이던 시절에는, 자력으로 행동할 수 없는 기계 덩어리가 그렇게 지능적인 일을 수행할 수 있으리라고 그 누구도 상상하지 못했다.

놀라울 정도로 탁월한 지적 성취였지만, 동시에 외로운 연구였다. 튜링이 1937년 《런던수학회보》에 제출한 논문에서 설명했던 이 '범용 기계'는 자급자족적 구조였으며 감정 같은 것도 없었다. 적절한 명령들이 주어지는 바로 그 시점부터 기계는 스스로 움직일 수 있었다. 그것도 영원히.

기계가 풀어야 할 과제가 바뀔 때라도 운영자가 안을 열어 수리할 필요가 없었다. 튜링은 이미 소프트웨어라는 개념을 발전시키고 있었기 때문이다. 그는 새로운 문제를 풀려 할 때 매번 기계를 재구성해야 한다면 아무 짝에도 쓸모 없는 것이 되리라고 생각했다. 대신 그는 필요할 때마다 기계의 내부를 간단히 재조정하는 방식을 상상했다. 소프트웨어는 컴퓨터라는 구체적 물체의 일부이겠지만, 늘 이리저리 자리를 바꾸며 이 형태에서 저 형태로 끊임없이 스스로를 재배열해야 한다.

바로 이 대목에 전기가 필요하다. 튜링의 가상 컴퓨터는 수많은 전선들이 하나의 고정된 배치로 연결된 상태가 아니었다. 사람이 생각을 할 때는 수많은 다양한 감각과 사고들을 비교하고 결합한다. 사람은 감각과 사고들을 여러 가지 방식으로 재배열해보는데, 그것도 순식간에 해낸다. 튜링의 컴퓨터가 인간의 마음에 비견될 수 있으려면 그만큼 빠르게 재배열이 가능한 수많은 스위치들이 필요할 것이다. 스위치는 무척 작고 굉장히 빨라야 했다. 기존의 기계식 계산기에서 사용되던 소형 톱니바퀴와 도르래로는 턱도 없었다.

전화 회사들은 오래전부터 단순한 금속 스위치의 한계를 절실히 느끼고 있었다. 최초의 개량 스위치는 건장한 젊은 남성들이었다. 그들은 커다란 판에 난 구멍에 꽂혀 있던 플러그를 뽑아 다른 구멍의 선에 연결해주었다(하나의 판으로 모든 스위치 교환을 했기 때문에 교환대라는 용어가 생겨났다). 남자들은 욕을 많이 한다는 사실을(또 노조를 만들기도 잘 했다) 알게 된 감독관들은 좀더 점잖은 여성들로 교환수를 바꿨다. 1890년대 말, 벨 사의 관리자들은 여성들이 가득한 커다란 사무실조차 부담스럽다고 생각하게 되었다. 그래서 최초의 반半기계적 스위치가 시연되기 시작했다.

이 스위치에는 이쪽으로 넘어왔다가 저쪽으로 넘어가는 작은 다리처럼 생긴 매우 얇은 금속 전선들이 있었다. 전자들이 다리의 입구까지 밀려왔을 때 마침 다리가 제대로 놓여 있으면 전자들은 다리를 타고 간극을 넘어갈 것이다. 반면 전선 다리가 들어올려져 있거나 반대쪽으로 넘어가 있으면 전자들은 갑자기 멈춰서거나 간극 속으로 하릴없이 떨어져내릴 것이고, 신호는 전달되지 않는다.

안타깝게도, 1930년대에 사용되던 전화 회사 스위치들은 제 아무리 개량된 것이라도 튜링이 쓰기에는 지나치게 컸다. 튜링이 구상하던 전기식 사고 기계는 정말 수많은 '생각'들을 분류하고 배열할 것이므로, 수천, 아니 수백만 개의 스위치들이 동시에 작동되어야 할지도 몰랐다. 날씬한 금속 전선이라 해도 그렇게 많아서야 감당이 안 될 것이다.

당시 그에게 필요했던 것은, 물론, '순간 이동'하는 전자들에 대한 새로운 물리학적 통찰, 즉 후에 양자역학이라 불리게 될 연구들이다. 새로운 이론에 따르면 전자들은 느리게 털썩거리는 전선에 의존하지 않고서도 스스로 스위치의 효과를 낼 수 있다. 양자 법칙에 따른 적당한 조치를 취해주면 전자들은 가만히 있는 고체 물질 속에서 갑자기 뛰어오르거나 위치를 바꿀 수 있다.

실로 꿈같은 얘기였다. 튜링도 물리학을 배웠기 때문에 양자역학이라는 새로운 분야에 대해 알았다. 그가 있는 케임브리지에서 이 분야의 개척자들이 일하고 있었다. 하지만 그는 현실 세계에서 양자 효과를 관찰하는 날은 오지 않을 것이며, 극도의 미시 세계에 국한된 연구라 현실에서 활용될 리도 없다고 믿었다. 당시의 많은 공학자나 수학자들이 그렇게 생각했다. 그는 이 시점에서 자신의 숙제에 대한 해답으로 양자 스위치를 진지하게 고려해본 적이 없는 듯하다.

그는 아직도 모르콤이 그리웠다. 하지만 자신과 교유할 수 있는 또 다른 영혼, 인간의 의식과 기계에 대한 농밀한 의견들을 함께 나눌 새 친구가 필요했다. 그는 인간이 잠시 머물다 사라

일렉트릭 유니버스

지는 소프트웨어나 마찬가지라면, 달리 말해 예이츠의 시 구절처럼 "죽을 수밖에 없는 운명의 동물성"에 갇힌 존재라면 과연 삶의 의미는 무엇인가 하는 문제에 대해서도 토론하고 싶었을 것이다. 힐베르트 문제를 푼 논문으로 학문적 명성을 얻은 튜링은 프린스턴 대학의 초청을 받아 미국에 머물게 된다. 그곳에서는 튜링만큼이나 명석하기로 소문난 존 폰 노이만John von Neumann 교수가 가르치고 있었다. 폰 노이만은 튜링이 찾아 헤매던 지적 동반자가 될 듯했다. 그러나 폰 노이만은 변장의 대가였다. 헝가리에서 자랄 때 그의 이름은 야노스였는데, 괴팅겐에서는 요한이란 이름으로 즐겁게 지냈으며, 이제 프린스턴에서는 맘씨 좋은 아저씨 조니로 불렸다. 거의 미국인이 다 된 그는 시끌벅적한 칵테일 파티가 잦은 사교 생활을 즐겼다. 튜링도 몇 번인가 그런 파티에 참석해보았지만, 결국 폰 노이만과 동화할 수는 없었다. 그는 몇 학기만 마치고 다시 영국으로 돌아왔다.

2차 대전 중, 그는 영국 정부의 암호 해독팀에 고용되어 잉글랜드 남부 블레츨리 파크에서 일했다. 고답한 옥스브리지 대학들의 갑갑한 공기에서 해방되어 기뻐하는 학자, 십자말풀이 전문가, 해군 장교, 존 루이스 백화점의 조사부장이기도 한 영국 체스 챔피언 등이 모여들었고, 이 혼성적 분위기에서 튜링은 활기를 되찾았다. 그는 실용적인 일을 해내기 위해 머리를 쓰는 것을 좋아했던 것이다. 케임브리지에 있을 때는 별들의 위치를 보고 시각을 알아내는 방법을 독학한 적도 있었다. 급조한 크리켓 경기장과 장원 영지에 세워진 빨간 벽돌집이 즐비한 블레츨리에서, 그는 제 세상을 만났다. 그는 독일 육군과 해군의 교신용이던 에니그마Enigma 암호 기계를 해독하는 팀에 배정받았다. 몇 주 지나지 않아 튜링은 새로운 암호 해독 기법을 생각해냈고, 두 달 만에 독일 해군 암호 전체를 담당하는 부서의 책임자가 됐다.

1940년대 말에는 암호 해독이 영국군의 작전 수행에서 가장 중대한 조건이었다. 대서양 수송선들을 격침시키는 독일 유보트를 찾아내지 못하면 영국은 시간의 차는 있을망정 반드시 굶어죽게 되어 있었다. 그의 부서는 독일 암호 기계의 내부 메커니즘을 부분적으로나마 모방하여 시간당 수만 가지의 조합 가능성을 테스트해볼 수 있는 모종의 기기를 필요로 했다. 톱니바퀴들, 펀치 테이프, 간단한 전기 회로로 구성된 이 기기의 명칭은 '봄브'였다(이것은 폴란드의 유명한 아이스크림 이름인데, 전쟁 전부터 폴란드에서 이루어져온 에니그마 해독 노력에 감사하기 위해 붙여졌다—옮긴이).

컴퓨터라고는 할 수 없는 기기였다. 봄브를 가동하기 위해서는 많은 직원이 필요했기 때문이다. 처음에는 수십 명이, 나중에는 수백 명이 달라붙었다. 대부분은 전형적인 중상층 집안 출신의 젊은 여성들로서 영국 해군 여성부대, 줄여서 '렌'에 입대한 이들이었다. 그런데 인간과 기계의 이 같은 조합에는 뭔가 흥미로운 점이 있었다. 여성부대원들과 봄브 기기가 맞물려 돌아가는 이 상황에, 튜링은 전전의 평온한 시절에 구상했던 범용 컴퓨터에 매우 가까운 무언가를 탄생시킨 셈이었다. '여성부대원들 더하기 그들이 감독하는 기계 속의 단순한 전기 회로들'은 어찌 보자면 '하드웨어'나 다름없었다. 바깥으로부터 새로운 자료가 들어오면—독일군이 다른 암호화 과정으로 바꾸었다거나 동료가 새로운 접근법을 제안한 경우—튜링은 함께 일하는 집단 전체를 '재프로그램'하기만 하면 됐다.

처음에는 속도가 붙질 않았다. 해군 본부가 알기로 유보트 함대가 잠복하고 있는 지역으로 수송선들이 항해해가는 참인데, 여성부대원들이 다스리는 이 딸각거리는 기계는 독일의 단파장 도청 신호 암호를 제때 깨지 못하는 경우도 있었다. 그들은 곧 배가 폭발하고, 해군들이 익사한다는 끔찍한 사실을 알고 있었다. 그러나 튜링은 소규모 집단을 조직하는 데 능했고, 갈수록 그들의 성공률은 높아졌다. 그의 '컴퓨터'는 하나의 중앙 집중된 물리적 실체로서 존재하지 않았지만 기억 장치, 처리 장치, 재구성 가능한 소프트웨어 등 컴퓨터의 부품에 해당하는 각 부분들을 갖추고 있었다. 단지 여러 개의 건물에 흩어져 있고 여성부대원, 구리 전선, 튜링 자신의 생각 등 잡다한 요소들로 구성되어 있는 게 다를 뿐이었다.

그리고 마침내, 그는 사랑에 빠졌다. 그게 아니라 하더라도 좌우간 사랑 '비슷한' 관계였다. 조앤 클라크Joan Clarke는 케임브리지에서 수학을 전공하는 학생으로 블레츨리의 그의 부서에 파견되었다. 그는 자신의 '동성애적 성향'을 그녀에게 털어놓았는데 그녀는 신경 쓰지 않는 듯했고, 그래서 두 사람은 과중

한 업무에 시달리고 수학에 매료된 젊은 연인에게서나 가능할 법한 묘한 로맨스를 키워갔다. 시간이 나면 그들은 블레츨리 파크의 잔디밭에 나란히 누워 서로 데이지를 꺾어 건네면서, 꽃의 수학적 형상을 얘기하곤 했다. 진 빠지는 아홉 시간의 야간 교대 근무를 마친 새벽녘에는 체스 승부를 벌였다. 튜링은 이것을 "졸리는 체스"라 불렀다(그가 직접 숙소의 온수 라디에이터에 대고 흙을 구워 만든 체스말로 하는 시합이었다). 한번은 튜링이 장갑을 떴는데, 손놀림이 좋지 않아 손가락 끝을 완성하지 못했다. 조앤은 지나치지 않을 만큼 적당히 놀려먹고는 대신 떠주었다.

중대한 전기적 진보는 1942년 2월에 시작됐다. 독일 해군이 새로운 형태의 암호로 바꾼 것이다. 블레츨리는 갑자기 유보트 잠수함대에 대한 사전 첩보를 하나도 받지 못하게 되었다. 비행기 탑재 레이더는 빈자리를 메울 만큼 완성되어 있지 않았다. 영국 해군, 그리고 그때 막 동맹을 맺은 미국군은 장님이나 다름없는 처지가 되었다. 튜링은 절박해졌다. 손톱 옆을 너무 물어뜯는 바람에 상처가 그칠 날이 없었다. 결국 튜링은 봄브 기술을 이용하여 독일 해군의 개량 에니그마 기계를 깨낸다. 하지만 그와 동시에 독일군은 새로운 종류의 암호 체계를 개발하여 최고 사령부 같은 고위층끼리의 교신에 사용하기 시작했다. 단순한 봄브로는 이것을 파고들 수가 없었다.

난국에 처하자 블레츨리의 다른 팀 하나가 자금을 지원받아 콜로서스라는 한층 개선된 기계를 만들어냈다. 튜링이 1930년대에 상상했던 기계에 더욱 가까운 것이었다. 일단 콜로서스가 작동을 시작하면 내부에 있는 수백 킬로미터 길이의 전선에서 열이 엄청나게 발생했기 때문에, 기계의 플러그 조정을 담당하는 여성부대원들은 남자들을 건물 밖으로 모두 나가게 한 뒤 적당히 옷을 벗고 일해야 했다.

튜링의 작업은 대단히 중요했기 때문에 정부는 그에게 누구나 바라 마지않는 대영제국 훈장을 하사했다. 블레츨리에 보급품 배송이 지연되어 그가 다우닝 스트리트 총리 관저에 메모를 전하자, 처칠은 수석 참모 장교에게 다음과 같은 메모를 밀어넣었다. "오늘 할 것: 그들이 원하는 것은 무엇이든지 최우선적으로 보내주도록……" 어쨌든, 콜로서스는 거의 매일 힘들게 구성을 바꿔야 하는 기계였다. 독일군이 메시지 전송 방식의 세부 사항을 정기적으로 교체했기 때문이다. 기계는 계산기보다는 뛰어났으나 프로그램이 가능한 진정한 컴퓨터는 아니었다. 스스로 내릴 수 있는 결정은 가장 간단한 형태의 분류 작업 밖에 없었다. 튜링이 상상했던 것에 비하면 여전히 참을 수 없을 만치 느렸다.

1945년, 전쟁은 끝났지만 튜링은 연구를 계속하고 싶어 몸이 달았다. 블레츨리를 떠나기 얼마 전에 조앤과 함께 최고 기밀로 분류된 과거 작업 내용을 문서로 정리하다가, 튜링은 런던 외곽 영국물리연구소NPL에 전갈을 보내 그간 연구해오던 무한히 변동 가능한 기계의 최종 건설 사업에 연구진을 지원해달라고 청했다는 말을 꺼냈다. 당시 그와 조앤의 관계는 이미 끝난 뒤였다. 그녀는 냉정하게 생각해볼 때 동성애자와 결혼하는 것이 현명한 선택이라고 할 수 없음을 깨달았던 것이다. 좌우간 지금 이 순간만큼은 두 사람이 확신을 공유할 때였다.

처음에는 일이 잘 풀렸다. NPL의 책임자는 위대한 생물학자의 손자이자 영국에서 가장 뛰어난 연줄을 갖춘 과학 행정가, 찰스 다윈 경이었다. 그가 젊은 시절 유능한 과학자였고 러더포드가 태양계 모양의 독창적인 원자 구조를 고안할 때 도움을 준 적도 있지만, 지금은 늘 헛기침이나 하며 파이프 담배를 물고 사는 구태의연한 고관일 뿐임을, 처음에 튜링은 파악하지 못했다. 물론 곧 깨닫게 된다.

다윈은 이렇게 생각하는 것 같았다. 튜링이라는 괴상한 친구가 실용적인 기계 하나를 만들고자 한다면, 아니 실용적인 기계 여럿을 만들고자 한다면, 그건 좋다. 전후 영국에는 그런 도움이 필요할 테니까. 하지만 왜 굳이 '범용' 기계를 만들어야 한단 말인가? 그리고 튜링이 불쑥 내뱉는 말들, ─튜링에게서 기자들을 떼어놓는 것도 꽤 힘든 일이었다─가령 언젠가 컴퓨터가 소나타를 작곡하게 될 것이라거나, 컴퓨터에 기계 다리가 달려 야외를 돌아다닐 수 있게 될 것이라거나, 사람이 상상하는 어떤 것이든 컴퓨터에게 가르칠 수 있으리라는 등의 몽상은 대체 무슨 소린가?

그들은 모임을 가졌다. 튜링이 진공관과 전화 교환 중계기가 필요하다고 말을 꺼내자 다윈은 흥미를 보였다. 튜링이 순수 수학에 대해 말하기 시작하자 다윈은 정중하게 받았다. 그러나 튜링이 소프트웨어에 대해 말하면서 복잡한 기계를 만들 필요가 없고, 목표는 하나의 기계에 "추가 부속을 더하지 않고 프로그램만 바꾸어서 다양한 종류의 온갖 일들을 다 해내도록 하는 것"이라고 설명하자, 찰스 경은 이 젊은이가 현대 사회를 하나도 이해하지 못한 모양이라고 결론 내렸다. 어떻게 특정한 목표를 위한 것이 아닌 기계를 만들 수 있단 말인가? 튜링이 전쟁 중에 매우 중요한 업적을 세웠다는 소문은 들었지만, 다윈에게 그는 확실히 미친 것처럼 보일 뿐이었다.

튜링은 격분했다. 제대로 작동하는 컴퓨터가 되려면 무척 단순한 기계가 아니면 안 되었다. 기계 내부 하드웨어의 구성은 융통성이 있어야 하고, 연구자가 연구할 것은 그 내부에 돌아다니는 전기적 신호들을 바꾸는 천재적인 프로그래밍이었다. 매번 새로 기계를 만들 이유가 조금도 없었다. 전쟁 중에 동료 연구자들은 끊임없이 바뀌는 독일 암호 기계의 구성에 대처하기 위해서 이미 콜로서스를 만든 적이 있으며, 이것은 그의 설계에 가까운 기계였다. 블레츨리에서는 연구를 진전시킬 시간이 없었다. 어째서 이 일을 진행하도록 도와주는 사람이 없단 말인가?

스위치나 저장 장치로 쓰기에 알맞도록 작은 부품들이 여태 개발되지 않았다는 사실도 한몫했다(기계 내부의 소프트웨어는 변동 가능한 형태의 전기 회로들로 만들 수 있지만, 어쨌든 고체로 된 하드웨어가 필요했다. 가령 소프트웨어가 수행한 작업을 기록해두는 기억 장치 같은 것들이다). 그나마 구할 수 있는 부품들은 크고 무거웠다. 그는 기억 장치를 개선하기 위해 2차 대전의 레이더 연구 중에 고안된 편법을 시도해보기도 했다. 커다란 원통관에 밀도가 높은 액체 수은을 잔뜩 부어넣고 수은 속에 파동을 부딪치면, 원통 안에서 그 진동이 놀랄 만큼 정확하게 반사된다는 것이었다.

우리 눈에는 그 진동이 빠르게 보이지만, 전자의 입장에서는 무척 느린 운동이다. 그래서 기억 장치로 알맞을 정도로 오래 형태가 지속된다고 볼 수 있는 것이다. 하지만 자금 지원은 형편없었다. 튜링은 커다란 컴퓨터의 기억 장치를 마련하기 위해 NPL 근처 공터들의 쓰레기를 뒤적이며 배관공이 쓰다 버린 관 조각을 찾아헤매는 지경에 이르렀다. 1946년이 지나고 1947년이 다가왔지만 튜링의 연구에는 진척이 없었고 다윈과 다른 관리자들은 의심의 눈초리를 보내기 시작했다. 튜링은 다른 일자리를 찾아나섰다.

1948년 가을, 튜링은 맨체스터로 옮겼다. 진정한 컴퓨터와 비슷한 무언가가 그곳에서 만들어지는 중이라고 했다(영국의 여러 지역에서 이런 프로젝트가 진행되며 서로 경쟁하고 있었다. 이제 많은 연구자들이 튜링이 전쟁 전에 발표한 논문을 접했거나, 여전히 영국에서는 기밀인 콜로서스 기계와 비슷한 작업을 미국도 전쟁 중에 했다는 사실을 알게 되었기 때문이다). 그러나 런던과 프린스턴이 튜링에게 어려운 환경이었다면, 맨체스터는 불가능한 환경이었다. 기기 설계를 맡은 수학자들은 그를 따뜻하게 대해주었지만, 그들은 이미 스스로 만든 청사진에 기초해 작업을 시작한 뒤였고, 그 청사진은 대담성에서 튜링이 1937년에 최초로 떠올렸던 설계보다 뒤지는 것이었다.

기술 연구소의 실제 작업자들이 설계를 바꿀 수 있을지도 몰랐다. 하지만 예비학교에서부터 몸에 익은 남부 잉글랜드 억양을 가진 튜링이 자기 소개를 하고 작업을 도와주려 하자, 그들은 경계하고 나섰다. 블레츨리에서는 모든 사람들이 자연스레 협동했지만, 그건 그때의 일이다. 전쟁으로 인한 단결심은 이제 사라져가고 있었다. 튜링 같은 억양을 지닌 사람은 저 혼자 잘난 척 기술자들을 무시하거나 쓸 만한 충고를 하지도 못한다는 것을, 맨체스터의 기술자들은 평생에 걸친 경험을 통해 익히 알고 있었다. 그러나 튜링 자신만은 그렇지 않다고 생각했다. 과거에 라디오와 펀치 카드 판독기를 다루고 온갖 종류의 전기 기기를 만들어본 자신이라면 그들에게 유용한 충고를 잔뜩 줄 수 있었다. 그러나 비록 눈에 보이지는 않지만, 계층 사이의 간극이 너무나 견고하게 자리 잡고 있는 상황에서 그들을 설득할 방도가 없었다. 튜링은 옴짝달싹 못하는 처지가 됐다.

사실 미국에서는 그의 인생을 바꾸었을지도 모를 새로운 기술이 완성되어가고 있었다. 미시적 양자 영역에서의 전자의 속성을 새로 알게 되면서 그것을 이용해 탄생한 기술이다. 튜링도 이 기기에 대한 매력적인 소문을 들은 적이 있었다. 그러나 계층의 갈등이라는 침묵의 전쟁에 빠져 있던 그는 기술자들과 함께 그 기기를 추적해볼 수가 없었다. 게다가 기기가 실제로 생산되고 있다는 증거도 아직은 없었다.

그는 1949년 일 년 내내 빈둥거리며 이 주제 저 주제에 찔끔 찔끔 손을 댔다. 한번은 케임브리지로 돌아갈까도 고려해보았는데, 이 모든 일들을 겪은 지금에 와서 학자가 된다는 것은 시시하게만 느껴졌다. 순수수학의 오래된 연구 주제들을 다뤄볼까 생각해보았지만 그런 연구를 하기에도 너무 나이가 들었다. 프린스턴의 폰 노이만은 그에게 안부 편지를 보내왔다("친애하는 앨런, ……최근에 진행하는 연구 주제는 무엇입니까? 앞으로는 어떤 작업을 하실 계획인가요?"). 튜링은 답장할 말이 없었다. 그는 외로웠다. 아마 그 어느 때보다도 더욱 외로웠을 것이다.

한동안 그는 데이지꽃 및 기타 식물들의 소용돌이 형상을 분석하기도 했다. 조앤 클라크와 함께 잔디밭에 누워 보내던 따뜻했던 시절을 추억했을 것이다. 그는 고독한 존재가 된다는 것이 무슨 의미인지에 대해서도 생각하기 시작했다. 그 결과 인공 지능과 자기 인식의 속성에 대한 논문을 발표했는데, 이것들은 그가 죽고 몇 년 후, 현대 인지과학 및 컴퓨터과학의 토대로 인정받게 되는 작업들이었다(생물학적 발달 과정에 대한 컴퓨터 시뮬레이션이란 개념도 오늘날의 연구에 중요하게 여겨지고 있다). 그러거나 말거나, 그가 상상했던 이상적인 컴퓨터의 일부분만이 겨우 만들어지고 있던 전후 맨체스터에서, 데이지꽃이나 고립된 인간 마음이라는 주제는 이 괴상한 사내의 엉뚱함을 증거하는 것으로 여겨질 뿐이었다. 다시 한번 튜링은 따돌림을 당했다. 어쩌면 그는 그것을 이제 받아들였는지도 모른다.

그의 어머니는 정기적으로 그에게 편지를 써 미안한 듯한 어조로 아직도 좋은 아내를 찾지 못했냐고 물었다. 통상적인 거짓말들을 지어내 답장을 쓰는 것도 점차 어려워졌다. 그의 애정 생활은 보잘것없었다. 그는 예비학교 시절의 기억을 떠올리며 장거리 달리기에 몰두했다. 언제인가는 영국의 마라톤 기대주 가운데 한 명으로 기록되기까지 했다(그의 최고 기록은 당시 올림픽 기록과 17분 차이가 났다. 그가 예상치 못하게 골반을 다치지만 않았어도 아마 영국 올림픽 팀으로 출전할 수 있었을 것이다).

진실한 사랑을 체념한 그는 가끔씩의 우연한 만남으로 외로움을 달랬다. 대단한 관계는 없었다. 그런데 1952년 1월의 어느날 저녁, 튜링은 전날 하룻밤을 함께 보낸 노동자 청년이 공범에게 집 구조를 알려줬다는 사실을 알게 됐다. 튜링이 집에 왔을 때 이미 다 털린 상태였기 때문이다. 그는 경찰서에 신고하러 갔다. 도둑맞은 물건들이 아까워서가 아니라 배신당한 것이 분했기 때문이었을 것이다.

그러나 그것은 끔찍한 실수였다. 당시 영국에서 동성애는 범죄였다. 케임브리지였더라면 훈방 조치로 가볍게 처리되고 말았을 것이다. 얼마 후에 런던에서는 배우 존 길거드가 마찬가지 죄목으로 체포되는데, 친구들이 열심히 탄원한 결과 형량도 낮춰졌고 기사화되지도 않았다. 하지만 맨체스터는 런던도 아니고 케임브리지는 더더욱 아니었다. 금세 잡힌 범인은 처벌을 면하는 대가로 튜링을 끌어들였고, 튜링은 체포되었다. 그는 홀로 법정에 섰다. 당시에는 매우 심각한 범죄로 여겨지던 죄목이었다.

그가 전쟁 중에 국가에 복무하면서 영국 정부의 훈장을 받았고, 나아가 작위를 받을지도 모른다는 가능성이 참작되어 감옥에 가는 것만은 면할 수 있었다. 그러나 대신 동성애 성향을 '치료'하기 위한 시험적 처방에 동의해야 했다. 처방의 내용은 여성 호르몬을 규칙적으로 복용하는 것이었다. 대안이 없었다. 감옥은 혹독할 것이 틀림없었다. 튜링은 대학에서만 연구를 계속하도록 허락받았다.

튜링은 정해진 간격으로 정해진 양의 알약을 복용하기 시작했다. 처음에는 효과가 미미한 듯했지만, 처방 후에 집중력이 떨어지는 것 같았다. 복용량을 줄여달라고 요청해보았지만 판사는 준엄하게 거부할 뿐이었다. 호르몬 처방이 계속되었고, 드디어 튜링은 여자처럼 가슴이 발달하고 있다는 사실을 깨닫고 충격에 휩싸였다.

너무나 잔인한 일이었다. 지적 동료도, 사랑의 기회도 갖지 못했던 그는 이제 몸과 마음마저 망가지고 있었다. 처방은 1953년 4월에 끝났지만 그는 다시는 완전히 회복되지 못했다. 1954년 6월의 어느 비 내리던 저녁, 튜링은 맨체스터 근교 윔슬로우의 자기 집에 있었다. 그는 사과 하나를 손에 들고, 도금반응 전기 실험을 위해 마련해둔 청산가리 용기를 열었다. 다음날 사람들이 검사했을 때 용기 안에는 청산가리가 조금 남아 있었다. 그의 주검 옆에 떨어진 사과에는 여러 번 베어문 자국이 있었다 (맥킨토시 컴퓨터로 유명한 애플 사의 벌레 먹은 사과 모양 로고는 튜링을 기리는 의미에서 만들어졌다 —옮긴이).

10

신비의 트랜지스터

뉴저지, 1947년

튜링이 찾아다니던 것 — 그리고 그의 인생을
구원해주었을지도 모르는 것 — 은 사실 바로 눈앞에 있었다. 맨
체스터로 옮기기 전인 1948년에는 결정적인 단서를 받은 적도
있다. 블레츨리 파크 시절의 동료인 잭 굿Jack Good이 보낸 편지
였다.

"트랜지스터라는 것에 대해 들어본 적이 있나? 그 작은 결정
물질은 '진공관의 거의 모든 기능들'을 수행할 수 있다고 알려
져 있네. 전후 시대의 발명품들 중에서도 최고가 될 가능성이

보이는 물건이라네. 영국도 조만간 조사하게 되지 않을까?"

그러나 그 뒤로 아무 일도 일어나지 않았다. 웬일인지 미국에
서는 이 새로운 발명품의 발전 속도가 느려졌는데, 기기의 작동
방식 자체의 문제 때문이었다.

튜링이 학생이었을 당시 전기공학자들의 지식에 따르면, 세
상의 모든 물질은 서로 상이한 속성을 가진 두 종류로 나누어진
다. 철이나 구리처럼 전류를 통하는 물질이 있는가 하면, 유리
나 나무처럼 전류를 통하지 않는 물질이 있다. 전자가 도체, 후
자가 절연체이다. 이들은 마치 땅돼지와 탄광 사이에 아무런 공
통점이 없는 것처럼 그 속성이 하늘과 땅 차이였다. 두 종류 모
두에 해당되는 물질이란 있을 수 없었다.

이 간단한 구분을 깨닫고 나면, 왜 유리는 투명하게 비쳐 보
이지만 강철은 그렇지 않은가 하는 오래된 궁금증에 대답할 수
있다. 강철의 내부 구조는 폐허가 된 거대한 이집트 사원과 닮
아서, 철 원자와 탄소 원자들이 기둥처럼 질서정연하게 늘어서
있다. 하지만, 좀더 가까이 들여다보면, 이 원자들은 매끄럽지
도 않고 깔끔하지도 않다. 대부분의 원자들은 맨 바깥 궤도의
전자들을 완전히 잃어버렸기 때문에 — 앞선 레이더 이야기에서
보았듯 — 이 전자들이 강철 속을 제 맘대로 둥둥 떠다니고 있
다. 이 속으로 빛이 날아들어 온다. 빛은 전자들에 부딪치면서
에너지를 잃고, 전자들은 에너지가 더 높아져 빠르게 움직이기
시작한다. 다시 말해 광파가 강철 내부로 깊숙이 들어갈수록 점
점 더 많은 수가 이 유혹적인 자유전자들에 유인, 즉 '흡수' 당한

다는 것이다. 버려진 사원을 탐색하고자 줄을 지어 들어간 탐험 가들이 한 사람씩 정체 모를 손에 의해 기둥 뒤로 사라져버리는 것과 비슷하다. 금세 탐험가들은 몇 남지 않게 된다. 당신의 몸에 반사된 광파가 강철 속으로 들어갈 수는 있지만 반대쪽으로 뚫고 나가지는 못하는 것이다.

반대로 유리벽 내부의 원자들은 훨씬 반듯하다. 최외각 전자들은 원자에 단단히 붙들려 있고 배회하는 탐험가들에게는 별 관심이 없다. 이들의 영역으로 들어온 광파는 거의 상처 입지 않은 채 그대로 뚫고 지나가 들어올 때와 마찬가지로 밝게 빠져 나갈 것이다. 당신의 몸에서 반사된 광파는 유리 속을 뚫고 나아간다. 유리 반대편에 있는 사람에게 당신이 보이게 되는 것이다.

이 차이점 때문에 금속은 전기를 전도하고, 유리는 전도하지 못한다. 때로 전선을 유리 절연체에 앉히는 까닭도 이 때문이다. 금속은 내부에 수많은 자유전자들을 갖고 있으므로 전선을 구성하는 구리나 알루미늄 속에서 전류는 쉽게 이동한다. 발전소에서 나온 보이지 않는 회오리바람, 즉 추진력은 전자들을 잡아채 앞으로 밀어붙인다. 하지만 전류는 유리 절연체를 통과하지 못한다. 유리 속에는 전류의 이동체가 되는 자유전자가 없기 때문이다. 그래서 전기 철탑은 언제나 '켜짐' 상태로만 있는 매우 멍청한 스위치나 마찬가지다. 전류는 전선을 따라 앞으로만 흘러가며, 전선을 받치고 있는 아래의 유리 절연체 쪽으로는 결코 방향을 바꾸지 못하기 때문이다.

그런데, 어떤 물질은 언제나 전기를 통하고 어떤 물질은 절대 통하지 않는다는 두 가지 경우밖에 존재하지 않는다면, 튜링이 우리에게 남긴 유산은 몇 개의 흥미로운 논문들 그리고 복잡하게 얽힌 플러그와 진공관이 들어차 항상 뜨겁게 열을 내뿜는 거대한 실험실뿐이었을 것이다. 오늘날 우리가 당연하게 여기는 컴퓨터는 존재하지 못했을 것이다. 그러나 세상에 금속과 유리만 존재하는 것은 아니었다.

우리 우주에는 또 다른 물질이 있었으며, 이로써 제3의 가능성이 생겨났다.

튜링은 장거리 달리기를 하면서 종종 시골 언덕길을 달렸고, 가끔은 섬이라는 여건상 영국에 풍부하게 널려 있는 바닷가 모래사장 위를 달리기도 했다. 모래나 언덕에는 규소, 즉 실리콘이라는 원소가 다량 함유되어 있다. 사실은 우리 지구의 표면 대부분이 실리콘으로 이루어져 있다. 에베레스트 산도 거의 실리콘으로 만들어진 셈이다.

라디오 공학자들은 오래전부터 실리콘 때문에 골머리를 앓아왔다. 다른 물질들마냥 두 가지 알려진 종류에 들어맞지 않았기 때문이다. 언제나 전기를 전도하는 금속도 아니지만 전도성이 없는 유리나 다이아몬드와 비슷하지도 않다. 뭔가 다르고 혼란스러웠다. 보통 때 실리콘 조각을 회로에 끼워넣으면 평범한 절연체로 기능하는 듯했다. 그건 좋다. 실리콘에 전선을 밀어 넣으면 전선에 흐르던 전류는 실리콘이라는 장벽에 맞닥뜨리는 순간 그 자리에 멈춰 섰다.

라디오 공학자들을 괴롭힌 사실은 실리콘이 언제나 그처럼 행동하지는 않는다는 점이었다. 절연체이리라 예상했던 실리콘 덩어리가 가끔은 내부에서 알 수 없는 변형과 이완을 일으키는 바람에 더 이상 믿을 만하고, 확실하고, '항상 그 자리에 있어주어 고마운' 절연체로 기능하지 않게 되는 것이다. 대신 실리콘은 갑자기 전도체가 되어 전자를 흘려보내기 시작했다. 이것도 저것도 아니었다. 바로 '반도체'였다.

실리콘은 그만큼 변덕스런 물질이었다. 해서 유명한 벨연구소의 연구 부서가 비기계식 스위치에 대한 연구를 시작할 때, 처음 내린 결정들 중 하나는 실리콘에 대한 연구를 일단 모두 접는 것이었다. 영화 〈슈렉〉을 제작하기 일보 직전이던 제프리 카첸버그를 디즈니가 해고한 것에 비견될 만한 선택이었다. 다행스럽게도 벨연구소는 규모가 매우 큰 조직이었고, 큰 회사일수록 상부의 명령을 무시하기도 쉽다. 연구소에는 오래전부터 실리콘의 변화무쌍한 속성에 매료된 연구자가 한 명 있었다. 러셀 올Russell Ohl이었다. 그는 라디오 수신기 회로에 실리콘 조각을 끼워넣고, 그 라디오를 아들의 유모차에 매달았다. 그런 뒤 뉴욕의 거리를 산책하며 아들에게 바람도 쐬어줄 겸, 언제 실리콘이 전기를 전도시키고 언제 전도시키지 않는지 알아보는 즐거움을 함께 누렸다. 그는 이 민감하고 변덕스런 물질이 언젠가 유용하게 쓰일 날이 올 것이라고 굳게 믿었다. 올의 아들이 유모차를 졸업하고 그들의 행복한 실리콘 산책도 끝났지만, 올은 여전히 회사 실험실에서 실리콘에 대해 더 연구하고 싶었다. 회사가 그의 연구를 접으려 하자 그는 회사의 지시를 에두르는 방법을 짜내어 실리콘 연구팀을 존속시켰다.

1946년이 지나고 1947년이 되자 마침내 실리콘 내부의 메커니즘이 명확히 밝혀진다. 올과 그 동료들의 초창기 작업 덕택이었다. 실리콘은 가끔은 완벽한 격자 구조를 이룬다. 3차원으로 그려진 발판들이 무한히 늘어서 있는 M. C. 에셔Escher의 현기증나는 그림과 비슷하다고 생각하면 된다. 그런데 우리 지구에 완벽함이란 드문 법이다. 자연 상태에 있거나 공장에서 녹여진 다음 다시 냉각된 실리콘의 내부에는 완벽한 발판들 사이로 조그만 틈과 구멍들이 쉽게 생긴다. 인 같은 침입자 원자들은 침입자 전자들을 대동한 채 격자의 틈새로 손쉽게 끼어든다. 쓸모 있는, 연약한 '잉여' 전자들이 생긴 것이다.

이 전자들이 날쌔게 움직이는 일밖에 하지 못한다면, 실리콘은 언제나 '켜짐' 상태로 있는 또 하나의 스위치에 불과할 것이다. 하지만 올과 동료들은 양자역학을 잘 알았다. 그들의 예상에 따르면 실리콘 격자 속 공간을 차지하고 있는 전자들은 서로간에 영향을 미쳐 속도를 늦출 수 있는데, 원자의 수준에서 보자면 아주 먼 거리까지 그 영향이 미칠 수도 있었다. 격자 속에 침입자 원자들을 적당한 수로 집어넣으면 이 이상한 효과에 의해 전자들이 적절히 감속되어 전류가 흐르지 못하게 만들 수 있다. 하지만 벨의 연구자들이 작업대의 피조물을 들여다보며 쿡쿡 찌르거나 다른 물질을 집어넣거나 조심스럽게 역장을 걸어보는 등 외부 자극을 아주 약간만 가해주면, 기묘한 '감속' 효과는 사라지고 전자들은 다시금 자유롭게 앞을 향해 속도를 내며 달려갔다.

이 화학 현상은 한 개인이 파헤치기에는 너무 어려운 문제였고, 올의 역량도 점차 미치지 못하게 되었다. 벨연구소는 오리건의 목장 출신인 말수 적은 실험가 월터 브래튼Walter Brattain, 그리고 위스콘신 출신으로 더더욱 말수가 적은 이론가 존 바딘John Bardeen에게 자원을 넘기기 시작했다(바딘은 어찌나 말이 없고 동안이었던지, 위스콘신 대학에 다닐 때 그가 상급생들에게 내기 당구를 치자고 청하면 누구든 편하게 제안을 받아들였다. 그는 경기가 끝나고 내기에 딴 돈을 거둬갈 때도 변함없이 조용하고 정중했다. 그는 탁월한 당구선수였고, 대학 설립 이래 최고의 도박꾼 중 하나이기도 했다).

이제, 뉴저지 주 머레이힐에 소재한 별 특징 없는 연구소 건물 4층 실험실에서, 두 친구 브래튼과 바딘은 올의 연구 및 퍼듀 대학 화학 실험실들의 연구에서 실마리를 잡아보려 했다. 그들은 전쟁 중에 무산된 독일의 반도체 연구 결과를 담은 문서들을 번역해 읽었다. 그들은 양자역학뿐 아니라 새로운 화학적 제조 기법에 대한 지식을 십분 활용했으며 결코 포기하지 않았다. 1947년 10월, 그들은 처음으로 성공의 기미를 느꼈고, 1947년 12월 무렵에는 확신에 다다랐다. 그들은 전자들을 어느 순간부터 흘려보낼 수도 있고, 갑자기 멈추게 할 수도 있었다. 튜링이 찾아헤매던 원자 수준의 켜고 끄는 스위치를 발명한 것이다.

이것은 현대의 가장 위대한 발견 가운데 하나다. 인류의 역사를 통틀어, 노동은 곧 마찰력이라는 지독한 공식을 극복하는 과정이었다. 괭이는 땅을 긁고 끌었다. 이집트에서 피라미드를 건설하던 노예들은 대부분의 에너지를 어깨와 다리 근육 속 마찰력을 극복하는 데 소모하거나, 그들이 끌고 있던 거대한 석판과 아래 땅바닥 사이의 마찰력을 극복하는 데 소모했다. 증기 엔진, 자동차 엔진, 심지어 그중에서 가장 빠른 비행기의 제트 엔진조차 마찰력을 극복하느라 막대한 에너지를 소비했다. 그렇지만 실리콘 돌덩이들은 전류를 이 방향에서 저 방향으로 자유자재로 보내면서도 돌덩이 자체는 움직일 필요가 없었다. 커다란 금속 스위치처럼 이 방향 저 방향 몸체를 흔들 필요가 없었다. 그것은 너무 느리고 귀찮은 방식이다. 이 돌덩이는 마치 부처처럼 한 자리에 가만히 앉아 내부적으로만 변형을 일으키면서, 전자의 흐름이 돌덩이 광맥 안을 필요할 때만 흘러가도록 할 수 있었다.

특정한 결정이 내려졌을 때에만 전류가 흐르는 스위치를 튜링이 원했다면, 이 특별한 광맥에 전류를 연결해주기만 하면 되었을 것이다. 처음에 전류는 간극을 건너지 못한 채 그 자리에 멈춰서 쓸데없이 전자들을 흘리고만 있을 것이다. 하지만 브래튼과 바딘이 개발한 세심한 기법을 동원해 광맥을 변형시키면, 갑자기 상황이 변한다. 광맥 '통로'가 변하면서 이제 신호는 신나게 달려갈 수 있다.

새로운 기술이 탄생했으므로 누군가 새로운 이름을 지어줘야 했다. 분야 일반의 명칭은 어렵지 않았다. 커다란 기계들을 다루는 학문이면 자연히 '기계역학'이라고 부르게 된다. 여기서

는 개개의 전자들을 다루므로 분야의 명칭은 이미 '전자공학'
이라는 알기 쉬운 이름으로 정해져 있었다. 그런데 이 기술이
적용된 주요한 기기의 이름은 뭐라고 지으면 좋을까? 공학자들
은 언어에 관해서만은 형편없는 경우가 많으므로, 꽤나 걱정스
런 순간이었다. 토론과 투표가 진행되었다. 제안 중에는 우아하
다고는 볼 수 없는 '표면 상태 증폭기'라는 이름, 발음마저 힘든
'이오테이트론iotatron'(작다는 뜻의 그리스 단어 이오타iota를 딴 것
이었다) 등이 있었다.

그러나 천만다행으로 존 피어스John Pierce가 등장했다. 실험기
술자인 그는 취미 삼아 공상과학 소설을 쓰는 작가였으며 단어
를 다루는 재능이 있었다. 그는 중심 개념에 집중했다. 실리콘
속의 광맥들이 '켜짐' 상태가 될 때는 전류가 다량 건너갈 수 있
다. '꺼짐' 상태가 되면 전류의 흐름에 높은 저항이 생긴다. 즉
이 기기는 '저항을 옮기는' 역할을 하는 것이며, 바로 이 점에
착안해 그는 어감 좋은 신조어를 제안했다.

"우리는 그것을 트랜지스터, 트-랜-지-스-터라고 명명했
습니다." 1948년 6월 30일, 수요일에 거행된 기자 회견에서 벨
사의 연구소장이 설명했다. "이것은 순전히 차갑고, 딱딱한 물
질들로만 이루어진 것입니다."

최초의 적용 사례를 정하는 것은 어렵지 않았다. 메이블에 대
한 알렉의 사랑이라는 유산을 지켜온 벨 사는 청각장애인들을
위한 기기를 개발하는 오랜 전통을 갖고 있었으므로, 더 작은
보청기를 만드는 데 트랜지스터를 활용하자는 생각이 자연스레

그레이스 머레이 호퍼
컴퓨터 버그bug의 어원은 프로그래머인 그레이스 호퍼
에 의해 비롯되었다. 젊은 해군장교였던 그녀는 자신이
사용하는 하버드 대학의 마크 II 컴퓨터 회로 안에 나방
한 마리가 침입한 것을 발견했다. 이 나방은 컴퓨터 동작
을 멈추게 했고, 호퍼는 그의 조수와 함께 핀셋으로 이 나
방을 잡아냈다(세계 최초의 컴퓨터 디버깅 작업이었다).
이 나방은 '세계 최초의 컴퓨터 버그'로 기록돼 현재까지
도 미 해군 박물관에 전시돼 있다.

따라나왔다(존 바딘 자신이 청력에 이상이 있는 여인과 결혼했다는
사실도 동인이 되었다). 보청기는 휴대용으로 고안된 전화기라고
생각할 수 있다. 하지만 빅토리아 시대부터 그 역사가 시작된
보통의 전화기는 긴 전선과 스위치들이 부착된 거추장스런 기

계였다. 희미한 속삭임을 전하는 데만도 수조 개가 넘는 전자들이 움직여야 했다. 그러나 트랜지스터를 장착하면, 훨씬 작은 전지, 훨씬 적은 수의 전자들의 이동으로 가능할 수 있다.

컴퓨터 설계자들도 소식을 듣게 되었다. 1948년에 잭 굿의 편지를 받은 영국의 튜링도 그중 하나였다. 미국에서는 하버드 대학에서 일하던 열정 넘치는 여성 그레이스 머레이 호퍼Grace Murray Hopper가 있었다. 첨단 소형 스위치가 등장했다는 소식은 그에게 미래 기술에 대한 확신을 주었으며, 그가 세계 최초의 '컴파일러'를 개발하는 데도 도움이 되었던 듯하다. 컴파일러란 현대 컴퓨터에 없어서는 안 될 요소로, 프로그래머가 입력하는 명령어들을 컴퓨터 내부의 스위치 상태들을 지시하는 난해한 기계어 목록으로 변환하는 역할을 한다. 오랫동안 여자 농구 팀의 일원으로 운동했던 그는 농구에서 전진 패스가 이뤄지는 모양을 눈여겨봤다. 공을 던지는 사람은 동료가 공을 받으리라고 예상되는 위치를 머릿속에 그려보고, 동료가 그 장소에 가 있기 전부터 그 방향으로 공을 던진다. 나중에 호퍼는 초기 컴파일러 논리를 연구할 때 이 이미지를 사용했노라고 즐겨 설명하곤 했다. 컴퓨터가 실제 스위치 변환을 시작하기 전에 명령어가 적당한 장소에 미리 가 대기하도록 보냈다는 것이다.

그러나 호퍼가 컴파일러에 대한 개척자적 연구를 수행할 당시인 1952년에는 벨 사의 기자 회견 이후 4년이나 지난 시점임에도 불구하고 손쉽게 사용할 만한 트랜지스터가 아직 없었다. 1947년에 그토록 성공적인 결과를 발표했던 연구진은 해산했다. 이유 가운데 하나는 벨 사의 간부들이 전국적 전화 교환 체계에 쓸 만한 단단하고, 믿음직한 부속품을 원했기 때문이다. 그들의 목표는 가령 20년에 한 번 정도 고장이 나는 부품이었던 반면, 최초의 트랜지스터는 거의 매일 고장을 일으켰다(한번은 문을 열고 들어온 기술자들이 만지고 나자 트랜지스터 묶음 전체가 못 쓰게 되기도 했다. 기술자들의 손이 문손잡이에 있던 구리 원자들을 옮기는 바람에 필요할 때만 전자들을 감속 또는 가속시키도록 배합된 실리콘과 잉여 원자들의 이상적 비율이 깨어졌기 때문이다). 더 이상의 지원을 얻지 못한 바딘과 브래튼은 의욕을 잃었다.

게다가 벨연구소에서 그들은 윌리엄 쇼클리William Shockley라는, 매우 이상한 사고방식을 가진 인물의 허울뿐인 감독 아래 있었다. 쇼클리는 바딘의 아내 제인을 처음 만난 자리에서 자신의 아이들이 자기보다 열등한 인간들이라고 말했다. 제인은 보청기가 고장이라도 났나 의아해하며, 그렇지 않을 것이라고 대답했다. 하지만 쇼클리는 사실이라고 하면서 설명하기를, 자신의 아내가 유전적으로 자신보다 열등하기 때문에 당연하다는 것이다.

바딘과 브래튼이 제대로 작동하는 트랜지스터를 만들어내자 쇼클리는 충격으로 제정신이 아니었다. 어떻게 이자들이 먼저 성공할 수 있는가! 바딘은 뛰어난 아이디어를 생각해낼 만한 역량이 없는 자였다. 오리건 주 방목장 출신의 브래튼이 — 한마디로 카우보이 아닌가! 시골뜨기! — 발견에 기여했다는 것은 더욱 말도 안 되는 일이다. 쇼클리는 이들의 업적을 가로채려 했다. 1947년의 기자 회견에서 그는 마이크를 독차지했다. 한 전자공학 관련 잡지에서 위대한 트랜지스터 발견자들의 사진을 찍으러 방문하자, 그는 바딘과 브래튼을 밀쳐내고 그들이 사용하던 실험실 책상에 앉았다. 쇼클리가 그들의 초기 아이디어를 상당히 발전시킨 것은 사실이지만, 그는 그 정도로 만족하지 못했다. 그는 세상 사람들이 이 모든 일을 전부 자신의 공으로 믿어주길 바랐다. 바딘이 먼저 연구소를 떠났고 다른 사람들도 뒤를 따랐다. 고함지르며 다스릴 사람들이 다 사라지자, 곧 쇼클리도 나갔다.

이런 연유로 트랜지스터는 즉시 대량 생산되지 못했고 튜링의 목숨을 구하기에도 늦어버렸지만, 뜻밖에 이 과정에서 특기할 만한 좋은 현상이 하나 생겨났다. 쇼클리는 그야말로 탁월한 거짓말쟁이였기 때문에, 벨연구소를 떠난 그가 살구나무 과수원과 공장들이 띄엄띄엄 들어선 샌프란시스코 남부 한 계곡 마을에서 사업을 시작하자, 미국에서 가장 실력이 뛰어난 공학자와 물리학자들이 그와 함께 일하려고 몰려들었다. 뭐니뭐니 해도 그는 잡지 《전자공학》의 표지 모델로 등장해 벨연구소의 책상에서 현미경을 들여다보는 포즈를 취했던 사람 아닌가. 트랜지스터의 탄생을 알리는 기자 회견은 그를 위한 기념일이나 마찬가지였다. 곧 노벨상을 받을 거라는 소문도 돌았다. 더구나 그는 함께 경쟁하던 동료 연구자들은 멍청하기 짝이 없었다는 말을 잊지 않고 하고 다녔다. 그러니 젊은 기술자라면 당연히 이 시골티가 흐르는 마을로 와서 부자가 되고 싶지 않겠는가?

그들은 쇼클리 곁으로 모여들었고, 쇼클리를 실제로 만났으며, 곧 도망쳤다. 쇼클리가 벨연구소에서 쫓아낸 기술자들이 전국으로 뿔뿔이 흩어졌던 반면, 그가 (겸손하게도 자신의 이름을 딴) 새 회사에서 쫓아낸 기술자들은 멀리 가지 않았다. 캘리포니아의 태양이 맘에 들었기 때문이다. 쇼클리는 거대한 원심분리기가 되었으며, 전혀 의도한 바는 아니지만 혁신을 퍼뜨리는 기계가 되었다. 그의 명성에 끌렸던 똑똑한 이들은 그가 얼마나 끔찍한 사람인지 깨닫고 나자 서로 뭉치기 시작했고, 그 유대를 바탕으로 쇼클리의 회사를 빠져나와 근처에 자신들의 회사를 세웠다.

쇼클리가 잃은 사람들 가운데는 하나의 칩에 수많은 트랜지스터들을 찍어내는 현대적 기술을 탄생시킨 연구자 중 한 명인 로버트 노이스Robert Noyce, 그리고 이 칩들을 제작하는 업체로서 세상에서 가장 성공적인 회사가 된 인텔을 공동창립한 고든 무어Gordon Moore 등이 있었다. 노이스는 백만장자가, 무어는 모르긴 몰라도 억만장자가 되었는데, 쇼클리는 돈은 조금도 벌지 못한 채 자신의 천재성을 알아주지 않는 배은망덕한 직원들을 탓하기만 하면서, 계속하여 야심만만하고 명민한 기술자들을 내쫓아 경쟁사에 인력을 공급해주고 있었다. 살구나무 과수원 마을에는 새 이름이 붙었다. 실리콘 밸리가 탄생한 것이다.

그리고 세상은 또 한 번 바뀌었다.

새로운 기술은 사회를 변화시키는 힘을 가지는데, 이곳에서는 새로운 기술들이 무더기로 쏟아져나왔다. 트랜지스터, 그리고 그 덕분에 생겨난 고속 처리 컴퓨터가 없다면 우리에게는 휴대폰이나 기상 위성, 첩보 위성 따위도 없을 것이다. X선 체축 단층 촬영(CAT 또는 CT)이나 자기 공명 영상(MRI), 위성 항법 장치(GPS)도 없을 것이다. 크루즈 미사일이나 스마트 폭탄, 태양광 전지, 디지털 카메라, 야간 적외선 투시경, 노트북도 없었을 것이다. 스팸 메일도 없겠지만 당연히 이메일이나 인터넷도 없을 것이다. 신용 카드나 카드 자동 발급기, 스캐너나 스프레드 시트 문서 프로그램도 없을 것이다. 인간 유전체 지도도 작성되지 못했을 것이며 플라즈마 스크린 TV, CD나 발광 다이오드나 DVD나 아이포드나 비행기 기내의 영상 오락물도 없을 것이다. 게이츠나 잡스 같은 이름을 가진 억만장자들도 물론 없다. 그리고 아마존닷컴이나 이베이, 구글, 픽사 스튜디오도 없을 것이다. 우리는 대체 어떤 세상에 살게 되었을까?

처음에는 몇 가지 새로운 물건들이 더해진 그대로 세상을 예전처럼 유지하는 것이 가능했다. 하지만 작은 장난감들은 때로 예기치 못한 효과를 일으킨다. 1950년대에는 최초의 트랜지스터 라디오가 판매되기 시작했는데, 양자 효과를 활용한 이 라디오들은 전력 소모가 아주 적었으므로 작은 전지로 충분했다. 아이들은 라디오를 들고 다니기 시작했으며, 이는 부모들이 듣는 음악을 함께 듣지 않아도 된다는 뜻이었다. 십대들은 점점 자신들만의 하위 문화를 형성하기 시작했고 새로운 대중음악 시장이 열렸다. 역시 실리콘 덕분에 탄생한 저가의 전기 기타와 앰프 스피커들이 보급되자 작은 밴드도 빅 밴드들의 음량에 맞설 수 있었다. 무명의 신인들이 앞 다투어 등장했다. 엘비스 프레슬리가 나타나고 모타운 레코드가 생겨나고 롤링 스톤즈가 등장했다.

트랜지스터 기술만이 로큰롤의 유일한 탄생 요인이었던 것은 아니다. 여타의 많은 사회 동향들이 함께 작용했다. 전후 베이비붐 세대에 태어난 수많은 아이들이 동시에 성인이 되었고, 2차 대전 이후 인종 차별은 더 이상 묵과할 수 없는 일이 되었다(덕분에 평등권을 주장하는 운동이 일어났고, 엘비스 프레슬리는 멤피스 스튜디오에서 최초의 앨범을 녹음할 때 백인과 흑인의 음악 스타일을 섞었다). 교외 거주지가 확대되고 값싼 자동차가 등장해 아이들의 놀이 장소가 되어주었다. 어쨌든 전자공학은 이 모든 추세들의 속도를 높이는 역할을 했으며, 전자공학이 아니었다면 이 추세들이 이렇게 한데 혼합되지도 않았을 것이다.

세상의 풍경도 바뀌었다. 거대한 소매 연쇄점들은 컴퓨터로 재고를 통제하여 재고 수량을 세심하게 조정하고 비용을 줄일 수 있게 되었다. 전통적 방식의 가게들은 할 수 없었던 일이다. 월마트처럼 덩치가 산더미만한 매장들이 전국 여기저기 모습을 드러내기 시작했다. 이 상점가와 저 상점가 사이에는 사실상 아무 차이도 없게 되었는데, 어디에나 최신 유행의 연쇄점들이 똑같이 들어왔기 때문이다.

직업 세계도 바뀌었다. 기업의 중역들은 자기가 쓴 글의 맞춤법을 스스로 점검하게 되었다. 전통적인 육체노동 직업들은 컴퓨터 칩에 흡수되어버렸고, 따라서 그 노동자들이 살던 거주지의 풍경도 변했다. 부두 노동자는 명확한 규정에 따라 일하게 마련이고 명확한 원칙이라는 개념을 자식에게도 물려준다. 그런 동네에 사는 아이들은 학교에서 싸움을 벌이더라도 어느 정도 공통의 원칙이라는 테두리 안에서 행동하게 마련이다. 십대 소녀들은 예민해져서 부모를 괴롭힐지도 모른다. 때로는 매우 거칠어지기도 한다. 하지만 여전히 그네들 대부분은 데이트 방식이나 복장 등에 대한 공통의 원칙을 지킨다. 그러나 부두 노동이 사라지고 대신 컴퓨터로 운전되는 자동 기중기가 들어서자, 아이들은 여러 규칙을 따르며 살았던 부모라는 역할 모델을 잃어버렸다. 1970년대 이래 순수한 블루칼라 직업들은 계속 쇠퇴했다. 쓸쓸히 남겨진 노동자들의 동네는 와해되었다. 새로운 형태의 공동체 융합도 일어났다.

부유한 지역에서도 전통적인 공동체 개념은 희미해지기 시작했다. 초창기의 라디오나 텔레비전은 모든 방향으로 똑같이 신호를 날려 보냈다. 방송broadcasting이라 불리게 된 것도 그 때문이다. 덕분에 몇 개의 전국적 브랜드와 몇 종류의 거대한 소비자 집단들이 생겨났다. 우편 카탈로그의 종류는 몇 가지밖에 없었고, 큼직큼직한 단위로 발송되었다. 틈새 고객에게 따로 홍보하는 것은 어려웠다. 하지만 컴퓨터는 많은, 아주 많은 선택지들을 순식간에 정렬할 수 있다. 따라서 (1960년대 초반에는) 직접적인 대상 맞춤 우편이 등장했고, 곧 훨씬 전문화된 라디오 방송국이나 케이블 텔레비전 방송국 등이 생겨났다. 사람들은 더이상 집단의 일원으로서 반응할 필요가 없었다. 노마디즘(유목

주의. 자유로운 여행을 하며 여러 문제를 고민하고 그 해결을 구하는 것—옮긴이)이 확산되었으며, 어디서 살고 누구와 결혼하고 어떤 종교를 믿고 언제 투표를 하는가 등의 문제는 지극히 개인적인 문제들로 치부되었다. 이상한 일들이 벌어진 것이다. 나이 든 세대에게 운동이란 프로 선수들이나 하는 것이었는데, 그들의 자식들은 일부러 커다란 방으로 가서 아무하고도 이야기 나누지 않고 그저 스스로의 근육을 키우는 활동에 심취하는 세대가 된 것이다.

민주주의의 모습도 변했다. 1960년대 초반, 컴퓨터 통제 위성망이 등장하기 전만 해도 보통 사람들이 외국의 재난이나 혁명, 기근 등의 소식을 생생한 실시간 필름으로 본다는 것은 불가능했다(가끔 뉴스 필름을 편집한 짧은 요약본을 영화에서 볼 수 있었을 뿐이다). 당연히 그런 문제들은 믿을 만한 정보통이 있는 정부 지도자들에게 맡겨야 했다. 그들은 보통 텔렉스, 전보, 비행기 등 꽤 비싼 비용을 들여가며 해외 주재 대사나 기타 외교 사절들과 소통하고 있기 때문이다. 하지만 지금은? 해외에서 송출된 신선한 텔레비전 영상이 모두의 방 안으로 들어오는 마당에 누가 다른 사람보다 더 많이 알고 말고 할 것이 없다. 정부에 대한 새로운 형태의 불신이 생겨나 아직까지 뿌리내리고 있다. 물론 이 또한 여러 다른 요인들의 도움을 함께 받은 현상일 것이다.

튜링이 남긴 유산들은 서로 상승 효과를 일으키며 번성했다. 아마 한 사람이 완벽하게 속속들이 이해할 수 있는 컴퓨터는

1950년대 말에 만들어진 것이 마지막이었을 것이다. 그런데 일단 한번 제도 도구와 계산자 등을 동원해 컴퓨터에 있는 천여 개 스위치들의 배선도를 그리는 데 성공했다면, 다음번에 발전된 기능의 컴퓨터를 위해 백만여 개의 스위치들을 배선할 때는 또다시 계산자를 사용할 필요가 없다. 처음에 만들었던 컴퓨터를 사람 대신 사용하면 되는 것이다. 이후로 컴퓨터는 대를 이어 향상된 성능의 차세대 컴퓨터들을 낳았다.

그 결과, 지금 우리는 극도로 작은 수의 전자도 쉽게 감지할 수 있기 때문에 과거에는 전혀 인지할 수 없었던 사물들을 보고 들을 수 있다. 또한 우리는 전자에 대한 통제력을 이용해―그들을 갑자기 순간 이동시켜 앞으로 나아가거나 멈추게 하는 방법을 이해하고 있으므로―그들의 대단한 민첩성과 빠른 속도의 힘을 우리 세상에 써먹기도 한다. 고대로부터 전기의 힘이 숨어 있던 곳의 문을 한 뼘 더 열어젖힌 셈이다. 이것이 바로 튜링의 유산이다.

GPS 항법 장치의 작동 원리를 떠올려보자. 우리 머리 위 수백 킬로미터 높은 곳에 있는 GPS 위성 발신기에서 전자들은 앞뒤로 움직이고 있다. 이 전자들로부터 뻗어나온 역동적인 힘의 장은 전자가 움직일 때마다 따라서 흔들리고, 그 희미한 흔들림은 자유롭게 떠다니며 우리가 있는 지구 표면까지 와 닿는다.

우리는 땅에 닿은 파동을 볼 수도, 들을 수도 없다. 궤도를 돌고 있는 위성을 뚫어져라 바라본들 파동이 오는 모양을 볼 수는 없다. 제아무리 귀를 쫑긋 세워도 소리가 들리진 않는다.

사람의 고막은 엄청나게 많은 수의 전자를 대동한 원자들로 이루어져 있다. GPS 위성에서 날아온 보이지 않는 파동은 그 전자들에 부딪히고 튕기는 동안 죄다 사라져버릴 것이다. 구식 TV 안테나에 파동이 와 닿았다 해도 아무 효과도 없다. 1950년대 각 가정의 지붕에 세워졌던 이 금속 막대기도 꽤 많은 수의 전자들을 필요로 한다. 반응을 감지할 정도가 되려면 아마 수조 개의 전자들이 한데 자극을 받아야 할 것이다. 사람의 귀보다야 낫겠지만 위성파를 감지하기에는 여전히 너무 많은 전자들을 필요로 한다.

그러나 외계로부터 온 희미한 떨림이 GPS 수신기에 다다르면, 전혀 다른 일이 벌어진다. 양자의 세계에 접근해서 통제하는 방법을 알아낸 벨연구소 기술자들의 쾌거다. 파동은 약하기 짝이 없어서 겨우 몇 개의 전자들만 움직일 뿐인데, 이 몇 안 되는 전자들이 특별한 광맥으로 이동한다. 이들이 실리콘을 건드리면 실리콘은 변형을 일으킨다. 실리콘은 더 이상 금욕적이고, 늘 부정적이며, '나를 지나갈 생각일랑 꿈에도 하지 말라'는 태도를 보이는 물질이 아니다. 오히려 미세한 전류의 유입에 자극을 받은 실리콘 내부의 전자들이 앞으로 나아간다. 실리콘의 내부 공동空洞은 더 이상 우울하고 꽉 막힌 공간이 아니며, 반대로 깔끔하게 신호를 전달하기 시작한다. 저 멀리 위성의 신호가 받아들여진 것이다.

바로 그 순간, 외계에서 들어오는 파동이 가라앉는다. 수신기 내부의 광맥도 다시 닫힌다. 하지만 다시, 십억 분의 일초 만에,

위성에서 내려온 또 다른 파동이 도착한다. 광맥은 다시금 활동을 재개한다. 수천억 번 이 과정을 반복하고 나면 위성이 보낸 특정 신호가 다 받아지는 것이다.

새 사무실 건물을 찾아가려는 여성이 있다고 생각해보자. 흔들흔들 두 발로 걸으며 그녀는 이 GPS 기기를 이용해 수백 킬로미터 밖 우주 공간에 있는 위성의 신호를 '듣고', 위치를 확인한다. 그는 또 다른 기기들을 이용해서 전 세계 수백만 컴퓨터들의 실리콘 및 금속 메모리에 흩어져 담겨 있는 수십억 가지의 정보를 너무나 간편하게 웹으로 검색할 수도 있다. 이 역시 과거에는 상상조차 불가능한 일이었다. 예전에도 방대한 정보를 저장하는 체계—세상의 거대한 도서관들—가 있긴 했지만 그 기록들 속에서 아주 작은 부분을 찾는 데만도 숙달된 사서가 몇 달씩 매달려야 했다.

전통적인 정보는 (종이라는 이름의) 얇게 가공된 나무 펄프 판지 위에 흡수된 잉크 자국들로 저장되었다. 하지만 잉크 자국은 크다. 원자는 작다. 보관된 책들 또는 그 책들의 마이크로필름 목록을 뒤지는 사서는 전자들과 여타 초미시 입자들로 이루어진 방대한 규모의 호수를 불편하게 들여다보고 있는 것과 마찬가지다. 손으로 씌어졌거나 인쇄된 글자들은 실상 이 입자들이 뭉쳐 0.6밀리미터쯤 되는 높이의 다양한 형태를 이루고 있는 것에 불과하기 때문이다.

웹을 통한 검색은 훨씬 빠르다. 노트북이나 휴대용 검색기의 자판을 누르기만 하면 자판 아래 연결된 전선에서 전자들이 기다란 통로를 따라 탐색을 시작한다. 타자를 치는 손놀림은 우리 입장에서는 빠를지 몰라도 전자의 입장에서는 미련하고 답답할 정도로 느리다. 그래서 시간도 충분하다(보통 노트북의 자판 버튼 각각은 초당 수십 번씩 감지된다. 전자들은 끊임없이 "입력 없음, 입력 없음"이라는 보고를 컴퓨터 중앙처리장치에 보낸다. 그러다가 우리가 타자를 치는 순간, 자판 버튼 중 하나가 천천히 아래로 내려가 신호를 전하는 것이다).

　우리의 컴퓨터, 그리고 망으로 연결된 다른 컴퓨터들 속에 있는 트랜지스터들은 요구에 걸맞은 웹 정보를 전달하기 위해 재빨리 구성을 바꾸어 대처한다. 트랜지스터의 광맥들은 순식간에 효율적인 전달 통로로 변모하고, 일단 요청 정보가 지나가고 난 뒤에는 다시 굳건한 장벽으로 돌아간다.

　이렇게 수백만 개의 웹페이지들이 훑어진다. 일부는 검색 엔진의 중앙 컴퓨터에 요약 목록 형태로 암호화되어 있고, 나머지는 훨씬 더 멀리 전 세계 곳곳에 위치한 컴퓨터들 속에 있다. 곧 수천 아니 수백만 개 웹페이지들에서는 오래되었으되 강력한 대전 전자들이 앞뒤로 움직이기 시작한다. 우리가 요청한 문장이 웹페이지에 저장된 문장들 속에 있는지 비교 탐색하기 위하여 힘의 장이 움직인 것이다. 결정이 내려지면 또 한 번 트랜지스터 돌덩이들 속으로 정보가 흘러 지나가고, 마침내 결과가 우리 컴퓨터 속으로 쏟아져 들어온다. 밀사가 보고를 올리면 마지막으로 신호는 화면에 다다른다. 그들의 기묘한 양자 비행을 통해, 이제 우리가 찾아낸 대답은 깜박이는 빛으로 살아난다.

이 모든 일은 우리가 옆에 놓인 커피 잔으로 손을 뻗는 동안 에 마무리된다. 수백 년 동안 우리 인간들은 부산스럽고 빠른 전자들의 은밀한 세계와 담을 쌓고 살았다. 그러나 이제는 그렇 지 않다.

전기의 이야기는 아직도 끝나지 않았다. 이제 우리는 전자들 이 전선 속을 흘러간다는 사실을 안다. 이 사실을 알고 나서 전 보와 전화와 전구와 전동기가 태어났다. 이 전자들을 전선을 따 라 밀어붙이는 것은 오랫동안 그 정체가 드러나지 않았던 소용 돌이치는 힘의 장인데, 우리는 이 힘을 매우 강하게 흔들어서 파동의 형태로 전선 밖 멀리까지 날려보낼 수 있다. 그 결과 라 디오, 레이더, 그리고 나중에는 이들이 축소된 형태인 휴대폰이 생겨났다. 양자역학 이론가들은 전자들이 먼 거리를 변덕스럽 게 뛰어넘어 순간 이동한다는 사실을 밝혀냈다. 게다가 거의 아 무런 움직임이 없는 낮은 에너지 상태에 머무르도록 만들 수도 있음을 깨달았다. 그 결과 눈에 보이지는 않지만 단단한 바위 덩어리 속에 존재하는 스위치를 알아냈고, 이로써 컴퓨터가 등 장하여 우리의 삶을 바꿔놓았다. 그러나 우리의 이 모든 기술들 보다도 우리 삶에 더 중대한 사건이 한 가지 더 있다. 헤아릴 수 없이 오래된 이 세상의 전하들이 결정적인 활동을 하고 있는 장 소이다.

5부 | 뇌 그리고 그 너머

수십억 년 전, 우리 태양계가 막 태어난 지 얼마 되지 않았을 무렵, 먼 곳에 있는 별들의 폭발로 생겨나 지구에 안착한 것이 금속 원자들만은 아니었다. 탄소 원자, 산소 원자, 그 밖의 수많은 원소들이 금속 원자들과 함께 광활한 우주 공간을 떠다녔다.

당시 뜨겁게 끓고 있던 지구의 표면으로 떨어진 이들 원소 중 일부는 깊은 곳으로 가라앉았다. 하지만 나머지 대부분은 표면 근처에 머물러, 대륙이나 바다, 해저, 늪 등의 구성원이 되었다. 금속이 아닌 원자들이라도 그 주위에는 전기장이 퍼져나오고 있다. 전기장이란 원자를 이루는 대전된 전자와 원자핵에서 생겨나는 것이기 때문이다.

이들 비금속 원소의 대부분은 산맥이나 흙더미 속에 처박힌 채 아무런 반응도 일으키지 않고 가만히 있을 뿐이었는데, 그들 중 몇몇이 뭔가 특이한 일을 벌이기 시작했다. 전자에서 뻗어 나온 전기장으로 인해 원자들이 이리저리 꼬이고 뒤틀리더니 마침내 기묘한 배열을 이루게 된 것이다.

갓 태어난 행성 위를 달구는 태양 볕은 뜨거웠다. 원자들은 에너지를 흡수했다. 복잡하게 꼬인 원자들의 덩어리는 계속 구불구불 꼬여갔으며, 주변에 있는 원자들까지 꼬이도록 만들었다. 그렇게 생겨난 형상들 중 많은 수는 다시 산산조각 났지만, 개중 몇몇은 잘 살아남았을 뿐더러 자신과 흡사한 새로운 덩어리들을 만들어내기도 했다. 자신을 복제해낸 것이다.

그것은 생명이었다. 전하로부터 탄생한

생명체의 역사가
드디어 시작된 것이다.

11

E l e c t r i c
U n i v e r s e

신경세포의 비밀을 풀다

플리머스, 영국, 1947년
앨런 호지킨, 앤드루 헉슬리

　전기력은 최초의 생명체를 조립하는 데만 중요했던 것이 아니다. 오늘날에도 우리 지구와 우리 몸 구석구석에서 벌어지는 모든 일상 활동에 전기력은 활발히 관여하고 있다. 예를 들어보자. 텔레비전이나 컴퓨터를 켜면 화면의 깜박이는 화소 하나하나에서마다 전자기파가 뿜어져나오기 시작하여, 시간당 10억 7천 2백만 킬로미터의 속도로 퍼져나간다. 자, 이제 놀라운 사건들이 줄줄이 눈 깜박할 사이에 펼쳐질 것이다.

　화소가 반짝임에 따라 화면을 보고 있는 사람의 안구는 여러 차례 위치 조정을 거듭하여 앞쪽으로 선회한다. 6개의 편평한 근육들이 약 7그램 가량 무게가 나가는 안구를 잡아당겨 눈구멍 안쪽 미끌미끌한 지방질을 따라 미끄러지듯 움직이게 한다. 눈꺼풀이 깜박이고, 조리개가 넓게 열린 동공이 제자리를 잡으면, 전자기파는 눈 속으로 물밀듯 밀려든다.

얇은 각막을 쑥 뚫고 지나간 뒤에 전자기파의 속도는 아주 약간 늦춰지고, 가장자리는 거의 편평한 평면을 이룬다. 파동은 아직 감지되지 않은 화면의 신호를 싣고서 사람의 깊은 곳으로 파고 들어간다.

수양액을 지난 파동은 넓게 벌어진 동공 구멍으로 들어간다. 눈부신 빛을 느낀 사람이 눈을 가늘게 찌푸릴지도 모르겠지만, 인간의 반사 능력은 일 초의 천 분의 일 정도의 속도로 작동하므로 이 거침없는 침입자들의 속도에 비할 바가 못 된다. 파동은 아무런 방해도 받지 않고 동공을 가로지른다.

동공 아래 딱딱한 수정체는 파동을 한층 집속시킨 다음 눈의 더 깊은 곳에 있는 젤리 같은 유리액의 바다로 보낸다. 이제까지 오면서 유기 분자들에 부딪쳐 파열한 파동은 거의 없다. 대부분의 파동은 이들 부드러운 생물학적 장벽을 문제 없이 통과하여 지나치고는 안구 가장 안쪽에 있는 막을 뚫고, 여행의 목적지에 무사히 다다른다. 살아 있는 뇌의 일부가 줄기처럼 돌출해 생긴 연약한 조직인 영사막, 즉 망막이 그 종착점이다. 시간당 10억 7천 2백만 킬로미터의 속도를 거의 그대로 유지한 채, 파동은 망막 아래 컴컴한 곳으로 들어가 습기가 가득한 혈관과 세포막에 부딪쳐 철벅거리며 신호를 전한다. 그러면 누구도 예상치 못했던 일이 펼쳐진다.

전류가 흐르기 시작하는 것이다.

전류라니, 뭔가 이상하다. 사람의 몸속은 물기가 많아 축축하기 때문이다. 전신, 전화, 전구, 전동기, 라디오, 레이더, 그리고 온갖 종류의 컴퓨터에 흐르는 전기에 대해서는 잘 알고 있다. 하지만 신체에도 전기가 흐른다고? 물과 전기는 그리 쉽게 섞이는 게 아닐 텐데. 누구나 알다시피 제임스 본드는 라디오 (전기가 흐른다)를 악당의 욕조(축축하다)에 풍당 빠뜨려 적을 처치하지 않는가. 어쨌든, 우리 눈구멍 속의 자그마한 회로들은 실제 최고로 훌륭한 전기 수신기처럼 작동한다. 구리 절연 전선이나 최첨단 실리콘으로 만들어진 것도 아니고, 그저 평범한 단백질들과 콜레스테롤, 게다가 많은 양의 물로 만들어져 있는데 말이다.

우리 몸은 전기의 작용으로 움직인다. 사람의 뇌에는 구석구석 깊숙이까지 비비 꼬인 모양의 살아 있는 전선들이 뻗쳐 있다. 강한 전기장과 자기장은 세포들에 침투하여 영양물질을 공급하기도 하고, 신경전달물질이 미세한 세포막의 장벽을 통과하도록 도와주기도 한다. DNA조차 전기력의 통제를 받는다.

그 결과, 과학자들은 새로운 형태의 기술, 즉 '액체' 기술을 탄생시킬 수 있었다. 과학자들은 조그마한 물웅덩이에 전기적 입자들을 가득 채워 인체의 후미진 곳까지 헤엄쳐 들어가도록 할 수 있다. 마취제는 신경세포를 가동하는 전기 펌프들을 마비

시켜 수술 받는 이의 통증을 덜어준다. 프로작은 뇌의 어떤 전기적 수용체에 가 결합함으로써 우울한 기분을 눌러준다. 비아그라 알약에서 나온 대전된 분자들은 특정 부위의 신경세포들을 흥분시킴으로써 쾌락을 높인다. 이 모든 일들은 현대 과학의 최첨단에서 벌어지고 있는 거대한 변화의 일부라 할 수 있다. 즉 물리학에서 생물학으로, 인간 바깥의 물리적 세상에서 인간 내부의 몸과 사고 과정으로 초점이 옮겨 가고 있는 것이다.

인체에서 전기가 역할을 담당하고 있으리라는 생각은 극히 최근에 와서야 등장했다. 사실이지, 생생한 전기 회로가 인간의 몸과 뇌에 파묻혀 무언가 일을 하고 있으리라는 생각이 그리 쉽게 떠오르겠는가? 앞서 살펴보았듯, 고대 그리스와 이슬람 탐구자들은 몇 가지 전기적 작용을 목격한 바 있다. 공기가 건조한 날 모피를 문지르면 털들이 곤추서는 등의 현상이었다. 이후 르네상스 시대 해부학자들은 몸속을 가로지르는 하얗고 텅 빈 관들을 발견하고 그것이 신경이라는 것을 알아차렸다. 하지만 그들은 신경을 움직이는 것은 전능한 신의 힘이라고 믿었다. 그게 아니라 해도 눈에 보이지 않을 만큼 작은 도르래라거나 모종의 액체 유압을 상상했을 뿐, 전기 불꽃들 때문이리라고는 꿈도 꾸지 못했다.

그런데, 과학자 자신은 부정할지 모르겠지만, 사실 대부분의 과학자는 자신이 몸담은 사회의 유행을 무시할 수가 없으며, 바로 그 점 덕분에 상황은 변하기 시작한다. 1600년대 영국과 이탈리아에서 가장 흥미롭고 빠르게 발전한 기술은 펌프였다. 따라서 혈액의 순환에 대해 연구하던 윌리엄 하비William Harvey가 심장을 펌프와 비슷한 구조로 생각한 것은 자연스런 일이다. 뉴턴의 추종자들은 우주의 작동 방식을 시계의 그것과 비슷하다고 간주했는데, 17세기 후반의 가장 주목할 만한 신기술이 정교한 시계였음을 떠올린다면 이 또한 자연스럽다.

1800년대 초엽, 사람들은 간단한 전지와 전선을 동원한 공개 실험들을 구경하게 되었다. 폭풍우 몰아치던 어느 날 밤, 제네바 근교에서 친구들과 귀신 이야기를 하던 스무 살짜리 아가씨 메리 셸리는 자신이 지어낸 이야기 속의 프랑켄슈타인 박사가 괴물에게 생명을 불어넣는 장면에서 자연스럽게도, 전기를 이용하게 했다. 1840년대 말에는 곳곳에 전보선이 가설되어 전기의 놀라운 속도를 이용한 의사소통이 가능해졌다. 서유럽의 주요 도시들이 하나둘 전기로 연결되는 마당이니, 인체에서 의사소통을 담당하는 기다란 신경 또한 어떤 식으로든 전기의 물결을 활용할 것이라는 믿음의 등장은 필연적이었다. 1850년대에 이 신경 전기를 명확히 측정하고자 나선 것은 독일 과학자들이었는데, 그들은 살아 있는 신경세포 속의 전기는 전보선에서처럼 시간당 수백만 킬로미터의 속도로 움직이지 않는다는 사실을 알아냈다. 인체에는 뭔가 다른 점이 있는 것 같았다. 전기의 속도가 기껏해야 시속 160킬로미터 정도밖에 되지 않았기 때문이다. 잽싸게 주먹을 휘두를 때의 팔의 속도보다 겨우 몇 배 빠른 속도다.

한편으로 보면 지당한 결과였다. 전기 신호가 몸 안에서 시속 160만 킬로미터의 속도로 내달린다면 인간의 연약한 신체 조직은 견뎌내지 못할 것이다. 그러나 또 한편 혼란스럽기 짝이 없는 결과이기도 했다. 당시의 화학 지식으로는 그 메커니즘을 설명할 수 없었기 때문이다. 눈꺼풀을 움직이는 것은 근육이다. 해부학자들은 그 근육을 쉽게 찾아낼 수 있다. 하지만 수많은 신경 신호들의 추진에 필요하리라 상상되는 작은 근육들은 눈을 씻고 찾아봐도 없었다. 더욱이, 신경이 전보와 비슷한 것이라면, 전지는 어디에 있으며 전선 속에는 정확히 무엇이 들어 있단 말인가? 사람의 몸속에는 기다란 구리 전선이나 여타 어떤 금속선도 들어 있지 않았다.

물에 둘러싸여 있는데도 어떻게 전기가 존재할 수 있는가 하는 문제의 해답은 과학자들이 당대의 기계 기술로부터 시야를 넓히고서야 비로소 등장했다. 전보를 전하는 것은 통통 튀는 전자들이다. 하지만 전자는 원자의 한 부분일 따름이다. 전보, 전구, 컴퓨터는 이 작고 취약한 전자들에게 전적으로 의존하고 있는데, 사실 따지고 보면 인간의 전기 기술은 200년 역사에 불과한 것이다. 지구에서 생물의 진화는 수십억 년에 걸쳐 진행되어 왔으며, 그 과정에서 이미 자그만 전자들만이 아니라 원자 전체를 활용하여 전기를 통하게 하는 또 다른 접근법이 마련되어 있었다.

핵심은 평균 이상으로 센 전기장을 동반하는 원자를 찾는 것이다. 우리가 알기로 보통은 이런 상황이 발생하지 않는데, 하나의 원자에서 궤도를 따라 돌고 있는 전자들의 음전하와 똑같은 양의 양전하가 원자 가운데 핵에 들어 있기 때문이다. 따라서 원자 전체로는 전하의 영향이 평형 상태를 이루며, 원자는 전기적으로 중성을 띤다. 그 위대한 뉴턴이 원자를 단순하고 따분하기만 한 공이라고 생각했던 것도 이 때문이다.

그런데 흔한 금속인 나트륨 등 몇몇 원자들에서는 최외각 전자 하나를 완전히 떼어내버리는 게 매우 쉽다. 우리 지구와 우리 몸은 이 '일부를 떨어내버린' 원자들로 가득 채워져 있다. 전자와 비교할 때 거대하다 할 수 있는 이 의기양양한 원자들은 다른 전하들을 끌고 다니는 데 안성맞춤으로서, 매우 편리하다. 남은 전자들의 음전하보다 중심의 양전하가 하나 더 많으므로, 이 원자는 강력한 양전기장을 뿜게 된다. 또한 정상적인 나트륨에서 전자 하나가 빠졌을 뿐 크기는 원래의 원자와 똑같은 이 거대한 나트륨 덩어리는 자그마한 전자들과 달리 혹독한 장소에서도 살아남는다. 소용돌이치는 물에 들어가거나 활성산소를 만나도 해를 입지 않는다. 이런 원자 크기의 이온들은 수백 년간 공기 중에 떠다니면서 바람과 비와 전기장을 뿜어내는 폭풍에 부딪쳐도 끄떡없고, 산맥 깊숙이 파묻혀 엄청난 양의 바위에 짓눌려 있어도 괜찮다.

개개의 전자들은 생명체 내부의 따뜻하고 철벅거리는 물속에서 오래 버티지 못하지만 이 거대한 변형 원자들은 할 수 있다. 원래 가져야 할 개수와 다른 양의 전자를 지닌 원자를 통칭하는 용어는 이온ion이다. '여행자'를 뜻하는 그리스어에서 파생된 말이다. 전자를 버린 나트륨 원자는 나트륨 이온이 되는 것이다.

헬름홀츠가 측정했던 신체 내 전류를 전달해주는 것이 바로 이 이온들이다. 하지만 어떻게? 신경은 초창기 해부학자들이 생각했던 것보다 훨씬 작다. 르네상스 해부학자들이 발견했던 하얗고 속이 빈 관들은 진짜 신경이 담긴 통로에 불과했다. 실제 신경은 그보다 훨씬 얇아서 마치 속이 빈 실 같으며, 사람의 시력으로는 볼 수 없을 정도로 작다. 그중에서도 가장 가는 부분은 축색돌기인데, 신경세포의 길게 늘어난 부분에 해당하며 자극이 지나가는 부위이다. 축색돌기는 굉장히 작기 때문에 현대의 발달된 현미경으로도 그 내부를 깨끗이 들여다보기가 어렵다.

과학 발전을 위해서는 참 다행스럽게도, 서로 다른 신경들은 서로 다른 속도로 자극 신호를 전달한다. 신경이 가늘면 신호 속도는 느린 편이고, 신경이 굵으면 신호가 빠르게 전해진다. 그러므로 1세대 독일 과학자들의 뒤를 잇고자 하는 20세기 생리학자들의 최우선 과제는 공격이나 도피 활동을 할 때 무진장 빠른 신경 반응 속도를 보이는 생물체를 찾아내는 일이었다. 그런 생물은 필시 속이 들여다보일 정도로 굵은 신경을 갖고 있을 것이기 때문이다. 생리학자들의 실험 대상은 동시에 꽤 긴 모양을 하고 있어야 했는데, 신경이 길수록 끄집어내기도 쉬울 것이기 때문이다. 나무랄 데 없는 추론이지만 그 결과에 생각이 미치면 그렇지만도 않다. 거대하고, 빠르고, 살아 있는 동물을 사냥해야 하는 것이다! 개구리는 너무 작고, 곰은 너무 느리다. 그런데 커다란 오징어, 아니 큰 게 없다면 그냥 평범해도 좋으니 아무튼 오징어는 어떨까? 삽시간에 물을 내뿜고 획 달아나는 오징어라면 빠른 신경 반응을 보이는 셈이니 적당할 것 같았다.

일렉트릭 유니버스

물론, 우선 할 일은 나만의 오징어를 확보하는 것이었다. 젊고 점잖은 영국인 퀘이커 교도 앨런 호지킨Alan Hodgkin은 미국에서의 짧은 체류를 마치고 영국 플리머스에 돌아온 1939년 여름, 바로 이 문제로 어려움을 겪고 있었다. 그는 저인망 어선을 타고 바다로 나가보고 수산 시장도 샅샅이 뒤져보았다. 그런데 대체 이놈의 오징어는 어디에 있단 말인가? 어머니에게 보낸 수다스런 편지에서 그는 최대한 낙관하려고 노력했지만, 어쩔 수 없이 의기소침해져서는 "그야말로 완벽한 오징어 부족 사태"를 토로하고 말았다. 그렇지만 7월 말에는 그에게 행운이 찾아왔다. 그는 일주일간 스코틀랜드로 휴가를 떠나면서 한 어부에게 계속 찾아봐달라고 부탁을 남겼는데, 드디어 그들이 성공했던 것이다. "돌아오자, 오징어가 한가득 나를 기다리고 있었다."

연하의 동료 앤드루 헉슬리Andrew Huxley와 그가 끄집어낸 오징어의 신경은 쉽게 마주치는 그 어떤 생물체의 신경과 비교해도 압도적으로 컸다. 오징어의 신경은 가느다란 연필선과 비슷할 만큼 굵었기 때문에, 각 신경의 중앙으로 직접 얇은 유리 바늘을 찔러넣을 수 있을 정도였다(오징어는 죽었지만 신경은 '살아' 있다. 숙주가 없어도 몇 시간 정도는 제대로 기능한다는 뜻이다). 19세기의 연구자들은 신경의 길이를 잴 수 있을 뿐, 그 속에서 벌어지는 일을 들여다보지 못했다. 반면 호지킨과 헉슬리는 이제 신경 내부의 전기를 측정하고 그것을 신경 바깥의 전기와 비교할 수 있었다.

처음에는 미세도관이 자꾸 세포막을 긁어 상처를 냈기 때문에 실험이 실패했다. 하지만 손놀림이 좋은 편이었던 헉슬리는 신경의 굴곡을 미리 볼 수 있도록 초소형 거울들을 동원한 끝에 결국, 여전히 살아 있는 연약한 신경의 벽을 긁지 않고 무사히 바늘을 찔러 넣는데 성공했다.

처음 몇 주 동안 그들은 신경생물학자들이 전통적으로 애용해온 정교한 기술을 동원해서 — 한마디로 축색돌기를 으깸으로 써 — 그 안에 든 신경형질 물질을 짜냈다. 그런데 축색의 내부에는 나트륨 이온의 농도가 높지 않았는데, 이는 바닷물과 마찬가지로 우리 혈액 속에도 풍부한 양의 나트륨 이온이 존재한다는 사실을 떠올려보면 이유를 알 수 없는 노릇이었다. 나트륨은 결국 소금(염화나트륨)의 일부이기 때문이다. 바닷물, 그리고 오징어의 피든 사람의 피든 모든 피가 짠 것은 나트륨 이온들이 속에서 활동하고 있다는 증거이다. 오징어 축색의 세포막 내부에 분명 무언가가 있어 이 커다란 변형 원자들, 나트륨 이온들을 잡아채고는 막의 바깥으로 밀어내는 것이 틀림없었다. 그래서 신경의 바깥 면에만 나트륨 이온이 쌓이게 된 것이다.

이것은 대단한 연구였다. 1860년대 독일 연구자들이 추측에 그쳤던 것을 세세히 들여다보게 된 것이다. 오징어는 신경세포막의 바깥 면에 나트륨 이온을 축적해두고 있다. 그런데 왜일까? 두 젊은이에게는 짚이는 바가 있었다. 케임브리지 대학에서 세계의 석학들로부터 생리학을 배운 그들이었다. 그러나 그들이 후속 연구를 진행하기 전에, 전쟁이 발발했다. 호지킨은 레이더 연구에 헉슬리는 해군 본부에 각기 배치된다. 그들이 다시 연구에 매진할 수 있게 된 것은 1947년이 되어서였다. 호지킨과 결혼한 지 얼마 되지 않은 신부 마니는 부모에게 보내는 편지에서 이렇게 썼다.

"앨런은 갑자기 풀려난 돌고래 같아요. ……순전히 연구에만 몰두해, 마구 달려드는가 하면 팔짝 뛰고 펄펄 나는 품새가 꼭 그래요. 그토록 오래 참았으니 말이죠……"

연구를 중단한다는 것은 좌절할 만한 일이었지만 레이더 개발에 바친 시간이 꼭 낭비만은 아니었다. 호지킨과 전시의 동료들은 부드럽고 넓은 통로에 전류가 더 잘 흐른다는 오래된 통찰을 수없이 떠올리며 일했다. 넓은 길에는 전류가 사용할 전자들도 많은 법이고 맞닥뜨릴 '저항'도 크지 않다. 반면 좁은 길에서는 전류가 제대로 흐르기 어렵다. 전류가 맞닥뜨리는 저항도 더 크다. 대부분의 신경들은 매우 가늘기 때문에(상대적으로 거대하다 할 만한 오징어의 신경도 예외는 아니다) 그 속을 흐르는 전기는 막대한 저항에 부딪쳐 겨우겨우 나아가게 될 것이다. 호지킨은 나중에 다음과 같이 말했다.

"전기 기술자가 신경계를 들여다본다면, 이 (가느다란) 신경 섬유들 속으로 전기 자극 정보를 통과시킨다는 것이 가공할 만큼 어려운 과제임을 곧 느낄 것이다. ……(신경) 섬유는 너무 작기 때문에…… 작은 신경 섬유 1미터 길이에 존재하는 전기 저항은 (두꺼운) 구리 전선 16,000,000,000킬로미터 길이의 저항에 맞먹는다. 이는 지구와 토성 사이 거리의 대략 10배에 해당한다.

평범한 전선으로 태양계를 연결하라는 과제를 받으면 어떤 전기공학자라 할지라도 애로를 느끼지 않을 수 없다."

신경의 작동 방식은 뭔가 달라야 했다. 알렉산더 벨이 전화기의 구리선 속에 전기 불꽃들이 굴러가고 있으리라 상상했듯 신경의 축색돌기 가운데로 전기가 직접 흘러가는 것일 리는 없었다. 신경에는 강력하고도 안정적인 추진 장치가 군데군데 있어서, 자극이 신경을 따라가다가 중간중간 그로부터 재차 힘을 받는 것이 분명했다. 기다란 전선을 만든 기술자가 신호 전달에 문제가 있을 것을 미리 예견하고는 사려 깊게도 가장자리에 일정한 간격을 두어 수조 개 남짓의 추진 장치들을 달아둔 것이나 마찬가지다.

거대한 나트륨 이온들이 하는 일이 바로 그것이었다. 신경 신호의 전달을 돕고 있었던 것이다(이후의 연구에 따르면 칼륨 이온도 신경 전도에 중심적인 역할을 맡고 있다. 하지만 그 작동 방식이 비슷하기 때문에 이 책에서는 간결한 서술을 위해 나트륨만 설명하도록 한다). 우리가 어떤 생각을 떠올리면 뇌의 신경세포가 신호를 내보내기 시작하는데, 전하를 띤 나트륨 이온들이 세포막 바깥에 있다가 갑자기 안으로 비집고 들어와 추진해주지 않는다면 이 신호는 1밀리미터도 미처 못 가 잦아들고 말 것이다. 호지킨과 헉슬리가 밝혀낸 것은—그래서 그들에게 노벨상을 안겨준 연구는—세포막이 매끈하게 흠이 없고 투과성도 없는 폐쇄된 벽으로서 우리 생각들을 프로이트가 말한 바, 무의식 깊은 곳에 수줍게 묻어두는 데 기여하는 장막이 아니라는 사실이다. 오히려 세포막에는 때에 따라 넓어져 나트륨 이온을 들여보내는 작은 구멍들이 수없이 나 있다. 많은 양이 들어갈 필요는 없다. 신경세포 1밀리미터마다 수천 개 가량의 나트륨 이온들만 있으면 충분하다.

나트륨 추진기들을 일깨우는 사건이 생기면 자극이 시작된 셈이다. 컴퓨터 모니터를 들여다보고 있는 눈을 예로 들어보자. 화면에서 나온 전파가 눈 속으로 들어오면 망막에 존재하는 로돕신이란 이름의 교묘하게 생긴 분자들과 부딪친다. 로돕신 분자들이 야자나무처럼 생겼다고 상상해보라. 빛과 부딪치면 이들은 태풍에 휘날리는 야자나무 이파리들처럼 구부러지고, 로돕신의 일부—'뿌리'에 해당하는 부분—가 위로 딸려 올라간다. 로돕신 나무들은 나트륨 이온이 풍부하게 섞인 용액에 뿌리박고 있는데, 나무들이 번쩍 위로 당겨지면 그 뿌리 부분에 구멍이 하나씩 열린다. 나트륨 이온들은 갑자기 생겨난 구멍을 통해 아래의 신경 속으로 흘러 들어가고, 그러면 자극이 시작된 것이다.

이처럼 신경세포의 맨 앞에 나트륨 충격이 한 차례 가해지면, 그 옆에 인접한 신경세포막에서 이상한 일이 뒤따라 벌어진다. 세포막이 뒤틀리고 부글부글 거품을 일으키며 휘다가는, 불현듯, 여기서도 구멍들이 잇따라 열리기 시작하는 것이다. 그곳의 세포막 밖에서 대기하고 있던 나트륨 이온들이 쏟아져 들어온다. 이 나트륨 추진 장치들이 도착하면, 이번에는 또 그 옆의 신경세포 영역이 힘을 얻어 구멍을 열어젖히게 된다. 더 먼 곳에 비축되어 있던 나트륨 이온들이 뒤를 이어 들어올 것이고, 이 과정이 반복되면서 신경 전체를 따라 빠르게 파동이 전달된다.

자극이 완전히 훑고 지나간 뒤 신경의 모습은 더러운 진창과 같다. 여기저기 구멍이 뚫린데다가 나트륨 이온들이 질척하게 쌓였다. 새로운 자극을 전달하기 위해서는 정비가 필요하다. 한마디로 밀려 들어왔던 나트륨 이온들을 밖으로 퍼내고 구멍을 죄다 닫아야 한다. 이처럼 정비를 하는 일, 더불어 또 다른 신호를 기다리는 동안 전기를 띤 나트륨들이 안으로 침범하지 않도록 바깥에서 잘 단속하는 일은 아주 많은 에너지를 소모하는 작업이다. 해서 우리 뇌로 전해지는 에너지―당분과 산소, 스테이크와 뮤즐리 시리얼과 콘 프레이크와 주니어 민트(겉은 초콜렛이고 안에는 말랑한 박하가 든 간식거리―옮긴이)에서 얻는 모든 영양소들―의 80퍼센트는 이 손상된 나트륨 구멍 정비에 전적으로 투여된다.

가끔 평소처럼 재깍 신경이 회복되지 않을 때도 있다. 공기가 차면 손가락이 둔해진다. 손가락에 있는 신경의 지방 덮개가 딱딱해지기 때문인데, 식사를 마친 뒤 양고기의 기름진 지방 부분이 응고하는 것과 비슷하다고 생각하면 된다. 그 결과 손가락 끝까지 자극을 전달하는 신경 속 나트륨 펌프가 따뜻한 공기에서만큼 잘 움직이지 못하게 된다. 세심한 운동 작업을 하기 전에 손을 따뜻하게 해줘야 하는 이유이다. 위대한 피아니스트 글렌 굴드Glenn Gould는 연주회 직전에 깊은 세면대나 양동이를 찾아내지 못하면 안절부절못하곤 했다. 뜨거운 물에 팔을 담가야 했기 때문이다. 때때로 비평가들은 이런 그를 두고 놀림을 삼았지만, 곧 귀로 확인하게 되는 결과에 입을 다물 수밖에 없었다. 굴드의 응고되었던 지방질이 부드러워지고 나면, 즉 전기 자극을 추진하는 나트륨 이온들이 출동 준비를 마치면, 바흐의 명작은 온전히 그의 차지가 되었다(같은 이유에서 귓불을 뚫을 때 얼음 조각을 동원하면 비명을 잠재울 수 있다).

　때로는 시린 바람보다 한결 심각한 원인도 있다. 테트로도톡신이라는 이름의 액체는 세상에 존재하는 가장 치명적인 신경 독성물질 중 하나다. 이 액체는 신경 주변에 뿌려지면 곧 나트륨 펌프로 가서 펌프를 꽉 잡아버린다. 영향이 몇몇 신경세포들에만 미친다면, 가령 어리둥절 주변을 살피며 TV 리모컨이 어디 있나 찾는 데 관여하는 신경에만 국한된다면, 그다지 끔찍한 일은 안 일어날지도 모르겠다. 하지만 인체에 분포된 신경들은 하나같이 대단히 비슷한 모양과 작용을 하고 있다. 테트로도톡신이 이리저리 확산됨에 따라 심장과 폐로 가는 신경 자극들도 영향을 받는다. 우리는 이 사실을 느끼고 심장을 내려다보며 진심으로 신경세포들이 자극을 발사해주길 바랄지도 모르지만, 나트륨 채널들이 막혀 추진에 필요한 이온이 하나도 공급되지 못하는 상황이라 전기 자극은 곧 소멸해버린다. 결과는 질식사일 것이다. 테트로도톡신은 무시무시한 일본 복어 속에 자연 상태로 존재하며, 전 세계 화학 무기 전문가들의 열성적인 노력으로 인공 합성되고 있기도 하다.

술은 추위와 테트로도톡신의 중간쯤에 해당한다. 알코올도 신경의 지방질 세포막을 굳게 만들지만 즉시 사망에 이를 정도까지는 아니다. 추위 때문에 손이 곱는 것과 비슷한데, 신체의 말단만이 아니라 사고와 기억을 담당하는 뇌 깊은 곳의 신경세포들에게 가서 세포막을 손상시킨다는 점이 다를 뿐이다. 새뮤얼 존슨Samuel Johnson이 설파했던 대로 자기 자신으로부터 도망치고 싶은 사람들에게는 전기 자극을 추진하는 나트륨 펌프를 잠시나마 꼼짝 못하게 할 수 있다는 것이 대단한 위안이 되기도 한다(새뮤얼 존슨은 18세기 영국 문필가로서 재치 있는 금언을 많이 남긴 것으로도 유명한데, 특히 술과 런던에 대해 자주 말했다 – 옮긴이).

기술은 과학보다 착실히 한발 앞서 나가기도 한다. 사람들은 나트륨 펌프의 메커니즘이 알려지기 훨씬 전부터 술을 통해 행복을 찾았고, 현명한 사람에 국한되는 말이겠지만 복어를 피해 왔다. 초기의 마취제도 비슷했다. 알코올은 수술의 고통을 더는 데 역부족이었기 때문에 늘 강력한 마취제에 대한 필요가 그치지 않았다. 1800년대 중반만 해도 규모가 큰 의학 교육 기관들은 전직이 하역일꾼이었거나 복싱선수였던 힘 세고 덩치 좋은 이들을 '잡아오는 사람'들로 고용하고 있었다. 그들의 임무는 수술을 받다 도망치는 환자 뒤를 쫓아가 시련이 기다리고 있는 공개 수술대로 도로 끌고 오는 일이었다(마취제 등장 이전 시대 외과의의 아들이었던 플로베르는 『보바리 부인』의 다리 절단 장면에서 당시의 수술이 어떤 것인지 음울하게 묘사한 바 있다).

마취제의 변화는 1800년대 초 내지는 중순에 이르러 찾아왔다. 이때는 에테르 등 다양한 기체들의 유용한 속성이 밝혀져, 지나치지 않을 정도로만 환자들을 기절시키는 데 활용되고 있었다. 1880년대에 젊은 의학도였던 지그문트 프로이트는 특히 코카인이라는 이름의 식물 추출 성분의 속성을 연구하는 데 몰입했다. 코카인은 안과 수술에 아주 어울리는 마취제였으며, 사용량을 점검하는 의사들에게도 기쁨을 선사했다. 의사들은 종종 한 번에 그치지 않고 여러 차례 샘플을 흡입하곤 했다. 그러니까 단지 용량이 적당한지 확인하는 차원에서였으리라고 나는 믿고 싶다.

호지킨과 헉슬리의 연구가 이뤄지고 나서야 이 마취제들의 정확한 작용 방식이 무엇인지 알 수 있게 되었다. 알코올과 비슷하게 이 마취제 분자들은 신경의 지방질 세포막으로 가라앉아 그곳 신경 축색돌기의 이온 펌프 활동을 둔화시킨다. 집게가 인정사정없이 어금니를 잡아당기고 바늘이 살아 있는 조직들을 누비며 꿰맬 때 환자가 끔찍한 기분을 느끼려면 신경 자극이 뇌로 전달되어야만 하는데, 나트륨 추진 장치가 꺼져 있기 때문에 자극은 2.5센티미터도 못 가 멈춰버리고 마는 것이다. 마취제의 작용 방식이 세세히 알려지고 전신 마취제와 국소 마취제의 서로 다른 활동 양식이 알려지면서 의학은 엄청나게 발달했다. 심장 우회술과 같은 어려운 수술이 가능해지고, 관절경을 이용해 무릎 수술을 통제하는 것도 가능해졌다. 빅토리아 시대 기술자들은 커다란 전기 엔진을 갖고 엘리베이터를 움직이거나 공작기계와 냉각 펌프 등을 가동시켰다. 오늘날의 생물학 기술자들은 나트륨 이온이라는 초미세 전기 펌프를 갖고 인체 내부에서 훨씬 섬세한 노동들을 수행한다.

호지킨은 오징어를 마비시키는 실험 같은 것은 전혀 하지 않았지만, 그의 동료들은 실제로 오징어 신경에 테트로도톡신을 부어보았다(참으로 잔인하게 들릴지 몰라도, 사실 이 신경은 이미 오징어의 몸통에서 분리된 것이므로 항의해보았자 별 의미는 없을 것이다). 일단 테트로도톡신을 신경에 직접 부어 나트륨의 작용을 완전히 멈춘 다음 서서히 테트로도톡신의 영향이 잦아들 때까지 관찰하자, 나트륨 펌프가 다시 작동을 시작하는 모습이 선명하게 눈에 들어왔다. 그들이 밝혀낸 내용에 대해 듣는다면, 촉수가 있고 눈이 큰 이 바다 생명체와 인간 사이에 건널 수 없이 먼 거리가 있다는 사실을 자랑으로 여기는 인간 우월주의자들의 콧대가 팍 꺾일 것이다. 오징어 나트륨 펌프의 기제가 인간의 것과 완전히 같았기 때문이다.

호지킨은 이렇게 말했다. "오징어는 인간과 매우 거리가 먼 종족임을 고려할 때—두 종의 공통 선조는 무려 수억 년 전에 죽었다—펌프의 활동이 이렇게 비슷하다는 것은 나트륨 채널의 존재가치가 무척 높아 동물계 전체에 살아남았다는 것을 의미한다." 이것은 대단히 합리적인 추론이다. 인류이든 두족류이든, 살아 있는 유기체들이 손쉽게 사용할 물질의 선택 폭은 넓지 않기 때문이다. 이온은 전류의 형태로 신호를 보내는 방법에 임시변통으로 활용할 만한 훌륭한 물질이다. 기원전 3억 년에 잘 통했던 방법이 오늘날에도 여전히 쓸 만한 것이다.

12

신경은 어떻게 연결되는가

인디애나폴리스, 1972년 그리고 오늘날
오토 뢰비

셀 수 없이 오랜 기간 동안, 전기의 도움으로 생각을 하게 된 다양한 형태의 생명체들이 등장해 기고, 달리고, 잠자고, 꾸물거리고, 아무튼 다양한 형태로 우리 지구 위에서 살아왔다. 이 모든 생명체들 속에서 전기 자극은 신경세포막의 터널을 따라 씽씽 지나다녔다. 마치 세상에서 가장 정교한 롤러코스터인 양, 신경 자극이 탄 차는 환하게 불을 밝힌 채 낮이고 한밤중이고 신나게 달렸다.

그런데 각각의 자극은 시간이 지나면 반드시 신경 섬유의 말단에 도달하게 되어 있다. 여기서 새로운 문제가 생긴다. 신경은 터널들이 엮인 거대한 망을 이루고 있지 않고, 한 신경에서 다른 신경으로 끊임없이 접속을 교환해주는 체계를 갖고 있지도 않기 때문이다. 오히려 두 개의 신경세포 사이에는 반드시 틈이 존재한다. 시냅스라 불리는 이 틈은(그리스 단어 시냅테인 synaptein에서 나온 용어로서 '한데 묶는다'는 뜻을 지녔다) 일찍이 1897년부터 관찰되어왔다. 사실 그리 넓은 간격은 아니어서 고작해야 2.5센티미터의 천 분의 일 정도 거리이다. 하지만 세포의 수준에서 보면 이것은 망망대해나 다름없는 간극이다.

신경 자극이 어떻게 이 간극을 건널 수 있을까? 이 질문에 대한 해답은 인간의 신경과 마음을 이해하는 데 또 하나의 위대한 도약이 될 것이었다. 전자는 신경 사이의 간극에 떨어지면 자취도 없이 삼켜져버릴 것이고, 이온이라 해도 바다 위를 까닥까닥 떠가는 큰 고무공 마냥 별 소용이 없을 것이다. 하지만 분자생물학자들은 무언가 가로지르는 물질이 있어야 한다고 믿었다. 아마도 전기를 띤 물질일 것이라는 추측까지도 가능했다. 하지만 작은 전자도 아니고, 그보다 더 큰 이온 원자도 아니면, 도대체 무엇이란 말인가?

답을 낸 사람은 그라츠 대학의 약리학자였던 당시 마흔일곱 살의 과학자였다. 1921년의 부활절 전야, 그는 잠을 자다 한밤중에 벌떡 깨어나 앉았다. 신경 자극이 간극을 가로지르는 방법이 무언지 정확히 알아냈기 때문이다. 정말 근사한 일이었다. 이제 신경계에 대한 과학적 이해의 마지막 조각이 맞춰질 것이다! 그는 불을 켜고 이 위대한 통찰을 종이에 대강 휘갈겨 적어 둔 다음, 다시 잠이 들었다. 다음날 아침 그는 잠에서 깼다. 그는 늘 전도유망한 연구자였지만, 그날 밤에 꾼 그 꿈, 그것은 그야말로 세기에 길이 남을 아이디어였다! 그는 이 획기적인 아이디어를 적어놓은 종잇조각을 집어들었다.

그러나 맙소사! 그는 한 자도 읽을 수가 없었다. 유려한 필치야말로 오토 뢰비Otto Loewi의 여러 특기 중 하나였건만, 새벽 3시에는 꼭 그렇지만도 않았다. 꿈을 꾼 다음날은 그의 인생을 통틀어 가장 참담한 하루였다. 뢰비는 아무리 뚫어져라 글씨를 들여다보아도 자기가 휘갈겨둔 단어들을 하나도 해독할 수 없었다. 또 아무리 골똘히 어제의 생각을 반추해보아도 꿈에서 깨달았던 게 도대체 뭐였던지 다시 떠오르지 않았다.

일요일이었던 그날 밤, 뢰비는 조심스럽게 다시 잠자리에 들었다. 운이 좋으면 해답이 다시 떠오를지도 모른다. 자정, 그는 아직도 잠에 빠져 있었다. 꿈은 꿔지지 않았다. 새벽 1시, 아직도 꿈이 꿔지지 않았다. 새벽 2시, 아직도 꿈은 찾아오지 않고 그는 자리에 계속 누워 있었다. 그런데 마침내, 뢰비가 다음과 같이 사랑스럽게 회상하는 일이 벌어졌다. "3시 정각, 아이디어가 다시 돌아왔다. 그것은 실험 설계에 대한 내용이었다."

그는 이번에는 종이와 연필에 이 아이디어를 맡겨둘 수가 없었다. 뢰비는 옷을 껴입고 서둘러 실험실로 달려갔다. 그는 신경에서 생겨나는 물질을 확인할 방법을 찾았던 것이다! 뢰비가 깨달은 실험 방법은—비위가 약한 독자께서는 이후 한두 단락

오토 뢰비
그는 당대 지적 거인 가운데서도 독특한 존재였다. 그는 탁월한 과학자이면서 분별력 있는 예술가이기도 했다. 그는 자신의 지난한 연구의 성과로 생리의약 부문에서 노벨상을 수상하면서 거금의 노벨상 상금을 받았으나 나치에게 죄다 빼앗겨 한푼도 챙기지 못하고 영국으로 도망쳤다.

을 뛰어넘으시길 권한다─개구리 두 마리를 죽여 심장을 꺼내는 것이었다. 한쪽 심장에는 신경을 계속 붙여두어 신경에서 나오는 미지의 화학물질이 심장으로 전달되도록 놔둘 것이다. 신경에서 화학물질이 계속 뿜어져나옴에 따라 심장의 활동이 어떻게 변하는지─박동이 느려지는지 오히려 빨라지는지─관찰할 것이다. 그 다음에는 그 미지의 화학물질을 짜내어, 다른 쪽 심장에 부어볼 것이다. 두 번째 심장의 활동이 첫 번째 심장과 똑같이 변한다면 그 미지의 액체 속에 들어 있는 무언가가 해답임에 틀림없다고, 그는 생각했다.

당시의 해부학자들이 으레 그랬듯 뢰비 역시 불행한 운명의 개구리들을 잔뜩 키우고 있었기에, 그는 곧바로 실험에 들어갈 수 있었다. 그는 죽은 개구리의 심장이라도 얼마간은 정상적으로 뛴다는 것을 잘 알았다. 메스를 들고 작업에 착수한 그는 곧 두 개의 양동이에 두 개의 심장을 담았다. 심장들은 여전히 힘차게 고동쳤다. 그는 첫 번째 개구리의 심장에 이어진 거대 미주신경을 꾹꾹 쥐어짰다. 그 안에 든 뭔지 모를 액체가 더 많이 나오게 하기 위해서였다. 첫 번째 심장의 박동이 서서히 잦아들었다. 그는 그 액체를 두 번째 양동이에 부었다. 두 번째 심장은 아직도 혼자 힘으로 힘차게 맥박치고 있었다. 그가 액체를 집어넣고 잠시 기다리자, 곧 두 번째 심장은 점점 느려지기 시작했다. 살아 있는 신경으로부터 나온 그 액체가 만들어낸 결과였다.

뢰비와 이후의 연구자들이 밝혀낸 바에 따르면 신경세포들 사이에서 뿜어져나오는 이 액체 속에는 상대적으로 크기가 육중한 분자들이 떠다니고 있다. 이 분자는 수백 개의 원자들이 결합해 구성된 것으로서 당연히 하나씩 떠다니는 나트륨 이온보다 덩치가 훨씬 컸고, 그렇기 때문에 세포들 사이의 바다를 무사히 건널 수 있다. 초소형 잠수함이나 마찬가지인 것이다. 자극을 전하려는 신경세포의 끄트머리에서 작은 거품들이 솟아나면서 그 속에서 이 분자들의 함대가 출항한다. 그들은 시냅스의 바다를 건너 목적지로 항해한다. 인체 곳곳의 신경 접합 부위에는 이런 분자들이 존재하며, 특히 뇌의 신경 연결 부위에서 일하는 분자들은 대단히 중요하다. 인간의 사고 과정을 담당하는 뇌세포들은 뉴런이라고 불리며, 그 사이에서 자극을 전달하는 분자들은 신경전달물질이라고 불린다. 시스티나 성당의 천장화에서 하느님은 검지를 뻗어 아담을 가리키고 있다. 그 검지의 신경 말단에서 분자들이 굴러나와―아담의 나트륨 채널을 열어젖히는 효과적인 방법을 동원함으로써―전기적 자극을 전달하고, 드디어 이 최초의 인간의 신경은 부르르 떨리며 깨어나는 것이다.

신경 신호가 간극을 건너는 법은 바로 이렇다. 신경세포를 따라 움직이던 전기적 자극은 그 끝에서 간극에 맞닥뜨리면서 신경 말단에서 강력한 액체를 뿜어내게 한다. 그 액체가 간극을 건너고 다음 신경세포로 들어가면, 첫 번째 신경이 보낸 신호가 무사히 두 번째 신경으로 전달된 것이다.

만약 신경세포에서 분사되는 액체의 종류가 뢰비가 발견했던 감속 물질 하나밖에 없다면, 우리는 난처한 상황에 봉착하게 될 터이다. 우리가 뭔가 생각을 떠올리거나 팔을 움직이기만 하면, 곧 모든 것이 느려지고 더 느으려지고 더 느으으으려지기 시작할 것이다. 다행스럽게도 우리 몸에는 여러 가지 종류의 신경전달물질들이 있다. 세포의 속도를 높이는 물질도 있고, 그냥 새로운 신경 연결을 돕는 데 사용되는 물질도 있다. 현재까지 발견된 것만 해도 수십 가지에 달한다(뢰비가 이후 추가로 발견한 신경전달물질 가운데 하나는 원래 이름이 악셀레란스터프였는데, 이 물질이 가 닿은 세포의 속도를 높였기 때문에 붙여진 이름이었다. 현재 우리가 아드레날린이라 부르는 바로 그것이다).

신경전달물질 잠수함들의 생김새는 제각기 다르다. 이들은 자신에게 알맞은 정박 위치를 찾으면 곧바로 다가가 찰싹 붙어버린다. 이렇게 달라붙는 것은 건조한 날 생기는 정전기와 다를 바 없는 전기력 때문이다. 신경전달물질 분자의 여러 부분에는 잉여의 음 전기력이 있는 반면(그 부분에 전자들이 몰려 있기 때문이다) 목적지가 되는 신경세포에는 잉여의 양 전기력이 있다(상대적으로 전자가 부족하기 때문이다). 잘 들어맞는 두 영역이 가까워지면, 마치 갑판에 선 선원이 부두의 걸쇠에 정박 로프를 걸듯, 찰칵 하고 견고하게 잠긴다.

전달 과정이 여기서 그친다면 우리는 또다시 난처하게 된다. 신경전달물질이 도착하여 신경세포를 자극하면 세포는 활동을 시작하고 나트륨 펌프들이 활짝 열린다. 그런데 신경전달물질이 그 자리에 언제까지고 무작정 달라붙어 있다면 세포의 활동이 멈추질 않을 것이다. 과거에 받았던 자극이 끝없이 반복되는 셈이다. 바깥 세상에서 유입되는 새로운 감각 정보들을 받아들일 방법도 없고, 새로운 생각을 떠올릴 도리도 없다. 그 한 순간에 영원히 갇혀버리는 것이다.

다행스럽게도 뇌와 전신의 신경세포들 사이에는 또 다른 형태의 분자들이 활약하고 있다. 그들은 해체반으로서, 신경전달물질이 여행을 마치자마자 달라붙어 분해하는 임무를 맡는다. 생태계의 놀라운 효율을 증명하기라도 하듯, 해체 분자들은 신경전달물질을 부분부분 조각으로 분해한 뒤 원래 출발했던 신경세포로 도로 운반해가며, 그 세포는 이 조각들을 다시 흡수하여 재조립한 뒤—그러면 이전 항해의 모든 기억은 깨끗이 사라진다—다시 준비 태세를 갖춰 표면에 축적해둔다. 이처럼 조각들을 운반하는 데도 전기력이 사용된다. 전기력이 없으면 모든 일이 불가능하다.

뢰비의 연구 이후 수많은 궁금증들이 해소되었다. 사람들은 수백 년 전부터 카페인을 음용해왔다. 1600년대 수도사들이 남긴 주석에도 증거가 있다. 젊은 수도사들이 뒤처진 공부를 만회할 욕심에 카페인을 지나치게 많이 섭취한다는 불평이 씌어 있는 것이다. 하지만 그 누구도 카페인의 작용 방식을 알지 못했다. 궁금증은 세포 수준에서 뇌의 전기적 연결을 이해하게 되고 나서야 비로소 풀렸다. 뇌 세포 사이에 존재하는 흔한 신경전달물질 가운데 아데노신이라는 이름의 덩치 큰 분자가 있다. 아데노신은 목표하는 뇌 세포에 가 닿아 세포의 활동 빈도를 낮추는 역할을 한다. 카페인은 아데노신의 결합 부위를 찾아가 들러붙는다. 결합 부위가 이미 채워져버렸으므로 아데노신은 세포에 가서 붙을 수 없다. 우리가 너무 지쳐 깊은 잠을 갈구할 때라도, 뇌 세포 수용체들 사이에 카페인이 침투해 있는 상황에서는 미친 듯이 뿜어져나오는 아데노신의 결합 부위가 하나같이 꽁꽁 묶여버려, 신경세포들을 편히 쉬게 할 수가 없다.

뢰비의 발견 이후 여러 해가 지나면서 보다 상세한 발견들도 뒤따랐다. 낸시 오스트로스키Nancy Ostrowski는 한때 수녀가 될까 생각했던 젊은 미국인으로, 1970년대에 과학자가 되기로 마음을 바꿨다. 그녀는 이전의 삶에서 체득한 엄격한 도덕 규율을 약간이나마 새로운 일에 투사한 것 같다. 워싱턴 D. C. 외곽에 위치한 실험실에 그녀는 자그마한 단두대 같은 기구를 설치하고는, 실험용 쥐들을 교미시켰다. 그리고 쥐들이 한창 몰두하고 있는 중간에 잡아다가 참수했다. 재빨리 쥐의 뇌를 원심분리하여 조사한 결과, 쥐의 뇌 세포에서 다량의 엔돌핀이 뿜어져나왔다는 사실을 발견했다. 엔돌핀은 자연적으로 존재하는 신경전달물질의 일종으로 구조가 헤로인이나 모르핀과 흡사하다. 엔돌핀이 시냅스 간극을 건너 기다리고 있는 수용체에 결합하면, 포유류는 대단한 쾌락을 경험한다.

엔돌핀의 효과가 일시적인 데 비해 우리의 전반적인 기분이라는 것은 보다 오래 지속되는 것이다. P. G. 우드하우스Wodehouse 소설의 주인공인 버티 우스터Bertie Wooster처럼 끊임없이 쾌활한 기분이 솟구치는 사람들도 있다. 그런가 하면 정반대의 사람들도 있다. 그들은 하루 내내 타인들로부터 기분 좀 풀라는 애기를 줄기차게 들으며, 그런 말을 하는 사람들의 목을 비틀어버리고 싶다는 충동을 느끼는 이들이다. 전기를 띤 분자와 이온이 뇌 속에서 어떻게 움직이는지 알면 알수록, 우리는 기분에 대해 더 잘 분석하고 심지어 통제할 수 있다. 어쩌면 성격까지도 어느 정도 조정할 수 있을지도 모른다.

이것이야말로 전기의 속성을 이해하여 새로운 기술을 탄생시키는 여러 단계 중 가장 최근의 영역이다. 전보와 컴퓨터가 미친 영향력은 수십 년이 지나서야 비로소 모든 이의 눈에 명확해졌다. 신경전달물질에 대한 통찰력이 탄생시킬 세상은 이제부터 본격적으로 펼쳐질 것이다. 신경전달물질을 세밀한 심리학적 처방에 활용하여 위대한 돌파구를 연 것은 인디애나폴리스에 위치한 엘리 릴리 사의 연구소로서, 1970년대 초반의 일이다. 세로토닌이라는 신경전달물질이 사람의 기분을 좌우하는 데 중요한 역할을 한다는 사실은 널리 알려져 있었다. 여러 부수 조건이 있긴 하지만 일반적으로 보아 뇌의 세로토닌 수치가 낮은 사람들은 우울증을 느낄 개연성이 높았다. 하지만 어떻게 통제할 수 있을까? 토라진 등의 강력한 화학물질을 뇌에 처방하면 조금 나아지긴 하지만, 슬프게도 토라진의 정확도는 화염방사기만큼이나 턱없이 낮아서 뇌 속의 여타 유용한 회로들까지도 마구잡이로 공격하는 것이었다. 토라진만을 사용한 결과 정신 병동의 환자들은 구속복을 벗어도 안전한 상태가 되었지만 그것은 그들이 치료 과정에서 원래의 인성까지 더불어 잃었기 때문이다. 환자들은 생각이 나간 듯 멍하게 하루 종일 잔디밭의 의자에 앉아 있을 뿐이었다.

엘리 릴리사의 연구진은 간접적으로 세로토닌 수치를 높일 뿐 다른 것들은 전혀 손대지 않는 독창적인 방법을 찾아냈다. 그들은 세로토닌이 더 분비되게 할 수는 없었지만, 기왕 생겨난 세로토닌이 더 오래 활동하도록 만들 수 있었다. 세로토닌 수치에는 뇌의 신경세포들에서 얼마나 많은 세로토닌이 뿜어져나오는가 하는 것도 중요하지만, 뇌 세포 사이 공간을 떠다니며 세로토닌을 분해하고 해체한 조각들을 끌어다 원래의 세포에 전해 재흡수되게 하는 해체 분자들—청소 분자들—의 작업 효율도 중요하다. 세로토닌 생산이 충분하지 않거나, 혹은 세로토닌 수용체가 제대로 작동하지 않는다면, 세로토닌의 해체 및 재흡수 과정을 더디게 해보면 어떻겠는가? 프로작은 전기력을 띠고 있는 작은 분자들을 내보내어 해체 과정에 참여하는 몇몇 분자들에 결합시킴으로써 그들의 작업 효율을 떨어뜨린다. 결과는? 해체 분자들의 기능이 정지되므로, 정상적으로 분출되어 나왔던 세로토닌은 아무리 양이 작더라도 그리 쉽게 사라져 버리지 않는다. 세로토닌 수치는 안정되게 유지되거나 조금 상승하기도 한다. 그러면 기분은 한결 나아진다.

스코틀랜드 출신의 철학자 데이비드 흄은 극장의 주인이 되어 무대 뒤에 선 채 다양한 등장인물들이 무대에 들락날락거리는 것을 지켜보는 기분이 어떨까, 궁금해하곤 했다. 이때 다양한 등장인물이란 자신의 인격을 이루는 다양한 측면들을 빗댄 것이었다. 그가 산 때는 미국 독립전쟁 시대였다. 우리 이야기의 서두를 장식한 볼타가 아직 젊은 청년이었던 때다. 따라서 흄은 그의 마음속에 있는 이 다양한 인물들이 실은 기다란 뉴런을 따라 달려가는 전기의 형태로, 혹은 시냅스 사이를 떠다니는 대전된 분자의 형태로 존재한다는 사실을 알지 못했다. 하지만 나는 그가 죽은 지 200년도 못 되어 후손들이 전기력의 힘을 빌린 문명을 건설하고, 종국에는 인간의 감각과 사고를 관장하는 소중한 기계—우리의 뇌—또한 본질적으로 전기력에 의해 움직인다는 사실을 발견했다는 것을 흄이 안다면, 그 또한 기꺼워할 것이라 믿는다.

다시 한번, 우리 몸을 구성하는 전자들의 크기가 극도로 작다는 사실이 전자의 활약에 핵심적인 요소였음을 상기할 필요가 있다. 전자는 너무나 조그맣기 때문에 그들이 뭉쳐 만들어내는 분자 또한 눈으로 직접 보기에는 턱도 없을 정도로 작다. 덕분에 우리 몸에는 막대한 양의 분자들이 들어갈 수 있다. 사람의 뇌는 무게가 1.4킬로그램에 불과하지만 그 속에는 천억 개 남짓의 신경세포들이 도사린 채 활동하고 있다. 뇌에 있는 전기 신호 송신국들의 수는 은하수에 있는 별들의 수에 맞먹는 셈이다. 전기 신호는 시속 160킬로미터의 속도로 신경세포를 지나간다. 시냅스 간극을 건너서 다음 신경으로 넘어가는 데 걸리는 시간은 1초의 천 분의 일 수준에 지나지 않는다. 나트륨 펌프와 신경전달물질의 속도가 바깥 세상에서 바위가 굴러 떨어지거나 나무가 부러지는 속도보다 훨씬 빠르기 때문에 우리는 이 기묘한 구조물들을 활용할 때 세상을 안전히 헤쳐나갈 수 있는 것이다.

전기의 속도가 우리의 생존에 결정적이긴 하지만, 만약 전기의 장점이 그뿐이었다면 우리는 기억이라는 것을 하지 못하는 막막한 상태가 되었을 것이다. 감각 신호는, 당연히, 줄줄이 끝도 없이 퍼붓는 것이기 때문이다. 공기 분자들은 한시도 쉬지 않고 맹렬히 팽팽한 고막 조직에 와 부딪친다. 그 부딪침이 특별히 강할 경우에 우리는 또렷한 소리 신호를 감지하는 것이다. 신경세포는 신호가 뇌에까지 전달되도록 중간에 추진해주는 나트륨 펌프들과 신호를 멀리까지 전달하는 신경전달물질들을 총동원한다. 그런데 바깥 세상에서 새로운 감각 정보들이 똑같은 신경망으로 들이닥친다면, 나트륨 펌프는 새 자극을 발사하는 데 곧장 투입되고, 자동적으로 최초의 신호는 폐기처분될 것이다. 방금 벌어진 일에 대해 아무 기억도 남지 않는 것이다.

우리를 구원해주는 것은 오랜 옛날부터 전하가 지니고 있던 안정적인 속성이다. 세상의 모든 대전된 입자들에서는 오로라 같은 역장이 뻗어 나온다는 사실을 떠올려보라. 이 장들은 수십억 년을 한결같이 그 자리에서 대기하고 있었다. 이 장들은 매우 오래된 것들이고, 매우 강력하다. 뉴런들이 적절한 배열을 이루어 특정 형태의 신호를 전달하고 나면, 강력한 흡인력을 자랑하는 이 역장들은 그 형태를 고스란히 보전해준다.

깜박깜박 발생하는 단기 기억은 몇 초나 몇 분 만에 사라져버릴지 몰라도 우리의 더 깊은 기억들, 우리의 인간성 자체를 이루는 기억들 ─ 데이비드 흄의 연극에서라면 고정 출연자에 해당할—은 뇌 세포들이 일으키는 전기적 역장의 배열이 고스란히 유지됨에 따라 수시간, 수개월, 심지어 수십 년까지 끝없이 유지될 수 있다. 한 아가씨가 멋진 남자를 만나 삽시간에 사랑에 빠졌다. 수십 년이 지나 이제 늙고 허리 굽은 그녀는 손자들에 둘러싸여 앉아 있다. 자식들 중 하나가 남편이 썼던 연애편지의 한 대목을 읽어주고 있다. 처음에 그 단어들은 그녀가 알지 못하는 먼 나라의 말처럼 들린다. 하지만 그때, 나트륨 펌프와 신경전달물질들이 전기의 힘을 빌려 왕성하게 움직이기 시작한다. 그녀가 서서히 고개를 든다.

기억이 찾아든 것이다.

우주의 역사는 아주 오래되었다. 빅뱅의 순간에 생겨났던 전하들은 지금까지 오는 동안 모두 사라져버렸다. 그 전하들은 은하를 여행하는 과정에서 없어졌다. 하지만 그 빈자리는—언제나—새롭게 탄생한 전하들이 채웠다. 예외는 없다. 우주에 존재하는 전하의 총량은 결코 변하지 않는다.

아직 형태가 잡히지 않은 물컹물컹한 행성에 여명이 밝아왔다. 독창적인 방법으로 전기를 활용해 무장한 생명 분자들이 진화하고는 후손을 남겼다. 지각이 있는 신경세포들이 한데 뭉치더니 지성을 갖춘 뇌의 모양으로 발전했고, 전기력에 의해 움직이는 망막 세포들은 운동성을 확보한 생물들의 시야를 틔어주었다.

이 모든 삶 속에서, 이 모든 세월 속에서, 변하지 않은 것이 오직 하나 있다. 그 모든 폭풍과 청산가리가 든 사과와 전보 문자들이 존재할 수 있었던 것은 전하 입자들의 움직임 덕분이라는 사실이다. 전하들은 때로 구리 전선 속을 흘러가기도 했다. 가끔은 사랑에 빠진 연인이나 학생들, 이성을 잃은 정치 지도자의 신경세포 속을 지나기도 했다. 그리고 아직 당도하지 않은 먼 미래에는, 우리의 태양이 붕괴하면서 그로부터 전기장과 자기장이 퍼져나와 무서운 속도로 전 은하에 뻗어나갈 것이다. 듣는 이 없는 외로운 메시지를 품고서, 끝도 없이 저 먼 곳의 별들까지 날아갈 것이다. 연약한 생명체인 우리 인간은 이 전하들이 때로 거칠게, 때로 규칙적으로, 때로 절도 있게 움직이며 구성하는 세계 속에 잠시 살고 있을 뿐이다.

우리 또한 전기가 다스리는 세상의 한 부분인 것이다.

나는 이장의 가르침을 마치면서 모든 젊은 전기 기술자들에게 한 가지 조언을 하고자 한다. 언제나 극도로 조심하라는 것이다. ……커다란 전기 충격을 겪으면…… 연구자의 지성은 엄청난 영향을 받게 되어, 더 이상 예전의 그 사람이라고 할 수 없게 변할 것이다.

조지프 프리스틀리, 『전기의 연구에 대한 쉬운 입문』에서, 1768년

:: 뒷이야기

:: 앙페르 씨, 볼트 씨, 그리고 와트 씨

:: 더 깊이읽기

:: 더 읽을거리

:: 감사의 말

:: 찾아보기

뒷이야기

조지프 헨리는 에이브러햄 링컨의 친구가 되었고 1878년 사망한 뒤에는 미국의 가장 위대한 과학자로 추앙받았다. 그는 모스에 대해 거의 언급하지 않았지만 그래도 한번은 이렇게 말한 적이 있다. "과거로 돌아가 다시 한번 인생을 산다면…… 나는 더 열심히 특허를 취득할 것 같다." **새뮤얼 모스**는 방대한 재산을 잘 간수했지만, 남북전쟁 결과 노예제가 폐지되자 매우 못마땅해했다. 그는 1872년에 아마도 심장발작 때문에 사망한 듯한데, 사람들이 헨리를 전보의 발명가로 기억할지 모른다는 걱정에 미친 듯이 사로잡혀가고 있었다. 1990년대 중반에 각국은 군사적 목적이나 해양 교신용으로 더 이상 모스 부호를 사용하지 않기로 공식 결의했다.

알렉산더 그레이엄 벨은 은퇴 후 캐나다에 살며 비행기와 고속 수중익선 분야의 개척자가 되었다. 그는 초창기의 여성권 지지자이기도 했다. 흰 턱수염을 길렀고 이제는 노인이 다 된 그가 노바 스코티아 항구에 서서 자신이 개발한 신형 수중익선의 시험 운전을 바라보는 사진이 남아 있다. 반짝거리는 유선형 알루미늄 몸체를 가진 보트는 최고 속도를 향해 달리고 있다. 그의 부인 메이블 허버드 벨은 사진에 보이지 않는데, 그 보트를 운전하고 있기 때문이다.

토머스 에디슨은 발명을 계속했다. 하지만 전구의 발명에 성공한 뒤 몇 년이 지나자 젊은 시절의 창의성은 그를 떠나버렸다. 그는 광석 채굴 사업에 투자했다가 큰돈을 날렸으며 콘크리트로 보트를 건조하는 일에 뛰어들었다가 역시 재산을 잃었다. 영화에 대한 중요한 특허를 갖기도 했으나 마침 그때껏 융성하던 뉴저지 및 뉴욕 지역의 영화 산업이 감독들의 캘리포니아행으로 무너져내리면서 20분이 넘는 영화는 만들지도 못하는 상황이 되었다. 1931년에 그가 죽자 당시 후버 대통령은 미국 전역에 오후 10시에 전깃불을 꺼 에디슨을 추념하도록 했다.

전자를 발견한 인물인 **J. J. 톰슨**은 평생 한 번도 차를 몰거나 비행기를 타지 않았다. 어쨌든 그가 소장으로 있던 캐번디시 연구소는 세계에서 가장 훌륭한 실험 연구의 온상이 되어, 원자 구조에 대한 기초적인 발견들을 이뤄내는가 하면 훨씬 뒤에는 DNA의 구조를 밝혀내는 곳이 되었다. 만년에 그는 자주 혼자 골프를 치곤 했는데, 잔디를 거닐며 야생화를 찾아보기 위해서였다. 그는 아들에게 만약 인생을 다시 한번 산다면 식물학자가 되겠다고 말했다. "깨알만한 씨앗에 그토록 놀라운 잠재력이 담겨 있다는 것은 세상에서 가장 멋진 일"이기 때문이다.

십대 시절 처음으로 왕립연구소의 계단을 뛰어 올라갔던 어린 소년 **마이클 패러데이**는 반세기가 지난 뒤에도 여전히 그곳에 나갔다. "다음 안식일(올해의 22번째)이면 나는 70년을 산 셈이 된다. 이렇게나 나이 든 내 자신이라니, 믿을 수가 없다." 더 이상 연구하기 어렵게 되자 그는 창문을 통해 하늘을 올려다보며 시간을 보내곤 했다. 그는 특히 번개 치는 것을 볼 때 즐거워했다.

사이러스 필드는 대서양 전선으로 번 막대한 부를 갖고 뉴욕으로 돌아가 고가 철도 사업에 투자했다. 그는 사업 파트너에게 배신을 당하는가 하면 그나마 남은 돈은 거의 몽땅 아들에게 빼앗겼다. 그는 거의 한푼도 없는 빈털털이로 사망했다. 필드는 매우 늙어서 자신의 배가 대서양 전선 가설에 막 성공하는 꿈을 되풀이 꾸곤 했는데, 꿈속에서 자신만이 홀로 아일랜드 해변에 남겨져 있곤 했다. 1866년 가설된 대서양 해저전선은 아직도 바다 속에 잠겨 있지만 쓰지 않은 지는 오래되었다. 대서양 깊은 곳에서 돌아다니는 이온들 때문에 가끔은 그 속에서 희미한 전류가 흐르곤 할 것이다.

운동을 즐기던 젊은 수영선수 **윌리엄 톰슨**은 흰 턱수염이 성성하고 현명한 캘빈 경으로 생애를 마쳤다. 독실한 종교인이었던 그는, 다윈이 주장하는 식의 느린 진화가 가능하려면 태양의 수명이 아주 길어야 하는데 그것은 불가능한 일이라고 주장했다. 다만 그를 비롯해 빅토리아 시대 학자들이 아직 모르는 새로운 에너지원이 발견된다면 가능할 수도 있겠노라고 덧붙였다. 그가 사망하자마자 베크렐이 방사능을 발견했고 마리 퀴리가 우라늄 광석에 대한 연구를 완성함으로써 그의 뜻하지 않은 추측은 사실로 확인되었다.

하인리히 헤르츠의 성은 라디오 주파수를 나타내는 국제 용어로 채택되어 지금도 전 세계의 라디오 문자판에 'Hz'라는 약어로 등장한다. 1887년 10월에 태어난 그의 딸 요한나 헤르츠는 1930년대에 독일에서 도망쳐야 했다. 아버지가 유태인 혼혈이었기 때문이다. 그녀는 여동생과 함께 몇 년에 걸쳐 아버지의 일기와 편지들을 모으고 정리한 뒤 책으로 펴냈다. **굴리엘모 마르코니**는 세상을 등진 채 먼 바다에 나가 있는 증기 요트 엘렉트라 위에서 대부분의 세월을 보냈다. 그는 무솔리니가 이끈 파시스트 정권의 주요한 재정 후원자였다.

로버트 왓슨 와트는 전후 영국 정부를 상대로 자신의 레이더 기술 발전 기여에 대한 보상 금액을 올려달라고 소송한 끝에 승소했으며, 혐오를 느낀 끝에 영국을 떠나 캐나다 온타리오에 정착했다. 1950년대 초반의 어느 날, 그는 과속으로 차를 몰다 교통 경찰관에게 제지당했다. 경찰관이 자동차의 속력을 측정하는 데 레이더 총을 사용했다는 사실이 알려지자, 이 소식은 전 세계의 일급 뉴스거리가 되었다. 왓슨 와트는 몰려드는 기자들을 즐겁게 맞아 열정적으로 이것저것 설명해주었다. 그가 1936년에 뒤로했던 도시 **슬로우**는 2차 대전에서 별 상흔 없이 안전하게 살아남아 이후로도 다음 세대 영국 시민들의 혐오를 한 몸에 받는 도시로 건재했다. BBC 방송국의 풍자 프로그램 〈사무실〉의 작가들이 무대로 쓸 만한 최고로 개성 없는 도시를 찾아나섰을 때, 슬로우는 최적의 선택이었다.

휴 다우딩은 영국의 전투를 성공리에 지휘했음에도 불구하고 곧 RAF에서 축출되었다. 만년에 그는 영국의 전투에서 사망한 조종사들의 영혼이 천사를 통해 자신과 교감하고 있다고 믿었다. **볼프강 마티니** 대령, 즉 영국의 레이더 시설에 대해서는 무시해도 좋다고 루프트바페에 보고했던 나치 첩보 장교는 전후 NATO 관리가 되어 존경을 받았다. 1950년대에 그는 영국 판버러 항공 전시회에서 체인 홈 경계 체계를 담당했던 영국 기술자

에드워드 페네시를 만났다. 페네시는 이렇게 회상했다. "나는 그에게 왜 레이더 기지국을 공격하지 않았냐고 물었다. 그러자 마티니는 '작동하지 않고 있었으니까요'라고 대답했다. 내가 작동하지 않았다면 어떻게 그라프 제플린을 추적할 수 있었겠 냐고 되묻자 그는 거의 총알처럼 의자에서 튀어오르며 외쳤다. '우리를 추적했다고?!'"

브루네발 기습작전에서 얼떨결에 영웅이 된 **찰스 W. 콕스**는 이스트 앵글리아 지방 위스베치로 돌아온 뒤 라디오나 텔레비 전을 파는 상점을 열어 성공했다. 또 작전의 성공 덕분에 당시 에는 시험적으로 편성된 것이었던 낙하산 부대도 계속 살아남 았다. 영국군 낙하산 연대의 연대 깃발에는 그들의 첫 번째 전 투를 기리는 의미에서 브루네발의 이름이 새겨져 있다. 브루네 발 기지를 염탐하여 공수 작전 성공에 지대한 기여를 했던 프랑 스 레지스탕스 자원자 **로저 듀몽**은, 이후 작전의 성공을 알리는 반가운 소식을 전해 받았다. 그러나 독일 관료들이 그 메시지를 중간에서 가로채 해독한 뒤였다. 그들은 듀몽을 끌고 가 고문하 고, 살해했다. 처형당하기 한 시간 전에 그는 가족에게 편지를 썼다. "나는 프랑스인으로서 응당 해야 할 일을 했을 뿐입니다. 내게는 일말의 후회도 없습니다."

RAF 폭격기 사령부의 수장이었던 **아서 해리스**는 남아프리카 로 파견되었다가 다시 영국에 돌아와 평안한 만년을 보냈다. 그는 손자들에게 친절한 할아버지였으며, 보이 스카우트 운동의 열렬한 지지자였다.

함부르크 시는 재건되었다.

전쟁에서 살아남은 **뷔르츠부르크 레이더 기기** 중 일부는 영국으로 옮겨져 천문학 연구에 사용되었으며, 은하계에 대한 최초의 레이더 지도를 작성하는 데 도움이 되었다. 폭격기 사령부의 모임에서 해리스의 정책에 이의를 제기했던 군목 **존 콜린스**는 전후 아파르트헤이트의 비판가가 되었으며, CND, 즉 핵무기 감축 운동을 조직하는 데도 힘을 보탰다.

앨런 튜링의 어머니는 아들이 죽은 직후 사비를 털어 직접 쓴 아들의 전기를 출간했다. 하지만 역사에서 그에 대한 기억은 곧 희미해졌으며, 그가 맨체스터에서 만들려 했던 컴퓨터는 상업적 성공을 거두지 못했다. 1970년대가 되어 블레츨리 파크의 일들이 기밀에서 해제된 뒤에야 전기학자들은 그를 재발견하기 시작했다. 오늘날 컴퓨터 과학 분야에서 가장 권위 있는 상의 이름은 튜링상이다. 튜링은 자신의 인생을 돌아보며 이렇게 썼다. "앞에서도 말했듯, 고립된 인간은 지적 영향력을 발휘할 수 없다. 사람은 타인들이 가득한 환경에 몸을 담는 경험을 반드시 거쳐야 하며, 인생의 처음 이십 년간 그는 그들의 기술을 전수받아야 한다. 그 뒤에야 자신만의 연구를 조금이나마 해낼 수 있을 것이다."

월터 브래튼은 벨연구소를 떠나 오리건 주의 작은 대학에서 교편을 잡았다. 1920년대에 자신이 다니던 학교였다. 그는 스스로의 업적에 대해 늘 겸손했지만, 로큰롤 가수들이 트랜지스터를 활용하여 소리를 증폭시키는 것을 보면 자신의 애초 의도보다 좀 지나친 감이 있다고 말한 적이 있다. **존 바딘**은 일리노이 대학으로 옮겼으며 이후 초전도체에 대한 연구로 두 번째 노벨 물리학상을 받았다. 그는 노벨 물리학상을 두 번 받는 영예를 누린 유일한 사람이다. 그는 심지어 브래튼보다도 더 겸손했다. 한번은 대학에서 그의 오랜 골프 파트너였던 사람이, 함께 골프를 친 지 몇 년이나 흐른 뒤에 대체 무슨 일을 하시는 분이냐고 그에게 물은 적도 있었다.

실리콘 밸리 벤처 사업에서 실패한 뒤 **윌리엄 쇼클리**는 과학 연구에서 완전히 손을 뗐다. 점차 심해지는 인종 차별적 견해 때문에 그는 직업상 만나는 동료들의 기피 대상이 되었고, 자신보다 열등하다고 생각했던 부인에게 이혼을 당했다. 그러자 그는 유전적으로 우등한 백인 아이들을 탄생시키려는 목적으로 설립된 한 재단에 정자를 기증하기 시작했다.

앨런 호지킨, 1939년 여름에 오징어 신경세포를 구하지 못해 압박감에 시달렸던 이 젊은 퀘이커 교도는 시각에 대한 세포 단위 연구 분야에서 선구자가 되었다. 그리고 왕립협회 회장이 됨으로써 찬란한 경력에 방점을 찍었다. 역시 젊은 동료 연구자였던 **앤드루 헉슬리**는 생물리학 분야의 선구자가 되었으며, 근육 수축에 대한 현대적 이해의 기반을 다졌다. 이 책이 씌어진 시점에도 그는 여전히 케임브리지 대학 트리니티 칼리지의 현역 교수로 활동하고 있다. **오토 뢰비**는 유태인이었던 까닭에 1939년에 오스트리아를 떠나야 했고 노벨상 상금마저 나치의 은행에 압류당했다. 그는 미국의 환대를 받으며 미국 시민으로 귀화했고, 만년에는 새로운 고향인 뉴욕 근방 박물관들을 방문하는 것을 낙으로 삼았다. 그는 1961년에 사망했다. 그 위대한 부활절 전야의 꿈을 꾼 지 꼭 40년 만이었다.

앙페르 씨, 볼트 씨 그리고 와트 씨

세상은 전하로 만들어져 있고, 인간의 기술도 전하를 통해 작동하며, 우리의 뇌 역시 전하를 통해 힘을 얻는다. 그런데 그 전기의 흐름은 어떻게 측정할 수 있을까? 전기에 관한 익숙한 측정 단위들, 즉 암페어, 볼트, 와트에는 세 명의 역사적 인물들의 이름이 불멸의 훈장처럼 붙어 있다. 이 단위들은 우리가 사용하는 모든 전기 기기의 내부 기제를 잘 요약해 설명해주기도 한다.

첫 번째 인물은 프랑스 수학 교수였던 앙드레 마리 앙페르 André-Marie Amperè이다. 1820년에 그는 전류의 흐름이 자기 흡인력을 생성해내는 방식에 대해 연구했다. 그의 생에서 유일하게 만족스런 순간이었다. 그의 묘비에는 "Tandem felix(마침내 행복을 찾다)"라는 글귀가 새겨져 있다. 하지만 그가 죽은 지 한참 뒤인 1881년, 암페어amp라는 단어는 대전 입자들의 흐름을 측정하는 단위로 채택됐다. 보통 가정의 전기 회로에서, 암페어는 전선의 한 지점에 초당 얼마나 많은 수의 전자들이 지나가는지 그 개수를 센 것이다. 1초에 600경(6,000,000,000,000,000,000)개의 전자들이 흘러간다면 1암페어의 전류가 흐른다고 말한다. 전선에 1,200경 개의 전자들이 흘러가면 2암페어의 전류이다. 초당 1암페어에 해당하는 전자들—600경 개의 개별 전자들—이 흐르면 전구를 켤 수 있다. 자동차에 시동을 걸면 초당 50암페어에 해당하는 전자들—3만경 개의 전자들—이 점화 플러그 속으로 흘러 들어간다.

두 번째 인물은 성마른 성격의 이탈리아인 알레산드로 볼타였다. 그는 전지를 발명하여 동료 과학자들로 하여금 전자들을 '밀어붙이는' 힘에 대해 탐구하도록 발판을 놓았지만, 앞서 살펴보았듯, 자신은 전지의 작동 원리에 대해서 조금도 이해하지 못했다.

마이클 패러데이의 연구를 통해 이 압력의 정체를 이해할 수 있게 되었다면, 측정을 위한 중요 개념을 제공한 것은 윌리엄 톰슨과 패러데이의 친구였던 맥쿼른 랭킨Macguorn Rankine이다. 랭킨은 수년간 스코틀랜드의 울퉁불퉁한 언덕에 놓을 철도 설계 작업을 담당했는데, 그때의 경험을 살려 '위치에너지'라는 개념을 생각해냈다. 언덕 꼭대기에 오른 기차는 속도가 빠르지 않다. 하지만 위치에너지를 갖고 있기 때문에, 일단 언덕 아래로 내려가기 시작하면 곧 무진장 빠르게 가속이 붙는다.

랭킨과 톰슨은 전지 및 여타 전기력의 근원에서 역장이 뻗어 나오고 있으리라 상상했는데, 이 기차의 이미지를 활용하여 그 역장을 해석해보기로 하였다. 마음속에서 상상해보자면 장이 강한 곳에는 보이지 않는 '언덕'이, 약한 곳에는 '계곡'이 있는 셈이다. 장의 세기가 강한 곳에 대전 입자를 두면 입자는 빠르게 움직이기 시작한다. 마치 스코틀랜드의 계곡 아래로 힘차게 달려 내려가기 시작한 기차의 승객들이 깜짝 놀라며 즐거워하듯 말이다. 이에 랭킨과 톰슨은 깨달았다. '볼트volt'란 패러데이가 말한 보이지 않는 장이 그리는 지형도 내에서 압력이 얼마나 가파르게 — 얼마나 강하게 — 작용하고 있는가를 측정하는 것이다. 암페어는 전류 흐름의 밀도를 측정하고, 볼트는 이 흐름을 일으키는 '아래로의' 압력의 세기를 측정한다.

세 인물 중 마지막은 제임스 와트다. 역시 스코틀랜드 출신의 천재였던 그는 전기 요금 고지서의 수호성인이기도 하다. 그는 증기 엔진의 최초 발명가는 아니었지만 훌륭한 형태로 개량하는 데 성공했다. 그리고 그는, 인색하기 그지없는 광산업자들에게 이 새로운 기계를 파는 것이야말로 최고로 중요한 일임에 분명하다고 생각했다.

어떻게 해야 팔릴까? 그는 깨달았다. 새 기계를 도입하면 기계값 이상 아낄 수 있다는 위험 부담 없는 제안을 광산업자들에게 제시해야 했다. 하지만 그러자면 그는 아껴지는 양을 측정할 수 있어야 했다. 달리 말해, 광산에서 수레를 끌거나 펌프를 돌리는 데 동원되는 말들의 작업량을 손쉽게 계산할 수 있어야 했다.

그가 알아낸 바에 따르면 말 한 마리가 꾸준히 끌 수 있는 무게는 약 227킬로그램 정도였으며, 이로부터 '마력', 즉 평범한 말 한 마리가 하루 종일 유지할 수 있는 작업 강도라는 개념이 생겼다. 광산 소유주들에게 말 한 마리와 그 여물 값보다 싸면서 1마력 이상의 작업량을 해내는 증기 엔진을 제공한다면, 그들이 사줄지도 모른다. 이후 미터 단위 체계가 널리 사용되면서 그가 고안했던 용어는 다른 말로 대체되었는데, 바람직하게도 와트watt라는 용어가 채택되었다. 말의 힘은 상당히 세므로, 1와트의 힘은 1마력보다 훨씬 작은 양—약 750분의 1정도—으로 정의되었다. 오늘날, 디제이들은 레코드를 돌리거나 스피커를 가동시키기 위해 말에 도르래를 걸어 끌게 하지는 않는다. 하지만 그들이 750와트 사운드 시스템을 틀겠다고 말할 때는, 원칙적으로, 그 기기를 가동시키는 데 한 마리의 말이 끄는 힘 정도가 필요하다는 뜻이다. 한마디로 와트는 볼트의 압력과 암페어의 속력이 제공하는 힘을 한데 측정하는 단위이다.

와트 씨의 후손인 로버트 왓슨 와트가 활동하던 시대에는, 이런 단위를 통해 정교하게 측정되는 힘이 창공을 가로질러갈 때 어떻게 될 것인가를 정확히 계산하는 데 영국 레이더 방어 체계의 운명이 달려 있었다. 하늘에는 수많은 전하들이 가득하지만 그 대부분은 기체 입자들과 단단히 결합해 있다. 하늘로 쏘아 보낸 라디오파가 아무리 세다 해도 그들을 떼어내기는 어려울 것이다. 라디오파보다 훨씬 강한 역장, 가령 거대한 폭풍 구름에서 뿜어져나오는 역장 정도는 되어야 공기 중의 전하들을 갈라낼 수 있으며, 그래서 쾅쾅거리는 벼락이 생겨나는 것이다. 그런데 이렇게 약한 라디오 방송의 파장이 과연, 날아드는 금속 비행기에 있는 전자들을 조금이나마 느슨하게 떼어낼 수 있을까?

1935년 슬로우에서 아널드 윌킨스가 몰두했던 계산은 바로 이 문제에 관한 것이었다. 그는 와트 씨의 개념—더불어 마력이라는 최초의 정의로부터 파생한 와트라는 명료한 단위 정의—을 활용하여, 지상에서 쏘아보내는 라디오파의 출력은 비행기 동체의 전자들을 자극하여 지상으로 반사 신호를 보내게 하기에 충분한 정도임을 밝혀냈다. 와트 단위로 측정되는 힘이 하늘로 날아 올라가면, 볼트 단위로 측정되는 압력이 비행기 주변에 형성되고, 이어 암페어 단위로 측정되는 전자의 흐름이 비행기의 금속 날개 속에 생겨난다. 이 전자의 흐름이 만들어내는 반사 신호는 영국의 레이더 방어망이 충분히 탐지할 수 있을 정도로 강할 것이다. 이것이 윌킨스의 계산 결과였다.

더 깊이읽기

16쪽: 자만심 강한…… 알레산드로 볼타

볼타의 발견은 느닷없이 이뤄진 것이 아니다. 그는 15년도 넘게 정전기를 옮기거나 측정하는 기구를 만드는 데 매달려왔다. 하지만 평범한 해부학자였던 루이지 갈바니Luigi Galvani가 움직이는 전기의 근원이 무엇인지 밝혀낸 듯하자, 귀족 출신에 가까웠던 볼타는 소스라치게 놀랐고 연구에 가속이 붙었다.

전지의 발명을 왕립협회에 알리는 중요한 논문에서 볼타는 놀랍도록 자제하는 모습을 보였다. 그러나 사실 서로 질책을 남발했던 두 경쟁자 사이의 실제 이야기는, 특히 운이 없었던 갈바니(그는 금속으로 인한 전기 현상에 대해 완전히 틀린 해석을 시도했다)에 대한 이야기는 마르첼로 페라Marcello Pera의 『모호한 개구리: 동물 전기에 대한 갈바니와 볼타의 논쟁』(프린스턴: 1992)에 잘 나와 있다. '더 읽을거리'에 소개되어 있는 파라와 헤일브론의 책도 상세한 배경 지식을 준다.

16쪽: 혀에 찌르르 하는 느낌이 온다

두 금속의 원자들은 각 금속 표면에서 서로 다른 분포로 전기력을 띠고 있으나, 그것만으로는 볼타의 혀에 전류를 흘리는 조건이 되지 못한다. 그런데 입 안의 침은 소금물과 구성이 비슷하기 때문에 아연과 반응을 일으키기에 충분하며, 따라서 아연이 부식되어 미세한 조각으로 떨어졌다. 이 조각들은 양전하를 띠며, 당연히 볼타의 혀에 놓인 아연의 몸체는 전자가 풍부한 상태가 된다.

이렇게 아연에 여분의 전자들이 쌓이면 그제야 서로 다른 두 금속 사이의 전위 '압력'이 실행에 들어간다. 황산은 금속과 더 잘 반응하기 때문에 전극에 전자를 제공하는 역할도 더 효과적으로 해내며, 그래서 이후의 전지에 사용되기 시작했다.

여기서 액체가 결정적인 역할을 한다는 사실을 주목해야 한다. 두 금속 사이의 압력 또는 '활력', 즉 전압은 두 금속의 종류에 달려 있다. 때문에 건전지는 보통 1.5볼트 정도의 표준 전압을 갖게 되고, 볼타는 감전되지 않았던 것이다. 동전 모양의 금속 원반들로는 그렇게 많은 전압을 생성할 수가 없다. 하지만 아연 원자들을 떼어내고, 전자들을 부추겨 한쪽 금속에서 다른 쪽 금속으로 달려가도록 하는 에너지는 어디서 오는 것일까? 그것은 금속을 적시고 있는 지글지글거리는 액체에서 온다. 그래서 볼타는 동전들을 입 안에 넣고 있는 한 계속하여 찌르르 하는 느낌을 받을 수 있었던 것이다.

신기하게도 전지를 처음 사용한 것은 우리 문명이 아니다. 1930년, 이라크에서 항아리처럼 생긴 이상한 녹슨 기구가 발견되었는데, 이것은 전지임이 거의 확실하다. 기원전 3세기경의 물건으로 추정되는 이것은 가운데에는 철로 된 막대기가 세워져 있고 적당한 간격을 두고 구리 덮개가 둘러져 있었다. 20세기의 연구자들이 이 기구를 재현한 뒤 구리에 잉여 전하가 발생하게 하기 위해 식초를 부었다. 그랬더니 1볼트의 전력이 안정적으로 생성되었다. 하지만 실제로 이것이 귀금속을 전기 도금하는 데 사용되었는지, 그저 전기를 일으키는 무시무시한 기구로서 사제들의 의식에서 사용되었는지는 고고학자들도 알 수 없다.

16쪽: 세계 최초의 안정적인 '전지'

전지라는 이름은 처음에는 금속 도금이 된 유리병 더미를 가리키는 용어로 사용됐다. 레이든 병이라 불리는 이 용기는 정전기의 전하를 보관할 수 있었다(포병중대battery of artillery라는 말처럼, 동일한 대상들의 여러 더미를 지칭할 때 종종 '배터리'라는 용어가 쓰인다). 하지만 레이든 병은 단 한 번의 갑작스런 충격만을 일으킬 수 있었다. 볼타의 전지는 안정적으로 전류를 생산할 수 있었기 때문에 레이든 병보다 우수했다.

금속 조각 한 쌍으로는 볼타가 느낀 정도의 미약한 전압만 일으킬 수 있다. 그러나 처음의 쌍에 추가로 금속 쌍을 연결시키면 효과는 두 배가 되고, 세 쌍으로 늘이면 세 배가 된다. 볼타가 왕립협회에 제출한 논문에 그려진 설명도를 보면 십여 쌍의 금속들이 전선으로 이어져 있다. 오늘날의 건전지도 비슷한 구조를 갖고 있다. 줄리아노 판칼디Giuliano Pancaldi의 책『볼타: 계몽 시대의 과학과 문화』(프린스턴, 뉴저지: 프린스턴 대학 출판부, 2003)의 246~248쪽을 보면 battery라는 용어가 trough나 cell(이 용어는 fuel cell〔연료 전지〕라는 단어에 그대로 남아 있다) 등의 경쟁 용어를 물리치고 점차 널리 채택되어가는 과정을 알 수 있다.

18~19쪽: 1879년…… 원시적인 휴대폰의 작동

이것을 만든 사람은 런던에 살고 있던 미국인 기술자 데이비드 휴스였다. 그는 이 '휴대' 전화를 옮기기 위해 끌차를 사용해야만 했다. 전화는 500야드 넘게 떨어진 곳에서 발산된 전기 신호를 감지하고 딸각 하는 소리를 내었다. 런던의 과학박물관에 복제품이 소장되어 있다.

24쪽: 그때까지 텅 비어 있던 공간을 갑자기 채운……

요즘도 우리는 텔레비전에서 빅뱅을 만날 수 있다. 우주가 탄생하는 최초의 순간에 공간으로 끓어 넘친 복사 에너지 중에서 극히 일부만이 현재 우리 몸을 구성하고 있는 대전된 입자들을 만드는 데 소모되었다. 대부분의 복사 에너지는 자유롭게 퍼져 나갔다. 이것은 텔레비전 방송과 비슷한 전자기적 복사이기 때문에, 우리가 텔레비전 채널을 돌리는 사이에 이 복사 에너지가 잡히게 된다. 채널 변경 순간 화면을 채우는 흰 눈 같은 잡음 중 아마도 1~5퍼센트 가량은 빅뱅의 복사 에너지 때문에 생기는 것이다.

38쪽: 의회 핵심 인물들의 적절한 지원을 받은 덕에……

모스는 의회 통상 위원회의 의장이었던 메인 주 출신의 프랜시스 O. J. 스미스를 남몰래 매수하여, 자신에게 필요한 보고서를 위원회가 잘 써주기만 하면 상당한 몫을 챙겨주겠다고 약속했다. 스미스는 위원회가 모스에게 유리한 보고서를 제출하자마자 은퇴하여 모스의 사업 파트너가 되었다. 그는 모스의 특허와 자신이 추진되도록 손쓴 정부 지원금 덕분에 부자가 되었다. 나중에 회사를 그만둔 그는 모스를 협박하여 더 큰 돈을 벌려 했다.

53쪽: 1875년에 그의 사랑과 발명은 하나가 되었다

많은 발명가들이 이 분야에서 활발히 일하고 있었다. 그중에서도 가장 운이 없었던 것은 벨이 특허를 제출한 지 불과 몇 시간 뒤에 역시 특허를 신청한 엘리시아 그레이다. 그러나 그레이는 그리 심란해하지 않았다. 그는 말하는 기계라는 것이 전보에 대한 연구 도중 잠깐 곁길로 새어 할 만한 소일거리라고 보았기 때문이다. 실은 잠깐이지만 벨 자신도 혼란스러워 한 적이 있다. 그는 투자자들에게 자신이 발명한 것을 설명하면서 전문가가 신호를 번역해줄 필요가 없는 전보 기계라고만 설명했다.

55쪽: 기본적으로 전화가 작동하는 방식은 위와 같다

우리가 다른 사람에게 전화를 걸었을 때 듣게 되는 벨소리는 전화를 받을 사람의 전화기에서 울려오는 것이 아니다. 우리에게 그 사람의 전화가 울리는 소리를 듣고 있다는 착각을 주기 위해 중앙 전화 교환국에서 보내주는 신호일 뿐이다. 이 수법은 중앙 교환 체계가 생긴 초기 단계부터 사용되었다(두 전화기의 신호가 정확히 공명하지 않는다는 것을 알게 되면 환상이 사라진다. 예를 들어 내가 벨이 울리는 소리를 미처 듣기도 전에 전화기 너머의 사람이 벨소리를 듣고는 불쑥 대답하는 경우가 있다).

62쪽: 이 사실을 알고 있던 에디슨은⋯⋯ 방법을 생각해냈다

에디슨은 파렴치한 사내였을지 모르나 기민한 기술자이기도 했다. 그는 방해물을 삽입하여 전류를 조작하는 방법을 생각해냈다. 탄소 가루가 가득 든 작은 상자가 그것이었다.

사람이 전화기에 대고 크게 소리를 지르면 상자 속 탄소 가루들은 세게 날려 서로 뭉친다. 탄소가 뭉쳐지면 전류는 한결 쉽게 흐른다. 징검다리의 디딤돌들이 갑자기 촘촘해지면 지나가기가 얼마나 편해지는지 상상해보라. 목소리가 도로 조용해져 야만 탄소 가루들은 뭉쳐 있던 것을 풀게 된다. 작은 상자에 든 탄소는 다시 가루로 풀려나고, 그러면 전지의 전류는 통과하기 가 어려워진다. 이 발명은 거의 백년 가까이 계속 사용되었다.

76쪽: 나는…… 그 일에 매달릴 시간이 없었다

만약 그렇게 바쁘지만 않았다면 에디슨은 텔레비전을 발명했 을 수도 있다. 에디슨이 관찰한 까만 점은 전구의 필라멘트에서 튀어나온 전자들 때문에 생긴 것이었다. 당시 그는 유리의 바깥 쪽에 알루미늄 박막을 조금 갖다 대면 필라멘트에서 나오는 선 을 어느 정도 통제할 수 있다는 것도 알고 있었다. 더 나아가 전 구 양쪽에 자석을 대보았다면, 그는 전자들이 자기장에 의해 끌 어당겨진다는 사실을 발견했을 것이다. 바로 이것이 곧 J. J. 톰 슨이 벌일 실험의 핵심이었다. 제한적인 측정 기술만을 갖고 있 었던 에디슨이었지만, 그도 아마 검은 점이 여러 장소에 흩뿌려 져 나타난다는 사실을 발견할 수 있었을 것이다. 그 후에 유리 에 다양한 코팅을 시도했더라면, 다양한 색깔이 빛을 발하며 나 타나는 것도 볼 수 있었을 것이다.

전통적인 음극관 텔레비전이나 컴퓨터 모니터의 작동 방식이 바로 이런 식이다. 근본적으로 커다란 전구나 마찬가지인 튜브 의 뒷부분에서 전자가 발사된다. 전자가 튜브의 앞쪽 유리에 코 팅된 민감한 분자들을 건드리면 전자의 에너지가 분자들에 전 달되고, 분자들은 빛을 낸다. 한 장소에만 계속 점이 쌓이는 것

| 더 깊이읽기

이 아니라 움직이는 그림을 만들어내려면 전자들의 방향을 조정해야 하므로, 튜브의 양면에 자석이 설치된다. 자석은 전자선을 양쪽에서 잡아당겨 방송국이 보내는 신호에 최대한 들어맞게 한다.

79쪽: 정전기에 의한 불꽃

정전기는 일본에 떨어진 원자폭탄의 동력이기도 했다.

대부분의 원자 속에서, 원자핵 속에 있는 대전된 입자들은 서로를 밀쳐내지 못한다. 핵력이라는 이름의 강한 힘이 끈끈한 풀처럼 작용하여 이들을 한데 묶고 있기 때문이다. 그러나 핵력의 크기는 전기력의 약 100배 가량 셀 뿐이다. 따라서 원자의 크기가 커져 핵 속에 100개에 가까운 양성자를 갖게 되면 핵력의 접착력은 쉽게 와해된다. 우라늄과 플루토늄 원자는 대략 그 크기에 가까워 상대적으로 쉽게 쪼개지는 편이다.

1945년 히로시마 상공에서 폭발한 폭탄 속에서, 수십억 년간 한데 뭉쳐 있던 우라늄 핵 입자들이 갑자기 부서지기 시작했다. 잠깐의 순간 동안, 그 무엇도 양성자들 사이의 정전기적 반발력을 막을 수 없었고 이들이 산산조각으로 흩어지자 도시 전체가 무너졌다.

93쪽: 움직이는 자석에서 보이지 않는 힘이 뻗어나와

세부 사항들은 현대에 와서 최종적으로 정의된 것이지만, 눈에 보이지 않는 힘이 떠돌고 있다는 개념은 오래전부터 있었다.

엘리자베스 1세 여왕의 어의御醫 윌리엄 길버트William Gilbert의 기록에 따르면(1600년에 이루어진 발견이다—옮긴이), 호박을 문질렀을 때 깃털들이 달라붙는 까닭은 호박에서 '액humour'이 떨어져나가면서 그 주위에 강력한 '전기소effluvium'가 떠다니게 되었기 때문이다. 언뜻 괴상하게 들리지만 용어를 전하와 장으로만 살짝 바꿔보라. 그러면 호박을 문질렀을 때 전하가 떨어져나와 그 결과 주위에 전기장의 변화가 생겼다는 말이 된다. 상당히 선구적인 가설이라 아니할 수 없다. 장의 구성 물질에 대한 패러데이의 견해가 변천한 과정을 알아보려면 「더 읽을거리」에서 4장에 해당하는 부분을 참고하라.

94쪽: 그들은 그의 이론을 정중히 옆으로 치워버렸다

간혹 정중하지 않을 때도 있었다. 잡지 《아테니엄》은 패러데이에 대한 글을 쓰면서 현대 물리학의 심오한 바다를 항해하기 전에 학교로 돌아가 수학을 다시 배우고 오라고 했다. 엄청나게 거만했던 왕립 천문학자 조지 비델 에어리 경은 이렇게 말했다. "나는 현대 전기 이론을 제대로, 그리고 수학적으로 배운 사람이라면 힘의 선과 같은 모호하고도 고정되지 않은 개념을 받아들이지 않을 것이라고 생각한다."

에어리에게는 사회적으로 지위가 낮은 사람을 무시하는 버릇이 있었다. 패러데이의 업적을 무시한 사람으로서 역사에 자취를 남긴 것만으로는 부족했던지, 그는 해왕성의 발견을 인정하지 않은 사람으로도 기록되었다. 패러데이와 마찬가지로 적절한 교육을 받지 못했던 한 천문학자가 그에게 해왕성의 궤도를 예측한 자료를 내밀었으나, 그는 제대로 살펴볼 필요도 없다고 거절했다.

106쪽: 동시에 슬금슬금 옆으로도 움직여

전기 기술자들의 용어로 표현하자면 전선 속의 여러 층과 바닷물은 '축전기'를 이룬 셈이다. 즉 두 개의 도체가 서로 떨어져 있어 각기 서로의 전류와 전하를 끌어당기려고 하는 것이다. 신호가 왜곡된 것도 이 때문이다. 전류가 전선의 철제 외피로 자꾸 빠져나가면 중심의 구리선으로 전달되는 신호는 약해지고 분산되기 때문이다.

116쪽: 매우 가벼운 전압만 적용할 것이다

전선 사업이 마무리될 무렵, 톰슨은 금속 골무 하나와 황산액 한 방울만 이용해 대서양을 건너는 전보를 보내곤 했다. 그는 종류가 다른 얇은 금속 두 조각을 골무에 집어넣고 그중 한쪽에 황산을 묻혀 전자가 생겨나게 한 다음(볼타의 타액이 혀 위에 놓인 동전에 반응했던 것과 같은 원리다), 그것을 거대한 해저 전선의 끝에 연결했다. 금속 조각은 자그마했지만 전자는 그보다 훨씬 작다. 지글지글 반응하는 금속의 표면에는 곧 수십억 개의 잉여 전자가 축적되었다. 보잘것없는 양의 전자 '더미'지만, 그로부터 생겨난 역장은 바다를 내달려 3,220킬로미터 먼 곳의 수신기에서 기다리고 있는 전자들을 밀어붙이기에 충분했다.

117쪽: 콘센트에는 역장이 대기하고 있을 뿐

장이라는 개념은 근본적인 것이다. 하지만 전류 속의 전자들이 받는 힘 또는 '박력'을 가리키기 위한 '전압'이라는 용어는 임의로 고안된 것이라 볼 수 있다. 볼트 단위에 대해 설명한 부록에서 이 문제를 다루고 있지만, 여기에서도 잠시 장과 전압의 관계에 대해 설명하도록 하겠다. 건조한 날, 당신이 부주의하게도 발을 마구 비빈 다음에 손가락 끝을 금속 난간을 향해 뻗었다고 생각해보자. 보통의 경우 당신의 손가락과 금속 사이에 있는 공기는 절연 물질이다. 보통의 공기 속에는 전류를 통할 만한 자유 전자가 거의 없기 때문이다. 손가락을 금속에서 몇 센티미터 밖에 두는 한 당신이 전기 충격을 받을 일은 없다. 하지만 손가락을 금속에 더 가까이 갖다 대면, 당신은 손가락에 있는 전하들을 위협적으로 번쩍거리는 금속 쪽으로 밀어주기 위해 일을 한 셈이다. 이제 손가락 주변의 장은 더 강해졌다. 당신과 금속 사이의 좁아진 틈새에 몰리게 되었기 때문이다.

손가락에 있는 잉여 전하를 그 지점에 떨군다고 상상해보자. 전하는 금속 난간에서 2.5센티미터도 못 되는 거리 밖에 가만히 정지해 있다. 그런데 이 지점의 장은 강하게 작용하므로, 장은 전하를 원래 당신의 손가락이 있던 지점으로 밀어보낼 것이다. '전압'이란 이 미는 힘을 측정하는 것이다. 즉 잠재력으로 이런 일이 일어난다고 할 때 그 크기의 차이를 잰 것이다.

전선을 둘러싼 장의 세기에 변화가 없으면 신기하게도 안전이 보장된다. 새들이 고전압 송전선에 앉고도 멀쩡한 것은 이 때문이다. 새의 두 발이 동일한 전압의 전선에 놓여 있을 때는 새의 몸통 속 전자들을 끌어당기는 역장의 세기 사이에 차이가 없다. 하지만 그 새가 한쪽 발을 뻗어 접지된 알루미늄 사다리에 걸치는 순간, 곧바로 감전이 일어나 새는 통닭구이 신세가 될 것이다.

118쪽: 전자의 운동 속도는 너무나 느려서 사람의 걷는 속도에도 못 미치기 때문에

사실 전자의 속도는 빠르다. 그러나 그들은 움직일 때 온 방향으로 튕겨나가기 때문에 한 방향으로의 실제 이동 거리는 보잘것없다. 만약 전선을 칼로 잘라 튀어나오는 전자들을 볼 수 있다면 전자 본래의 속도를 느낄 수 있을 것이다. 그들 중 몇몇은 엄청나게 빠른 속도로 튀어나와서 대기권을 벗어나 외계로까지 날아갈 것이다. 콘센트에서 나오는 역장이 하는 일은 이러한 고속 충돌이 가능한 한 일정한 방향으로만 모아지도록 돕는 것이다.

121쪽: 당신이 전하가 가득한 손가락을 흔들면

사람은 매 순간 전자기파를 만들고 내뿜는다. 건조한 날 머리를 빗으면 머리카락에서 전자들이 약간 떨어져 나와 빗에 쌓인다. 당신이 그 빗을 아주 느리고 우아하게 흔든다고 생각해보자. 전하가 쌓인 빗을 5초 동안 오른쪽으로 흔든 다음, 다시 5초 동안 왼쪽으로 흔들어 제자리로 돌아오게 한다. 그러면 당신이 만들어낸 파동의 앞쪽 끝은 뒤쪽 끝에 비해 10초 먼저 출발한 것이 된다. 파동은 초당 297,600킬로미터 이동하므로, 10초간 우아하게 빗을 흔든 결과 당신이 만들어낸 파동은 벌써 대기권 밖까지 뻗어나갔을 것이고 그 길이는 2,976,000킬로미터에 달할 것이다.

이밖에도 파동을 발생시킬 기구는 집안 곳곳에 널려 있다. 건조한 날 개를 목욕시킨 뒤 수건으로 털을 세차게 흔들어 말렸다고 생각해보자. 개의 꼬리에 정전기가 약간 모일 것이다. 개가 행복한 듯 꼬리를 흔든다. 정확히 0.5초 만에 꼬리가 앞뒤로 한 바퀴 돌았다고 가정해보자. 앞에서 뒤까지 길이가 148,800킬로미터(즉 297,600킬로미터의 절반)에 달하는 전자기파가 생겨난다. 획 하고 생겨난 이 눈에 보이지 않는 파동은 2초도 못 되어 달에 도달하고, 한 시간도 지나기 전에 토성의 궤도에 다다르고, 몇 시간 뒤에는 태양계를 벗어나고 있을 것이다. 개가 탄생시킨 이 신호는 그 뒤에도 계속 앞으로 나아갈 것이다.

122쪽: 당신이 전하를 흔듦으로써

대전된 입자를 흔들기만 해도 이런 파장이 생겨난다면, 컴퓨터 속에서 움직이는 전자들에서도 비슷한 파장이 나오지 않을까? 실제로 그렇다. 물론 그리 강력하지도 않고 주파수도 상당히 들쭉날쭉한 파장이다. 좌우간 이 때문에 비행기 승무원들은 기체가 이착륙하는 민감한 순간에 승객들이 휴대용 컴퓨터를 사용하지 못하도록 점검하는 것이다. 휴대용 컴퓨터나 여타 기기에서 방출된 진동 파장, 특히 그런 기기들 속에 있는 프로세서에서 나온 파장이 비행기의 기체와 같은 길이로 날아 날개에 부딪힐 가능성이 있다. 그러면 조종사의 작업이 영향을 받는다.

153쪽: 이름은 로버트 왓슨 와트라고 했다

이 이름은 오래가지 않았다. 개명이라는 것은 기록을 담당하는 이들에게는 언제나 스트레스의 대상이 되는데, 그는 1942년에 기사로 임명되고 나서 이름을 바꾸어 왓슨 와트를 성으로 택했다. 프레더릭 린드만 역시 전쟁 중에 이 못 말리는 영국식 전통을 따라 이름을 바꾸었다. 그는 윈스턴 처칠의 도움을 받아, 그 이름도 인상적인 처웰 경으로 불리게 되었다. 이 책에서는 이들의 개명 전 이름을 계속 사용했다.

157쪽: 수많은 해왕성이나 명왕성들이…… 떠다니고

금속 전자의 기체 모델은 1900년 라이프치히에서 연구하던 파울 드루데Paul Drude의 작업에서 비롯된 것이다. 이 가설은 윌킨스와 왓슨 와트의 시대에는 이미 구식으로 치부되고 있었으며 그들 또한 이 이론이 '잘못' 되었다는 사실을 잘 알았다. 원자는 태양계의 축소판처럼 생기지 않았고 전자도 작은 행성처럼 움직이는 것이 아니었다.

그러나 드루데의 이론은 거짓이라기보다는 불완전한 것에 가까운 편이었으므로, 여전히 유효하게 사용될 수 있었다. 물리학에는 이런 경우가 심심찮게 존재한다. 연구의 범위가 더 넓어짐에 따라 과거의 이론은 넓어진 영역의 한 특수한 경우로 포섭되는 것이다. 좁은 영역의 조건에 머무르는 한, 그 영역에서 유도되었던 구식의 방정식이나 개념은 여전히 잘 들어맞는다. 가령, 뉴턴의 운동 법칙들은 실제로는 아인슈타인의 상대성 이론이라는 더 풍부한 이론의 한 특수한 경우에 지나지 않지만, 우리 일상생활에서는 여전히 잘 적용된다. 즉 물체의 운동 속도가 빛의 속도에 근접하는 수준으로 빠르지만 않다면 뉴턴의 법칙들로 계산해낸 결과가 유효한 것이다. 비슷한 예로 모차르트의 단순한 3화음을 들 수 있다. 드뷔시, 그리고 미국의 재즈 거장들이 모차르트는 상상도 못한 수많은 화음의 영역을 새로 개척했지만, 그래도 여전히 모차르트의 3화음은 현대의 작곡가에게 유용하게 쓰이고 있다.

기체역학 이론에서 드루데 모델의 기원에 대해 살펴보려면 제드 Z. 부흐발트Jed Z. Buchwald와 앤드루 워윅Andrew Warwick이 편집한 『전자의 역사: 미시물리학의 탄생』(케임브리지, MA: MIT, 2001) 255~305쪽에 실린 월터 카이저Walter Kaiser의 글 「금속 전자의 기체 이론: 큰 물질 속에서의 자유 전자」를 참고하라.

159쪽: 라디오파를 쏘아올림으로써 적기를 움직이는 방송국으로 탈바꿈시키는 셈

거울의 원리도 이와 동일하다. 보통의 빛은 영국의 체인 홈 레이더 첨탑에서 쏘아보낸 파동과 비슷한 것인데, 단지 파장이 좀더 짧고 에너지가 높다는 점이 다를 뿐이다. 이런 파동으로 이루어진 광선이 거울 유리 뒤에 도포된 금속 코팅에 부딪치면 금속의 느슨한 전자들이 떨리기 시작한다.

전하에 떨림이 시작되면 늘 그렇듯, 이 전자들도 스스로 패러데이 식의 파동을 내보내기 시작한다. 만약 유리 뒷면의 금속이 울퉁불퉁 거칠다면 반사파가 전방위로 보내질 것이므로 우리 눈에는 어두컴컴하고 뿌연 영상만 보이게 된다. 그러나 거울의 뒷면이 매우 매끄럽다면 반사파들은 서로 가지런한 형태를 유지한 채 되돌아 나올 것이므로 원래 비춰졌던 영상의 복사판을 재현하게 된다. 당신이 거울을 향해 미소를 짓는다면, 수없이 많은 초소형 레이더파들이 거울의 오래된 금속 원자들에서 방출되어 나오고, 그 결과 거울도 당신을 향해 마주 웃어보이게 되는 것이다.

163쪽: 의미가 불분명한 '라디오 방향 탐색' 이라는 용어

"로우와 나는 이 체계를 가리키는 용어를 고안하기 위해 머리를 맞댔다. ……우리는 '진실을 위장할 뿐 아니라 더 나아가 정반대의 개념을 의미할 수도 있는 그런 이름을 생각해보자' 고 마음먹었다. ……우리는 (라디오 방향 탐색이란 뜻에서) 약자 'R.D.F.' 로 결정했다……" 왓슨 와트, 『레이더의 고동』, 123쪽.

사실 그와 로우에게 이보다 더 나쁜 명칭을 지어보라고 해도 쉽지 않았을 것이다. 그들은 이 위장 용어를 생각해낼 당시, 자신들의 오실로스코프로는 비행기의 방향을 정확히 추측해내는 것이 영원히 불가능하리라고 믿었다. 그러나 그들이 이름을 고르고 나서 얼마 지나지 않아 기술은 비약적으로 발전했고, 영국 레이더 기지국들은 정말로 정확한 방향 정보를 알 수 있게 되었다. 비밀스럽게 한다고 지은 이름은 더할 나위 없이 정확한 힌트를 제공하는 용어가 되고 말았다.

184쪽: 뷔르츠부르크는…… 25센티미터도 안 되는 단파장을 사용했다

오늘날 우리의 부엌에는 뷔르츠부르크의 가까운 친척이라 할 수 있는 기계가 있다. 레이더 발신기에서 방출되는 파동의 길이가 더 짧으면, 즉 5~7.5센티미터 정도의 길이가 이상적인데, 그 레이더선은 물 분자에 부딪쳐 분자를 진동하게 만든다. 전쟁이 끝난 뒤 몇몇 연구자들은 이 과정을 응용해 고무 타이어를 가황시킬 수 있겠다고 생각했는데, 뜻밖에 새로운 시장이 열렸다. 7.5센티미터 정도 길이의 파동을 우리는 마이크로파라고 부른다. 마이크로파 오븐(전자레인지)이 탄생한 것이다.

전자레인지는 기본적으로 레이더 발신기나 마찬가지이기 때문에, 그 파동에 부딪친 느슨한 전자들은 강력한 힘으로 이리저리 흔들려 떨어져나가며, 심지어 불꽃이 튀는 수도 있다. 그래서 잉여 전자가 풍부한 금속 물질은 전자레인지 속에 넣으면 안 되는 것이다.

190쪽: 감히 그를 지지하고 나서는 사람은 아무도 없었다

왜 많은 관료들이 군말 없이 해리스에게 동조했을까? 정밀

조준 폭격이 잘 먹히지 않았던 탓도 있다. 가령 1941년 후반에는 출격기 중 5분의 1만이 목표물의 182평방킬로미터 이내에 폭탄을 떨어뜨리는 데 성공했다. 또한 이제껏 폭격기 편대나 비행기 공장, 숙련 조종사들을 계속 양산해오면서 관성이 붙었다는 점도 작용했다. 이미 마련된 무기들을 좀더 활용해서는 안 되는 이유가 어디 있단 말인가? 입 밖에 꺼내어 말하지는 않았지만, 1차 대전 중 참호에서의 혹독한 기억도 한몫했다. 해리스 역시 넘치도록 갖고 있는 기억이었다. 영국 육군을 다시 유럽 대륙에서 벌어지는 지상 전투에 투입하느니 그 어떤 형태라 할지라도 공군 공습이 훨씬 낫다는 생각을 다들 하고 있었다.

이런 변론들이 필요했던 까닭은—그리고 영국 해군 및 영국군의 기타 부처들이 격분한 것은—폭격 부문에 투여된 자원은 다른 곳으로 전용될 수가 없었기 때문이다. 전시 영국의 GNP 중 막대한 양이 폭격기 사령부에 쏟아부어졌으며, 이에 비해 구축함이나 대포, 수송용 비행기나 그 밖의 부문에는 여분 마련을 위한 자원이 주어지지 않았다.

193쪽: 지상 통제자들 중 몇몇은…… 고함을 질러댔다. "흩어져!

이 기록은 다음날 밤 벌어진 에센 공습 때 녹음된 것이다. 함부르크 공습의 밤에 살아남은 지상 레이더 요원들의 기록이나 녹음은 하나도 없다. 데이비드 프리처드David pritchard의 『레이더 전쟁』(웰링보로우, 노햄튼셔, 영국: P. 스티븐스, 1989) 213쪽을 참고하라.

195쪽: 사람들은 그렇게 손과 무릎이 땅에 붙은 채 비명을 지르고 있었어요

독일 민간인들의 악몽은 폭탄이 다 떨어지고 난 뒤에도 끝나지 않았다. 해리스가 이끄는 영국군은 콜로뉴라는 도시에서도 함부르크와 비슷한 규모의 공습을 벌였는데, 나치 정부는 이 공습의 생존자들을 모두 불러 모아 다음과 같은 내용의 서약서에 서명하도록 했다. "나는 한 사람의 개인이 콜로뉴에서 벌어진 사건들에 대해 종합적으로 이해하는 것은 불가능하다고 생각한다. 사람은 보통 자신의 경험을 과장되게 생각하는 경향이 있고, 폭격을 겪은 이들의 판단 능력은 손상되었을 수밖에 없다. 그러므로 나는 개인이 겪은 고통에 대해 기록하고 알리는 것은 상처를 더할 뿐이라는 사실을 인정하며, 침묵을 지킬 것을 맹세한다. 이 서약을 깨뜨릴 때 어떤 처벌도 달게 받을 것을 확인한다." 프레더릭 테일러Frederick Taylor가 지은 『드레스덴: 1945년 2월 13일 화요일』(런던: 블룸즈베리, 2004) 128쪽에서.

197쪽: 제멋대로 공간 이동을 하는

'공간 이동'이라는 용어는 양자역학의 세계를 설명할 때 자주 등장한다. 그런데 이런 성격을 갖고 있다고 불리는 대상은 '비약'을 하기 전과 후에 연속적인 정체성을 가진다는 뜻이기도 하다. 양자역학의 핵심 주제는 이렇게 비약하는 물체의 존재를 연속적으로 확인하는 일이, 최소한 우리가 논의하는 수준에서는 근본적으로 불가능하다는 것이다.

이런 개념들은 전문가라도 헷갈릴 만한 것들이다. 이 장에 대한 「더 읽을거리」를 참고하면 혼란스런 머리에 약간의 위안을 찾을 수도 있겠다.

200쪽: 배타 지대가 존재하여

이것이 파울리의 배타 원리Exclusion Principle다. 배타 원리는 전자의 속도뿐 아니라 전자가 가지는 에너지 전체에 적용되는 개념이다. 이상하게도, 두 개의 전자가 동시에 동일한 에너지를 소유하는 것은 불가능하다. 마치 두 사람이 동시에 동일한 공간을 점유할 수 없는 것과 마찬가지다. 특정 에너지 상태를 미리 점하고 있는 전자가 하나 있다면, 다른 전자는 그 에너지 상태로 넘어올 수가 없다. 사다리의 여러 발판들 중 하나의 발판을 막아버리는 것이라고 상상하면 된다.

파울리의 배타 원리는 너무나 중요한 것이다. 왜냐하면 원자들의 내부는 대체로 텅 비어 있기 때문에, 배타 원리로 인한 제약이 존재하지 않는다면 전자들끼리 서로 겹쳐 곤란한 상황에 이르고 말 것이기 때문이다. 파울리의 배타 원리가 없다면 당신이 하릴없이 손가락으로 탁자를 다다닥 두들기는 와중에도 손가락에 있는 원자들의 빈 공간이 탁자 원자들의 빈 공간 속으로 합쳐져 들어갈 것이다.

두 발은 바닥으로 빠져 들어가기 시작하고, 엉덩이는 의자를 통과하여 무너져내린다. 아래층 빈 공간에 다다르면 잠시 몸이 제대로 된 형체로 등장하겠지만, 곧 그 방의 바닥에 내려앉을 테니 또다시 바닥을 통과해 가라앉는다. 지구의 가장 깊은 곳에 다다를 때까지 이 과정은 끝도 없이 비참하게 계속될 것이다.

우리가 일상생활에서 형체를 유지한 채 안전하게 돌아다닐 수 있는 것도 다 배타 원리 덕분인 셈이다. 우리는 바닥 위를 걸어다닐 수 있고, 의자 위에 앉을 수 있다. 하루 종일 게으르게 소파에 착 달라붙어 텔레비전만 보는 안락의자 중독자라도, 경이로운 양자역학의 원리에 따라 늘 공기 중으로 떠받들어지고 있는 것이다. 그의 몸의 전자들이 소파의 전자들과 에너지 상태를 공유하지 않으려고 서로 반발하고 있는 덕분에, 그의 몸은 공중에 떠 있는 듯 존재할 수 있다.

찰스 P. 엔츠Charles P. Enz.의 『한마디로 시간이 없어: 볼프강 파울리의 과학적 전기』(옥스퍼드, 영국: 옥스퍼드 대학 출판부, 2002)는 파울리에 대한 훌륭한 입문서이다. 전자들로부터 '쏘아져' 나와 다른 물체들과 우리의 분리를 도와주는 가상 전자 입자에 대해서 자세히 알고 싶다면 리처드 파인만Richard Feynman의 『QED: 빛과 물질에 대한 이상한 이론』(프린스턴, NJ: 프린스턴 대학 출판부, 1985)을 참고하라. 파울리가 QED 이론의 발달사에 차지한 역할―불유쾌한 부분도 있긴 하지만―에 대해 알아보려면 엔츠의 책 이외에 실반 슈베버Silvan Schweber의 『QED 그리고 그것을 창조한 사람』(프린스턴, NJ: 프린스턴 대학 출판부, 1994)도 참고하라.

206쪽: 1920년대의 영국에서, 특히나 사립학교에서

튜링은 이렇게 말했다. "(사립)학교 교육의 가장 훌륭한 점은, 이후의 인생에서 아무리 비참한 순간이 닥치더라도 학교 때만큼 비참하지는 않으리라고 장담할 수 있다는 것이다." (영국 사람들은 사립학교를 퍼블릭 스쿨이라고 부른다) 앤드루 호지스의 『앨런 튜링: 에니그마』(런던: 빈티지, 1993)에서 인용했다.

212쪽: 당시 그에게 필요했던 것은, …… 연구들이다

그때까지 튜링을 비롯한 모든 연구자들은 중간 단계의 기술이라 할 수 있는 진공관(영국식 용어로는 '밸브')을 사용하는 수밖에 없었다. 진공관의 원리는 소형 전구와 크게 다르지 않다. 전구 내부에 전선과 금속망이 더해져 가열 필라멘트에서 튀어나오는 전자들을 끌어당기고 앞쪽으로 가속하는 역할을 했다. 약한 신호를 증폭하는 진공관은 꽤 쓸 만했지만, 다루기 까다로운 기기였다.

차가운 필라멘트에서는 전자들이 잘 튀어나오지 않기 때문에 관이 예열되기까지 상당한 시간이 걸렸다(구식 전기 제품에 '예열'이 필요한 것도 이 때문이다). 뜨거운 필라멘트를 둘러싼 유리는 빈틈없이 밀폐되어야 했으므로 정기적으로 과열 현상이 발생했고, 자그만 필라멘트가 깨져버리곤 했다. 진공관을 여러 대 사용하는 사람이라면 똑같은 양을 예비로 비축해두어야 한다는 것을 잘 알았다. 존 피어스 — 뒤에 트랜지스터라는 신조어를 고안한 사람 — 는 이렇게 말했다. "자연은 진공관을 혐오한다."

213쪽: 영국 정부의 암호 해독팀

정확하게 표현하자면 '사이퍼 해독' 팀이다. 코드는 직접 치환 방식의 암호, 즉 한 단어가 다른 단어를 대신하는 방식을 말한다. 가령 아이들이 관목숲이라는 단어가 등장할 때마다 국가적 수치라는 단어로 바꿔 읽는 장난을 할 때, 이것이 코드이다. 사이퍼는 보다 복잡한 요소 치환 방식의 암호를 말한다. 간단한 예로는 라틴어 알파벳의 각 글자를 알파벳 순서에서 3칸 뒤에 있는 글자로 바꾸는 율리우스 카이사르의 암호를 들 수 있고, 복잡한 톱니바퀴들을 동원해 치환을 지정하는 훨씬 난해한 방식들도 있다. 이 책에서는 형식을 가리지 않고 암호라는 용어로 두 가지 형식을 모두 포괄해 부르기로 한다.

그런데 참으로 기막힌 운명의 사슬이 하나 있다. 라디오가 없었다면 아마 블레츨리 파크도 없었을 것이다. 라디오가 생겨나기 전, 사람들은 군사 메시지를 목표 대상에 직접 전달했으므로, 제삼자가 그냥 커다란 안테나를 하나 세워 메시지를 도청할 수는 없었다. 그런데 블레츨리 파크가 없었다면, 이렇게 빨리 컴퓨터가 탄생했을까? 전기는 전혀 의외의 방식으로 스스로의 앞길을 개척해온 것이다. 라디오 덕분에 암호 해독 연구소가 생기고, 그 연구소 덕분에 컴퓨터가 생겼다.

217쪽: 기계는 계산기보다는 뛰어났으나

1943년에 만들어진 최초의 콜로서스는 암호문과 예상 평문을 비교 검토하는 작업을 빠르게 수행할 수 있었지만 매번 외부의 조정을 거쳐야 했다. 곧 개선된 형태의 콜로서스가 블레츨리에 등장했다. 전시에는 정부 조달 담당자들도 환상적으로 업무에 매진하는 법이다. 새 기계는 대상 평문을 바꾸어 입력할 때 외부에서 조정해줄 필요가 없었다. 이 기계는 자동적으로 선택지들을 변경하는 수준에는 이르렀으나, 그래도 완벽히 프로그램 가능한 기계라고 할 수는 없었으며 프로그램을 저장하지도 못했다.

튜링은 콜로서스의 제작에 아주 조금만 발을 담그고 있었으나 콜로서스 개발을 맡은 사람이 케임브리지에서 튜링을 가르쳤던 막스 뉴먼 교수였기 때문에 프로젝트의 진행 과정에 대해 죽 전해 듣고 있었다.

221쪽: 미국에서는…… 새로운 기술이 완성되어가고 있었다

트랜지스터 기술은 미국에서 탄생한 것이지만, 트랜지스터를 움직이는 밑바닥의 논리는 19세기 중반을 살았던 영국인 수학자 조지 불George Boole의 작업에 기반했다. 불은 세상에 존재할 수 있는 모든 논리적 사고 과정을 분류하고 정리하는 일에 투신했다. 오늘날에도 몇몇 점잖은 영국 사교계 인사들 사이에서는 이런 류의 집착이 그리 괴상한 일도 아니다. 사실 진짜 황당한 것은 불이 성공했다는 점이다.

불은 자신의 연구 결과를 간단한 방정식의 형태로 정리했는데, 이 부분에서 컴퓨터공학과 맥락이 닿는다. 두 개의 참인 명제가 결합되면 결과도 참이다. 그는 이것을 T+T=T라고 표현했다. 참 명제와 거짓 명제가 결합되면 결과는 거짓이고, 이것은 $T+F=F$로 표현된다.

이 기묘하고도 공들여 고안된 수학은 루이스 캐럴이나 반길 만한 것으로 보인다. 그런데 불이 '참'에다가 '1'을, '거짓'에다가 '0'을 대입하자 상황은 더욱 기묘해졌다. 그러면 앞에서 본 공식들은 $1+1=1$ 그리고 $1+0=0$이 되기 때문이다. 바로 이진법이다.

이 식은 논리학자들의 마음에는 들었지만, 보통 사람들로부터는 깡그리 무시되었다. 그런데 1937년, 클로드 섀넌Claude Shannon은 오래전에 불이 제안했던 방정식들을 전자석 제어 릴레이 스위치들을 갖고 수행할 수 있다는 사실을 깨달았다. 그로부터 한 세기쯤 뒤에 발명된 트랜지스터는 이 방정식을 더 잘 수행할 수 있었다. 스위치가 꺼진 트랜지스터에 하나의 신호만 들어와서는 전류를 바로 통과시킬 수 없다. 첫 번째 신호는 실리콘을 활성 상태, 즉 전류를 흘릴 수 있는 상태로 바꾸어 다음에 오는 두 번째 신호가 방해 없이 통과하도록 도와주기 때문이다. 다른 말로 하자면, 트랜지스터가 하나의 신호를 통과시키려면 두 개의 신호가 입력되어야 한다. 숫자 '1'을 하나의 신호로 치면 트랜지스터 내부에서 일어나는 일은 $1+1=1$로 표현된다. 신호가 없는 상황은 '0'이고, 트랜지스터는 $1+0=0$으로도 작동할 수 있다.

참으로 놀라운 일이 벌어진 것이다. 불은 인간의 마음속을 들여다본 뒤 참과 거짓의 작동에 대한 희한한 방정식을 끌어냈다.

트랜지스터는 단단한 바위 속에서 그 방정식들을 모방한다. 인간의 내적 사고를 실리콘 가루 속에서 정확하게 재현해내는 길을, 오래 잊혀졌던 19세기 한 수학자가 닦아줬던 것이다. 불의 작업 원전을 보려면 조지 불의 책 『사고의 법칙에 대한 탐구』(런던: 도버 출판사, 1995)가 있다. 섀논에 대해 더 알고 싶다면 그래이엄 파르멜로Graham Farmelo가 엮은 『수식은 아름다워야만 한다: 현대 과학의 위대한 방정식들』(런던 및 뉴욕: 그랜타 북스, 2002) 중 「한 비트 한 비트씩, 정보를 이해하다」라는 장을 참고하기 바란다.

230쪽: 인 같은 침입자 원자들

1947년 말, 바딘과 브래튼이 반도체에 인을 집어넣었을 때 실제로 일어난 현상은 음전하가 앞으로 흘러간 게 아니라 반대로 양전하가 뒤로 움직인 것이었다.

바딘은 머리가 복잡해졌다. 그는 연구실 공책에 "이 결과는 예상과 완전히 반대다"라고 적었다. 하지만 공학자들은 원래 무언가의 작동 메커니즘을 알아내는 데 선수들이다. 그와 브래튼이 곧 깨달은 바에 따르면, 그들은 전류를 흐르게 할 수 있는 잉여 전자들이 풍부한 원자를 삽입한 게 아니라 거꾸로 주위 다른 원자들보다도 전자의 수가 부족한 원자들을 집어넣은 것이었다. 그로써 애초에 완벽했던 격자에 빈 구멍들이 생겼다. 새로 집어넣은 원자들의 최외각 껍데기가 비어 있기 때문에 틈이 생긴 것이다.

다른 원자들이 갖고 있던 전자들이 이 구멍으로 떨어지기 시작했는데, 전자 하나가 앞쪽으로 떨어질 때마다 그 전자가 원래 있던 자리에는 새로운 구멍이 남았다. 그 구멍을 채우기 위해 또 다른 전자들이 밀려오니, 울퉁불퉁한 격자의 더 먼 곳에 다시 빈 공간이 생기게 되었다. 기묘하게도 고체 결정 속에서 텅 빈 구멍이 뒤쪽으로 빠르게 움직이기 시작한 것이다. 시행착오를 통한 발견이기는 했지만, 어쨌든 그들은 고체 물질 속 한 지점에서 구멍을 움직여 반대편까지 보내는 방법을 터득했다. 애초에 예상했던 대로 음전하를 띤 전자들을 통제하여 이동시키는 방식은 아니었지만 좌우간 비슷하게 작동했다(실제 실험에 사용된 것은 실리콘이 아니라 게르마늄이었다. 두 원소는 모두 최외각 껍데기에 4개의 '구멍'을 갖고 있는데, 게르마늄이 더 작업하기 편한 편이다).

230쪽: 올과 동료들은 양자역학을 잘 알았다

양자 공학자들이 활용한 또 하나의 통찰은 전자가 입자이지만 동시에 파동의 속성도 지니고 있다는 사실이다. 실리콘이나 게르마늄 결정은 전자의 파동들로 가득 채워져 있을 것이며, 파동들은 결정 전체에 걸쳐 서로 간섭하게 될 것이다. 이 내용을 정리한 것이 고체의 띠 이론band theory이다. 개개의 전자들이 각기 하나의 원자에 속한다고 보고 그 결합이 강한가 아니면 다른 곳으로 떼어낼 수 있을 만큼 약한가를 살피는 대신, 고체 내의 모든 전자들을 한 덩어리로 보고 그 전체가 지니는 속성을 살피는 것이다.

왓슨 와트의 동료였던 아널드 윌킨스Arnold Wilkins는 수많은 전자들의 총체적 활동은 하나의 특정한 전도대(띠)로 설명될 수 있다는 사실을 알았다. 그 때문에 개개의 전자들이 각기 전도체로 기능한다는, 양자역학 등장 이전에 만들어진 드루데의 이론을 윌킨스가 계산에 이용해도 문제가 없었던 것이다. 바딘과 브래튼은 전도 구멍이 움직인다는 표현을 쓰면서도 사실은 문자 그대로 하나의 원자에서 그 옆의 원자로 구멍이 옮겨 간다는 식으로 상상하지는 않았는데, 이처럼 띠 이론을 사용해 전자의 전도 활동을 총체적으로 설명할 수 있었기 때문이다. 「더 읽을거리」에 소개한 알 칼릴리의 책이나 폴킹혼의 책을 보면 이에 대한 배경 지식을 얻을 수 있다.

231쪽: 새로운 화학적 제조 기법

수십 년 동안, 전자공학이나 컴퓨터공학을 가르치는 교수들은 학생들이 트랜지스터 기술의 심장부에 '제라늄' 꽃을 피우는 모양새에 개탄을 금치 못했다. 철자의 혼동을 막기 위해서는 게르마늄 원소가 발견된 맥락을 떠올리면 된다. 1870∼1871년에 걸친 보불 전쟁이 끝난 뒤, 프랑스와 독일 사이에는 극심한 증오가 자리 잡았다. 1875년, 프랑스 화학자 드 부아보드랑de Boisbaudran은 멘델레예프의 예측에 들어맞는 새로운 원소를 발견하자 갈륨이라고 명명했다. 프랑스를 지칭하는 라틴어를 딴 것이었다. 십년 후에는 독일 과학자 클레멘스 알렉산더 빈클러

Clemens Alexander Winkler가 또 다른 원소를 발견했다. 역시 멘델레예프가 예측했던 것으로서, 주기율표에서 실리콘 바로 아래 자리를 차지하며 따라서 실리콘과 속성이 비슷한 원소였다. 빈클러가 막 승전을 거둔 조국의 이름을 따 그 원소를 게르마늄이라 명명하리라는 것은 불 보듯 뻔한 이치였다.

232쪽: 실리콘 돌덩이들은······ 움직일 필요가 없었다

여기서 설명하고 있는 것은 일반적인 3층 접합 트랜지스터의 개념이다. 양쪽 바깥의 층은 잉여 전자들을 갖고 있어서 쉽게 음전하를 내준다. 가운데 층은 그것을 막고 있다. 하지만 그 가운데 층은 반도체이기 때문에 쉽게 속성이 바뀐다. 트랜지스터에 먹여지는 전류가 아주 약간만 증가해도 반도체는 변형을 일으키며, 덕분에 바깥층의 전하들이 가운데를 지나갈 수 있게 된다.

주목할 만한 것은 이것이 에디슨의 탄소 버튼 확성기와 비슷해 보인다는 점이다. 요즘의 보청기는 트랜지스터의 가운데 층으로 계속 일정한 전류를 밀어넣는다. 그러다가 외부에서 약한 소리 신호가 들어오면 가운데 층은 변형을 일으켜 전류를 흘려보낸다. 소리가 클수록 전지에서 나오는 전류도 강해진다.

입력한 만큼 출력이 나오는 것뿐이라면 트랜지스터는 별 소용없는 물건이었을 것이다. 그러나 트랜지스터의 가운데 층은 너무나 변덕스러워 입력 신호가 아주 조금만 변하더라도—아주 작은 소리가 들리더라도—크게 변형을 일으키며, 덕분에 트랜지스터가 대단히 유용한 물건이 된 것이다. 놀라운 '증폭' 현상이다. 1947년 11월에 브래튼과 바딘이 성공을 확신한 것도 바로 이 증폭 현상을 측정해냈기 때문이다.

235쪽: 나중에 호퍼는…… 즐겨 설명하곤 했다

그녀가 좋아하는 이야기가 하나 더 있다. 1947년의 어느 날, 그녀가 하버드에서 연구를 하고 있는데 나방 한 마리가 컴퓨터 속에 날아들어 기계를 멈췄다. 그녀는 조심스럽게 테이프로 나방의 시체를 연구 일지에 붙인 다음, 그 옆에 이렇게 적었다. "버그의 실제 사례가 최초로 발견됨." 버그라는 단어는 에디슨의 시절부터 전기회로의 알 수 없는 결함을 가리키는 일반적 용어로 종종 사용되어왔지만, 하버드 대학에서 중요한 위치에 있던 호퍼의 명성에다 테이프로 잘 보관된 증거까지 더해져, 이후 컴퓨터 결함을 가리키는 용어로 본격적으로 쓰이기 시작했다.

237쪽: 한 전자공학 관련 잡지에서…… 사진을 찍으러 방문하자

잡지 《전자공학》의 1948년 9월 표지였던 그 사진은 이후 수많은 교과서와 역사책들에 줄기차게 사용되었다. 하지만 그 사진은 공산당 정치국 시절의 구소련에서 공개했던 사진들만큼이나 신빙성이 없는 것이다. 사진에서 쇼클리 바로 뒤에는 월터 브래튼이 서 있고, 쇼클리는 브래튼의 현미경 속을 뚜렷한 목적도 없이 들여다보고 있다. 젊은 시절 브래튼은 거의 일 년 내내

산에서 지낸 적이 있었다. 그는 라이플총을 무릎에 얹은 채 말을 타고 소 떼를 몰았다. 사진에서 브래튼의 손은 긴장된 채 약간 앞으로 나와 있는데, 그 손을 앞으로 조금만 더 내밀면 쇼클리의 목을 비틀 수 있을 것처럼 보인다. 45년이 흐른 뒤 한 기자가 바딘에게 그날에 대해 물었다. "이봐요, 월터는 정말로 그 사진을 증오한답니다." 그 점잖은 바딘이 그렇게 대답했다. 마이클 리오던Michael Riordan과 릴리언 호드슨Lillian Hoddeson이 지은 『결정의 불꽃: 트랜지스터의 발명과 정보 사회의 탄생』(뉴욕: W. W. 노튼, 1997) 167쪽을 보라.

237쪽: 바딘이 먼저 연구소를 떠났고······ 트랜지스터는 즉시 대량 생산되지 못했고

바딘과 브래튼은 MOS(금속-산화물-실리콘) 식 트랜지스터라는 뛰어난 방법을 개발할 수도 있었다. 그들은 사실 성공을 목전에 둔 것이나 다름없었다. 수십 년 후 인텔은 이 방식을 이용해 칩을 대량생산해낸다. 1947년에 바딘과 브래튼은 마지막 실험에서 게르마늄을 사용했는데, 게르마늄을 사용하면 MOS 트랜지스터에 필수적인 산화물 층이 씻겨 나가버린다. 만약 쇼클리가 연구를 계속 지원했다면 그들은 아마 다시 실리콘을 사용해보았을 것이다. 실리콘이야말로 그들이 오랫동안 연구해온 물질이었기 때문이다. 그리고 실리콘을 사용했다면 핵심적인 산화물층이 유지되었을 것이다.

244쪽: 파동은 약하기 짝이 없어서

위성에서는 전력이 귀하기 때문에 GPS 위성의 안테나는 고작 작은 전구 5개에 해당하는 에너지밖에 사용하지 않는다. 거기서 출발한 신호가 두터운 대기층을 뚫고, 수천 킬로미터에 걸쳐 흩어진 뒤 지표면에 다다라 우리의 수신기에 들어올 때는 10억 분의 1와트도 안 되는 적은 양만 남는다. GPS 수신기 속의 트랜지스터는 대단히 민감한 것이다. 보통의 토스터로 빵 한 조각을 구우려면 GPS 트랜지스터가 사용하는 힘의 1조 배 이상이 필요하다.

257쪽: 사람들은 공개 실험들을 구경하게 되었다…… 스무 살짜리 아가씨 메리 셸리는

그녀는 가장 유명했던 공개 실험을 직접 목격하지는 못했다. 실험이 벌어진 1802년에 겨우 다섯 살이었기 때문이다. 당시 막 런던으로 건너와 공개 실험 허가를 취득한 갈바니의 조카 조반니 알디니Giovanni Aldini는, 젊은 죄수의 몸 주변에 실험 기구를 설치했다. 근심에 휩싸인 죄수 토머스 포레스트의 입장은 충분히 이해할 만한데, 곧 그는 깨끗하고 풋풋한 시체가 되었기 때문이다.

알디니는 포레스터를 일으켜 세워 교수형에 처한 다음, 시체를 끌어내려 눕혔다. 그는 포레스터의 콧구멍과 입 속에 끈적끈적한 반죽을 부어넣고는 전지를 연결했다. 끔찍하고도 충분히 긴 시간 동안 포레스트의 육신은 다시금 살아난 것처럼 보였고,

그의 "머리, 얼굴, 목, 삼각근에까지도 미세한 떨림이 발생하는 듯했다."

사람들은 이 실험의 흉측한 결과에 대해 두고두고 논쟁을 벌였다. 그들 중에는 퍼시 셸리―미래에 메리의 남편이 될 사람이다―도 있었다. 그는 어린 학생 시절에 볼타 전지를 갖고 몸에 전류를 흘려 머리칼을 곤두서게 하는 장난을 곧잘 쳤다. 에스더 쇼어Esther Schor가 엮은 『메리 셸리 케임브리지 안내서』(케임브리지, 영국: 케임브리지 대학 출판부, 2003)를 참조하라.

259쪽: 원래 가져야 할 개수와 다른 양의 전자를 지닌 원자를 통칭하는 용어는 이온이다

용액의 '피에이치pH'라는 것은 그 용액에 들어 있는 전기력을 띤 이온들의 개수를 축약해 표현한 것이다. 보통의 물에는 10,000,000개의 정상적인 물 분자들마다 하나씩의 수소 이온이 발견되기 때문에, 물의 피에이치는 7이라고 한다. 10,000,000이라는 수의 0의 개수가 7인 것이다. 사람의 위에서 분비되는 염산에는 약 100개의 물 분자마다 하나씩의 수소 이온이 있으므로, 피에이치는 약 2이다. 위산에는 이처럼 대전된 이온들이 많이 포함되어 있기 때문에 우리가 음식을 삼키면 이온들이 음식에 있는 박테리아를 공격하고, 박테리아가 다시 음식의 세포막을 갉아먹기 시작한다.

화장품 회사들은 종종 피에이치 균형이 맞춰진 제품이라는 문구를 활용하는데, 이는 화장품의 피에이치가 7이라는 뜻이다. 그러나 화장품의 설명서는 이 값비싼 기술이 어떻게 가능한 지에 대해서는 제대로 설명하지 않는다. 대부분의 경우, 소비자들이 사는 제품은 수소 이온들이 10,000,000분의 1로 희석될 정도로 많은 양의 액체를 함유했다는 뜻이나 마찬가지다. 달리 표현하면, 소비자가 지출한 비용의 대부분은 물 값인 것이다.

264쪽: 우리가 어떤 생각을 떠올리면 뇌의 신경세포가 신호를 내보내기 시작하는데

전선 속 전자들의 단순한 움직임으로부터 라디오파가 발생한다면, 사람의 뇌 속 전자들의 자연적인 흔들림으로부터도 비슷한 보이지 않는 파동들이 나오지 않을까? 헤르츠의 실험 결과가 알려지자마자, 라디오 기술의 개척자 올리버 로지Oliver Lodge를 위시한 많은 연구자들이 이로써 초감각적 지각 능력ESP을 과학적으로 설명할 수 있을지 모른다고 생각하게 되었다. 1920년대 들어 라디오—멀리서부터 전해오는 보이지 않는 메시지들을 실제로 감지할 수 있는 작은 상자—가 널리 보급되자, ESP 같은 현상을 믿는 일반인도 급격히 늘어났다.

실제로 뇌에서는 약한 라디오파가 발생한다. 하지만 너무나 약하기 때문에 조금만 거리가 멀어져도 깨끗이 감지할 수가 없을 정도다. 파장의 길이는 주어진 거리에 그 파장이 포함될 수 있는 횟수와 반비례한다는 사실로 이를 설명할 수 있다. 호지킨과 헉슬리가 확인한 바에 따르면, 뇌의 신경세포들은 1초의 천분의 일 수준의 느린 빈도로 자극을 발사한다. 314~315쪽에서

했던 빛에 관한 계산을 그대로 적용해보면 뇌에서 나오는 파동의 머리는 파동의 꼬리에 비해 천 분의 일 초 정도 먼저 출발하는 셈이다.

총알이라면 천 분의 일 초에 그리 먼 거리를 날아가지 못하겠지만, 297,600킬로미터를 날아가는 데 1초밖에 걸리지 않는 전자기파는 천 분의 일 초에 298킬로미터나 날아갈 수 있다. 우리 뇌에서 나오는 파동이 그렇다는 것이다. 이 사실—마루에서 마루까지의 거리가 298킬로미터인 보이지 않는 파동이 끊임없이 우리 머리에서 뻗어나가고 있다는 것—은 일견 초감각적 현상에 대한 확실한 증거가 될 것처럼 보인다(실제 뉴런의 활동 빈도에 따라 파동의 길이는 좀더 길거나 짧을 수 있다).

하지만 실상은 그렇게 간단치 않다. 298킬로미터라면 무한할 정도로 거대한 파동이기 때문이다. 휴대폰이 발생시키는 전자기파의 길이는 몇 센티미터 수준이다. AM 라디오의 파장이라도 몇 백 야드를 넘지 않는다. 파동은 근원이 되는 물체가 파동의 길이에 비해 상대적으로 클 때 쉽게 감지될 수 있다. 하지만 사람의 머리는 298킬로미터에 비하자면 턱없이 작다. 즉 파동의 발생이 매우 비효율적이라는 뜻이며, 따라서 발생되는 장 또한 별다른 도구의 도움 없이 사람이 감지하기에는 너무 약하다. 여러 사람의 머리에서 나오는 신호들이 서로 간섭한다는 사실 또한 장의 세기를 약화시키는 요인이 된다.

269쪽: 지그문트 프로이트는 특히 코카인이라는

프로이트는 코카인의 마취력을 발견한 공로를 인정받을 수도 있었지만, 다른 작업들에 정신이 팔린 나머지 발견 내용을 정리할 시간을 내지 못했다. 경력에 실패가 기록된 것을 스스로의 탓으로 돌리기는커녕 그는 이렇게 주장했다. "당시를 돌이켜보면…… 내가 보다 일찍 유명해지지 못한 것은 약혼녀의 실수였다." 하지만 그는 그녀에게 원한 같은 것은 품지 않았다. 오히려 그녀에게 코카인이 담긴 작은 유리병을 선물로 보내준 적도 한 번 이상 있었다. 또한 그는 정기적으로 코카인을 흡입하기 시작했는데, 이 습관은 거의 십여 년간 간헐적으로 지속됐다. 코카인은 긴장을 풀게 해주었으며, 그가 약혼녀를 방문하기 전에 편지로 약속한 바에 따르면, 그를 "코카인이 몸속에 흐르는 크고 야성적인 남성"으로 바뀌게 해주었다. 피터 게이Peter Gay가 쓴 『프로이트: 우리 시대를 위한 초상』(런던: J. J. 덴트 & 선즈, 1988)의 42~45쪽을 읽어보라.

270쪽: 기제가 인간의 것과 완전히 같았기 때문이다

사람은 민감한 실험 기구들이 있어야만 신경세포에 흐르는 전류를 감지할 수 있는 반면 그렇지 않은 동물들이 많이 있다. 가령 꼭 껴안고 싶게 생긴 툭 튀어나온 주둥이의 오리너구리는 야간에 강바닥의 진흙탕에서 먹이를 찾는다. 먹잇감이 되는 가재나 새우들은 진흙 속으로 몸을 숨기지만, 그들의 신경은 —인간의 것과 마찬가지로— 쉬지 않고 대전된 나트륨 이온들을 쏟아내고 있다. 이 전하의 움직임으로부터 전자기장이 퍼져나간다. 오리너구리의 주둥이에는 전자기장을 탐지하는 세포들이 갖춰져 있다. 오리너구리가 재빠르게 입질하면, 혹은 발뒤꿈치 가시에 담긴 독을 정확히 쏘아내면, 가재는 이미 세상에 없다.

귀상어는 더 뛰어나다. 머리에 툭 튀어나온 '귀'가 넓적하게 생겼다는 것은 그만큼 전기장을 감지하는 세포의 수도 많다는 뜻이다. 상어의 먹이는 물굽이 가장자리에 가만히 웅크리고 있거나 모랫바닥 깊숙이 몸을 묻을 것이다. 하지만 먹잇감들의 심장은 어쨌든 계속 쿵쾅거릴 터이고, 심장 근육의 맥동을 통제하는 것은 — 역시 인간과 다르지 않은데 — 신경 섬유의 벽에 있는 미세한 펌프들로서, 대전된 나트륨 이온들을 안팎으로 열심히 옮기고 있을 것이다. 그로부터 보이지 않는 전자기장이 뻗어나온다. 귀상어는 앞이 보이지 않는 완벽한 어둠 속에서도 그것을 감지하며, 먹잇감 가까이로 몸을 돌리고, 턱을 좍 벌린다. 아마도…… 뭐 그냥 궁금해서가 아닐까.

280쪽: 신경전달물질에 대한 통찰력이 탄생시킬 세상은 미래에 본격적으로 펼쳐질 것이다

인간의 모든 행동에 대한 생물학적 원인을 찾아내는 날이 온다면, 개인의 책임성이라는 개념은 어떻게 변할까? "악인들의 행동에 대한 생물학적 이유를 밝혀낸다면, 자유의지에 따라 수행된 도덕적 악행이라는 개념을 인간의 통제가 불가능한 자연적 악행이라는 개념으로 대치하는 것이 되지 않겠는가? 불같은 성격과 바이러스로도 모자라, 우리는 편도체 이상이나 안와 전두엽 피질 이상 같은 범죄 원인을 추가하게 될 것인가?"(셰필드 대학의 션 스펜스Sean Spence가 《뉴 사이언티스트》 2004년 3월 20일자에서 한 말이다).

282쪽: 은하수에 있는 별들의 수에 맞먹는 셈이다

칸트는 이렇게 썼다. "늘 새롭고 점점 더 큰 놀라움과 경이로움으로써 내 마음에 와 닿는 것에는 딱 두 가지가 있다. 내 머리 위 별이 빛나는 하늘, 그리고 내 마음속 도덕률이다."

그는 스스로 생각한 것보다 훨씬 적절한 비유를 한 셈이다. 뉴런의 숫자와 별의 숫자가 비슷한 것은 단지 우연에 지나지 않을 것이다. 하지만 초기 우주를 탄생시킨 양자역학적 파동은 우리 머리 위 별이 빛나는 하늘의 은하 성단을 분포시키는 데 크게 기여했는데, 바로 그 양자역학적 파동이 우리 마음속 도덕률을 가능케 하는 인간의 뇌 속 신경 처리 과정에도 관여하고 있다.

자유의지와 양자역학에 대한 흥미로운, 그러나 다소 치우친 논의가 로저 펜로즈Roger Penrose의 『황제의 새 마음: 컴퓨터, 마음, 그리고 물리법칙에 관하여』(옥스퍼드: 옥스퍼드 대학 출판부, 1989; 이화여자대학교 출판부)에서 펼쳐지고 있다.

더 읽을거리

초창기의 전기

전기의 초기 역사에 대한 고전에 가까운 기록으로는 존 헤일브론의 『17세기 및 18세기의 전기: 초창기 현대 물리학에 대한 연구』(버클리: 캘리포니아 대학 출판부, 1979)가 있다. 이 책에는 다양한 사건들에 대한 기록이 가득하다. 가령 로버트 시머라는 영국인이 1758년 11월에 혼란스러운 심정으로 남긴 다음 기록을 보라. "오랫동안 관찰한 바에 따르면, 저녁에 내가 스토킹을 벗어 내릴 때 간혹 찍찍거리거나 딱딱거리는 소리가 났다. 컴컴한 곳에서는 심지어 자그마한 불꽃들이 이는 것도 볼 수 있었다."토머스 핸킨스의 『과학과 계몽주의』(케임브리지: 케임브리지 대학 출판부, 1985)는 18세기 연구자들이 시머를 비롯한 여러 사람들의 관찰에 대해 탐구하는 과정을 소개했다. 그 과정에서 기다란 면실을 따라 정전기를 이동시키는 실험도 생겨났고, 단순한 형태의 전보와 비슷한 것이 탄생하기도 했다. 그는 갈바니와 볼타의 독창적인 실험들에 대해서도 다루고 있다. 다툼이 잦았고 꺼림칙한 갈등이 상존했던 갈바니와 볼타의 관계에 대해서는 마르첼로 페라의 『애매한 개구리: 동물 전기에 대한 갈바니-볼타 논쟁』(프린스턴, NJ: 프린스턴 대학 출판부, 1992)이 흥미롭게 설명해두었다.

내 책은 벤저민 프랭클린의 기여에 대해서는 제대로 다루지 않았다. 월터 아이작슨의 『벤저민 프랭클린: 그의 미국적 삶』(뉴욕: 사이먼 & 슈스터, 2003)은 풍부한 내용의 입문서이며, 유명한 연날리기 실험이 실제로 벌어졌던 것인가에 대해서도 다루고 있다(그는 진짜였다고 말한다). 프랭클린에 대한 I. 버나드 코언의 저작은 『프랭클린과 뉴턴』(필라델피아: 미국철학협회, 1956)으로부터 시작하여 40년이 지난 뒤에 발표된 『과학과 그 아버지들: 제퍼슨, 프랭클린, 애덤스 그리고 매디슨의 정치철학에서 과학의 역할』(뉴욕: W. W. 노튼, 1995)까지 이어진다. 이 책은 미국의 정치 지도자들에게는 분석적 지성이 도드라진다는 주장을 하고 있는데, 오늘날 토머스 제퍼슨의 집무실을 차지하고 있는 주인들은 그다지 그런 것 같지 않다. 초기 자기학에 대한 패트리샤 파라의 일련의 저술 내용은 《영국 과학사 저널 28호》(1995) 5~35쪽에 실린 「'숨겨진 덕목의 소중함' : 자기 판매의 매력」에 잘 요약되어 있다.

헨리와 모스

조지프 헨리는 성격이 편안하고 사실을 중시하는 사람이었는데, 그래서인지 역시 편안하고 사실을 중시하는 글을 쓰는 전기 작가 토머스 코울슨을 만났다. 그의 『조지프 헨리: 삶과 업적』(프린스턴, NJ: 프린스턴 대학 출판부, 1950)은 헨리의 삶을 세세히 포착하고 있다. 어느 정도냐 하면 헨리의 월급이 적어서 아연을 사려면 허리띠를 졸라매야 했다는 얘기까지 나온다. 그래서 헨리는 더욱 간절히, 그 값비싼 금속을 아주 조금만 써도 되는 전지와 그것으로 충분히 가동되는 전자석을 개발하고자 했다는 것이다. 네이턴 레인골드가 엮은 『19세기 미국의 과학: 기록으로 본 역사』(런던: 맥밀란, 1966)도 한번 훑어보길 권한다. 이 책에는 헨리의 편지에서 발췌한 글들이 풍부하게 들어 있다. 그가 선생으로 일하던 어려운 시절의 기록들과 ("학교에서 내가 맡은 일들은 내 적성에 잘 맞지 않는 것 같다. 나는 지금 한 반의 60명의 소년들을 가르치는 고역을 치르고 있다") 작은 전지를 이용해 340킬로그램의 무게를 들어올리게 되면서 그의 쇼맨십이 점점 늘어나는 모양까지 훔쳐볼 수 있다.

H. J. 하바쿡의 『19세기의 미국 및 영국의 기술: 노동력 절감을 위한 발명에의 추구』(케임브리지, 영국: 케임브리지 대학 출판부, 1967)는 노동력 부족 자체만으로는 기술 혁신이 이루어지지 않는다는 것을 잘 보여주는 전문가다운 경제사 책이다. 1831년에 알바니를 직접 방문했던(헨리가 아직 거기 있던 때다) 한 젊은 프랑스인은 미국에서의 생각의 편린들을 기록해 상당한 호평을 받았는데, 그 책을 보면 보다 실제적인 관찰을 접할 수 있다. 그가 바로 알렉시스 드 토크빌이며, 그 책은 걸작으로 여겨지고 있는 『미국의 민주주의』(여러 판본; 박지동 · 임효선 옮김, 한길사)이다. 특히 제2권의 1장을 보면 헨리가 살던 사회에서의 혁신, 직업, 일상의 연관 관계에 대해 살펴볼 수 있다.

칼튼 메이비가 쓴 『미국의 레오나르도: 새뮤얼 F. B. 모스의 삶』(뉴욕: 크노프, 1944)은 제목으로만 보자면 찬양론일 것 같지만, 실제로는 모스의 가면을 본격적으로 벗긴 최초의 책 가운데 하나다. 모스가 '모스 부호'라는 이름이 붙여진 통신 방식의 메커니즘을 이해하지 못해 괴로워하는 모습을 묘사한 장은 특히 근사하다. 파울리 스테이티의 『새뮤얼 F. B. 모스』(케임브리지와 뉴욕: 케임브리지 대학 출판부, 1989)는 모스의 작업을 예술 행위의 맥락에 비추어 보며, 예술을 통해 미국에 복음을 전하려는 시도가 실패하자 모스는 자연스레 전보를 통한 복음을 시도하게 되었다고 한다. 제네스 실버만의 『번개 같은 사나이: 새뮤얼 F. B. 모스의 저주받은 삶』(뉴욕: 크노프, 2003)은 최신의 기록으로서 나쁘지 않다. 모스의 아들이 쓴, 성인전이나 마찬가지인 평전

(『새뮤얼 F. B. 모스, 그의 편지와 일기들』([보스턴과 뉴욕: 휴턴 미플
린, 1914], 에드워드 린드 모스가 엮고 보충했다)을 보면 아들의 혼
란스런 심정이 뭉클하게 느껴진다. 모스의 아들은 중요한 법원
문서를 태워버린 화재에 대해 아버지는 아무 책임이 없다는 것,
의회 출신의 스미스에게 대가를 지불해야 했던 일("[나의 아버지
에게는] 불행하게도 사람을 제대로 알아보는 능력이 없었다"), 그밖
에 모스의 긴 삶에서 일어난 수많은 불행들에 대해 설명하고 있
다. 리처드 호프스태터의 고전『미국 정치의 편집증적 스타일』
(런던: 케이프, 1966)은 모스의 열광적인 성격을 다른 많은 이들
과 함께 다루고 있다.

시간 개념의 변천에 대한 책으로는 두 권의 고전이 즐길 만하
다. 데이비드 란데스의『시간의 혁명: 시계와 현대 세계의 탄
생』(케임브리지, MA: 하버드 대학 출판부, 1983)은 쾌활한 필치로
사적 접근법을 취하고 있고, 어네스트 카시에르의『인간에 관한
에세이: 인간 문화의 철학에 대한 입문』(뉴헤이븐: 예일 대학 출
판부, 1945)은 칸트 철학에 뿌리를 둔, 보다 광범위한 접근을 보
여준다. E. P. 톰슨의『영국 노동계급의 생성』(런던: 골란츠,
1963; 나종일 외 옮김, 창비)은 시계에 의해 통제되는 빡빡한 작업
시간표 기저에 놓인 종교적 관념에 대해 탁월한 시각을 보여준
다. 미르체아 엘리아데의『영원 회귀의 신화』(런던과 뉴욕: 루트리
지 & 케건 폴, 1955; 심재중 옮김, 이학사)는 사회가 변화시킨 시간
개념에 대해 보다 일반적인 고찰을 하고 있다. 데이비드 폴 니클
의『전선의 아래: 전보는 어떻게 외교를 바꾸었나』(케임브리지,

MA: 하버드 대학 출판부, 2003)는 전보가 몰고 온 조급함으로 인해 19세기 및 20세기 초반의 국제 외교가 얼마나 참혹할 정도로 불안정해졌는지 설득력 있게 다룬다. 톰 스탠대지의 『빅토리아 시대의 인터넷: 전보에 관한 놀라운 이야기 그리고 19세기의 온라인 개척자들』(뉴욕: 워커; 런던: 와이덴펠드와 니콜슨, 1998)은 전보 기술과 그 영향에 대해 서술한 이상적인 에세이이다.

벨과 에디슨

한 인간으로서의 벨을 이해하는 가장 좋은 방법은 에드윈 S. 그로스브너와 모건 웨슨이 쓴 『알렉산더 그레이엄 벨: 전화를 발명한 사람의 삶과 그 시대』(뉴욕: 아브람스, 1997)를 읽는 것이다. 이 책에는 벨이 삶의 매 단계마다 찍은 사진들, 연애편지에서 발췌한 글들이 실렸을 뿐 아니라 기본적 과학 사실에 대한 설명도 잘 되어 있다. 라즐로 솔리마르의 『메시지의 전송: 통신의 역사』(옥스퍼드, 영국: 옥스퍼드 대학 출판부, 1999)는 19세기와 20세기 통신 기술의 넓은 맥락 속에서 과학적 사실을 설명했다. 존 피어스와 놀 마이클이 쓴 『신호들: 통신의 과학』(뉴욕: 미국 과학 총서, 1990)은 정보 이론에 대해서도 깔끔하게 소개했다.

로버트 프리델, 폴 이스라엘, 버나드 S. 핀이 공저한 『에디슨의 전구: 발명의 전기』(뉴 브룬스윅, NJ: 러트거스 대학 출판부, 1987)는 전구의 기원에 대해 상상할 수 있는 거의 모든 질문에 답해준다. 에디슨의 삶에 대해 흥미진진하게 읽을 만한 책으로는 우선 매튜 조지프슨의 『에디슨』(뉴욕과 런던: 맥그로-힐, 1959)을 추천하며, 주제별 접근이 돋보이는 책으로는 닐 볼드윈의 『에디슨: 세기의 발명가』(시카고와 런던: 시카고 대학 출판부, 1995)가 있다. 에디슨이 자신만큼이나 대담한 기업가들과 손잡고 벌인 간계에 대해 알아보려면 질 존스의 역작 『빛의 제국: 에디슨, 테슬라, 웨스팅하우스, 세상을 전기화하기 위한 경쟁』(뉴욕: 랜덤 하우스, 2003)을 보라.

넓은 트렌드에 대해 살펴보려면 토머스 P. 휴즈의 『미국의 창세기: 발명과 기술에 대한 열광의 시대 1870~1970』(뉴욕: 바이킹, 1989)이 좋으며, 아널프 그뤼블러의 『기술과 지구적 변화』(케임브리지, 영국: 케임브리지 대학 출판부, 1998)는 어떤 기술 결정론자들도 만족시킬 만큼 풍부한 도표를 실었다. 메릿 로 스미스와 레오 막스가 엮은 『기술은 역사를 추동하는가? 기술 결정론의 딜레마』(케임브리니, MA: MIT 출판부, 1996)는 그 반대 주장을 볼 수 있는 유용한 책이다. 전차, 놀이 공원, 대중문화 일반에 대해서는 데이비드 나이의 『미국의 전기화: 새로운 기술의 사회적 의미』(케임브리지, MA: MIT 출판부, 1990)를 보라. 콜린 찬트가 엮은 종합적인 책 『과학, 기술 그리고 일상 1870~1950』(런던: 루트리지, 오픈 대학과 공동으로, 1989)를 이 부분에 대한 유럽의 시각을 보기에 알맞다. 20세기 초반, 전기화라는 새로운 기술의 채택이 더뎌진 사실에 대해서는 폴 데이비드의 저술을 보면 되는데, 그는 험난한 세기였던 20세기 마지막에 업무 행태를 근본적으로 바꾸어놓게 되는 컴퓨터 기술이 왜 초반 투자에 난항을 겪었는가 하는 문제와 비교하여 설명해준다. 『혁신의 경제학에서의 첨단 분야들: 폴 데이비드를 기리는 에세이 모음』(케임브리지, MA: 에드워드 엘가, 2005)에 수록된 논의 내용을 보라.

J.J. 톰슨의 아들 조지 파젯 톰슨은 『J.J. 톰슨과 캐번디시 연구소』(런던: 넬슨, 1964)에서 아버지의 삶을 세심하게 회고했다. 이 책은 말수가 적고 언뜻 무능하게까지 보였던 한 사내가 어떻게 현대 사회를 완전히 뒤집어놓는 업적을 남길 수 있었는지 잘 보여준다. 톰슨이 직접 쓴 자서전 『회상과 반성』(런던: G. 벨 & 선즈, 1936)도 참고하라. J.J. 톰슨이 1897년에 발견한 것이 정확히 무엇인가 하는 것은 흥미로운 질문인데, 그는 전자의 모습을 실제로 볼 수 없었고 다만 음극관 내에 발생한 '무언가'의 질량과 전하량의 비율 자료만을 수집할 수 있었기 때문이다. 이 비율은 독일의 발터 카우프만이 이미 측정해둔 값이었고, 그는 더욱 정확한 값을 얻었을 따름이다. 페르 F. 달의 『음극선의 섬광: J.J. 톰슨의 전자의 역사』(필라델피아: 물리 연구소 출판국, 1997)는 J.J. 톰슨의 성공에 대해 서술 중심으로 재미있게 소개했다. 이 발견의 내용에 대한 일반적 주제들을 알아보려면 제드 Z. 부흐발트와 앤드루 워윅이 엮은 『전자의 역사: 미시물리학의 탄생』(케임브리지, MA: MIT 출판부, 2001)을 보라. 스티븐 와인버그의 『아원자 입자들의 발견』(뉴욕: W. H. 프리만, 1990)은 거대한 과학적 힘들을 종합적이고도 명료하게 설명했으며, 톰슨의 시각을 이해하는 데도 훌륭한 책이다. 또한 오늘날 전자기

이론에서의 정전하와 동전하의 관계에 대해서도 잘 풀어썼다.

패러데이

나는 이전 책을 쓸 때 패러데이의 삶과 업적에 대해 조사한
적이 있었기 때문에, 더 이상 찾아볼 것은 없겠다고 생각했다.
그런데 그때 우연히 제임스 해밀튼이 쓴 『패러데이: 그의 삶』
(런던: 하퍼콜린스, 2002)을 만났고, 세상에, 나는 겸손이 무엇인
지 비로소 알게 되었다. 해밀튼은 최고다. 그는 대부분의 과학
사가들이 간과한 패러데이의 삶을 풍부하게 이해해낸 예술적
역사가라 할 수 있다. 그의 책을 통해 우리는 실험을 위해 전선
을 감던 패러데이의 고요한 시간들의 감촉을 직접 느낄 수 있
고, 긴 세월에 걸친 깊은 종교적 신념이나 촉각과 후각 등의 정
보가 패러데이에게 얼마나 중요했는지, 그리고 그것들이 위대
한 발견에 얼마나 도움을 주었는지 느낄 수 있다.

그 이전의 책들 중에서는 L. 피어스 윌리엄스의 『마이클 패러
데이』(런던: 챕맨과 홀, 1965)가 매우 뛰어나다. 조프리 칸토의
『마이클 패러데이, 샌더만 파 교도 그리고 과학자: 19세기의 과
학과 종교에 대한 연구』(런던: 맥밀란: 뉴욕: 세인트 마틴 출판사,
1991)도 그렇다. 정상급 과학자들과 러셀 스태너드의 인터뷰를
실은 『과학과 경이로움: 과학과 신념에 대한 대화들』(런던과 보
스턴: 파버 앤 파버, 1996)은 종교와 과학이라는 주제 일반에 대

해 처음 입문할 때 읽기 좋다.

패러데이가 만든 주요한 개념은 '장'이라는 것이다. 이 개념을 이해하는 가장 이상적인 방법은 한 해 여름의 시간을 투자하여 미적분학 개론서나 아니면 벡터 대수에 대한 부분만이라도 독파하는 것이다. 그러면 리처드 파인만의 『물리학 강의』〔리딩, MA: 애디슨-웨즐리, 1963; 『파인만의 물리학 강의』(박병철 옮김, 승산)〕 제2권을 이해하는 즐거움도 더불어 누릴 수 있다. 이 책을 읽고 나면 세상을 예전과 같은 방식으로 볼 수 없어질 것이다. 하지만 수학적 배경 지식을 쌓는 시간을 내는 것도 쉬운 일이 아니기 때문에, 그런 분들을 위해서는 대신 아인슈타인이 레오폴드 인펠트와 함께 쓴 『물리학의 진화, 초기 개념들로부터 상대성 이론과 양자에 이르기까지』(뉴욕: 사이먼 & 슈스터, 1966: 초판은 1938)의 2장과 3장에 실린 매혹적이면서도 기술적이지 않은 설명을 읽도록 권한다. 아인슈타인이 소켓에서 플러그를 재빨리 뽑을 때 불꽃이 튀는 이유를 통해 실재하는 장의 모습을 설명한 부분이 특히 좋다(파인만의 『강의』 제1권의 2장과 14장도 장이론에 대한 기술적이지 않은 서술을 담고 있다).

우리가 이미 알고 있는 장의 개념을 그대로 패러데이의 시대에 투사하려는 충동이 일기도 하겠지만, 그것은 최종적인 성취를 위해 힘겹게 나아갔던 패러데이의 어려움을 통째로 무시하는 결과가 될 것이다. 여러 단계에 걸친 패러데이의 장 개념의 변화에 대해서는 P. M. 하먼의 『에너지, 힘 그리고 물질: 19세기 물리학의 개념적 발전』〔케임브리지, 영국: 케임브리지 대학 출판부, 1982; 『에너지, 힘, 물질: 19세기의 물리학』(김동원 외 옮김, 도서출판 성우)]이 잘 설명했다. 크로스비 스미스와 존 에이가가 엮은 『과학에서의 공간의 발견: 지식의 형성에서 영역에 대한 주제들』(런던: 맥밀란; 뉴욕: 세인트 마틴 출판사, 1998) 181~192쪽에는 낸시 네레시안의 짧지만 예리한 논문 「19세기 과학이 표현한 공간의 이미지: 패러데이와 틴달」이 실려 있다. 이 논문은 풍경에 대한 삼차원적 인식이 패러데이의 시각에 어떤 영향을 주었는가, 그리고 그가 어떻게 일직선상에서 즉각적으로 작용하는 힘이라는 개념을 버리고 정해진 속도로 이동하는 파동의 움직임이란 시각을 취하게 되었는가 하는 문제에 대해 비교 대상이 없을 정도로 정교한 서술을 보여주고 있다.

대서양 전선, 윌리엄 톰슨 그리고 제임스 클러크 맥스웰

전선 가설용 선박에 탑승했던 창의성 있는 수석 기술자 찰스 브라이트는 아들의 이름을 짓는 문제에 관해서만은 그다지 창의적이지 않았다. 아들의 이름도 찰스 브라이트이기 때문이다. 아들 찰스는 『대서양 전선 이야기』(런던: 조지 뉴네스 Ltd., 1903)라는 책을 썼는데, 아버지로부터 오랫동안 이런저런 이야기를 들었던 덕인지 그 모험을 아주 잘 그려내었다. 책에는 폭풍우로 어마어마한 파도들이 몰아닥쳤던 1858년 당시 아가멤논호에 타고 있던 영국 《타임스》지 통신원이 남긴 긴 기록의 사본도 실려 있다. 브라이트 주니어가 쓴 또 다른 책 『찰스 틸스턴 브라이트 경의 인생』(런던, 콘스터블 & Co., 1908)은 더 두껍고 세세한 일화들도 더 많이 담고 있다. 가령 대서양 한가운데서 해저 샘플을 채취하는 동안 영국 선원들이 여유를 즐긴 방법 같은 이야기 말이다. 그들은 맥주가 든 통을 줄에 매달아 바다에 담그고는, 알맞게 차가워진 후 살짝 건져 즐기곤 했다.

브라이트는 사업을 말아먹을 뻔했던 전기 기술자, 즉 화이트하우스에 대해서도 정중한 태도를 유지하려 노력했다. 하지만 독자 여러분의 주변에 훌륭한 도서관이 있다면 방문하여 영국 정부의 공식 심리 문서 『해저 전신선 가설을 위한 합작 위원회 보고서』(영국 의회 기록 1860, LXII)를 찾아보기 바란다. 대단한 기록의 향연을 즐길 수 있기 때문이다. 빅토리아 시대 변호사들이 열변을 토하는 진풍경은 지금 읽어도 인상적이기 그지없는데, 그 시대에는 오죽했으랴. 최근의 책으로는 베른 디브너가 쓴 『대서양 전선』(뉴욕: 블레이즈델, 1964)과 존 스틸 고든이 쓴 『바다를 건넌 실』(뉴욕: 워커 & Co., 2002)이 있는데 둘 다 분위기를 잘 전하고 있다.

윌리엄 톰슨(후에 켈빈 경이 된)의 전기 중에서 내가 제일 좋아하는 것은 그의 친구인 실바누스 P. 톰슨이 쓴 『윌리엄 톰슨의 삶: 라그의 켈빈 남작』(런던: 맥밀란, 1910; 2권)이다. 따뜻한 이해의 측면에서는 그보다 떨어지지만 훨씬 분석적인 책으로 크로스비 스미스와 M. 노튼 와이즈 공저의 『에너지와 제국: 켈빈 경에 대한 전기적 연구』(케임브리지: 케임브리지 대학 출판부,

1989)가 있다. 크로스비 스미스가 뒤에 쓴 『에너지의 과학: 빅토리아 시대 영국에서의 에너지 물리학에 대한 문화사적 접근』(런던: 애슬론 출판사, 1998)은 당대의 사고방식을 잘 들여다보게 해준다. 전선의 내부에 일어나는 현상을 탐구하는 데 있어 톰슨이 패러데이를 어떻게 넘어섰는가 하는 주제는 그레엄 홀리스터 소트 및 프랭크 A. J. L. 제임스 편 《기술사 제13호》(1991)에 실린 브루스 헌트의 유용한 논문 「마이클 패러데이, 전선을 통한 전보와 장이론의 탄생」에서 다뤄졌다.

내 책의 구성상 맥스웰을 간단히 언급하는 정도로밖에 다룰 수 없었던 것이 안타까운데, 그래서 진심으로 이 조심성 있고, 명석하고, 어떤 단어로도 설명이 어려운 인물에 대해서 독자 여러분이 더 알아보기를 권한다. 좋은 전기가 두 권 있다. 하나는 C. S. F. 에버릿의 『제임스 클러크 맥스웰: 물리학자 그리고 자연철학자』(뉴욕: 스크리브너, 1976)이고 다른 하나는 『에테르 속의 악마: 제임스 클러크 맥스웰 이야기』(에든버러: 폴 해리스 출판사; 애덤 힐거와 함께, 브리스틀, 1983)이다. 정전기장과 전자기장의 비율을 측정하는 방법을 동원해 궁극적으로 빛 자체가 정전기파임을 밝힌 맥스웰의 연구 내용에 대해서 알아보려면, M. 노튼 와이즈가 엮은 『정밀성의 가치』(프린스턴, NJ: 프린스턴 대학 출판부, 1995)에 실린 사이먼 섀퍼의 논문 「정밀한 측정이야말로 영국식 과학이다」가 정석적이고도 명징한 입문 자료가 되어줄 것이다.

톰슨과 맥스웰은 이론을 도와줄 물리적 모형을 언제 건설하면 좋을지, 그리고 그 모형을 언제 잊으면 좋을지 잘 알았다는 공통점이 있다. 톰슨은 대서양 전선을 분석할 때 푸리에 열방정식을 대담히 축약해 적용했는데, 이에 대해서는 P. M. 하먼이 엮은 『논쟁하는 자와 물리학자』(맨체스터, 영국: 맨체스터 대학 출판부, 1985)에 실린 올레 크누젠의 논문 「윌리엄 톰슨의 전자기 이론에서 수학과 물리적 실체의 중요성」을 보라. 맥스웰은 1860년에 최종적으로 발표한 이론을 다듬기 위해 방적장치와 유동바퀴를 만든 적이 있는데(그는 이를 통해 보다 깔끔하고 추상적인 접근을 선호했던 프랑스 과학자들을 앞지를 수 있었다), 이에 대해서는 데이비드 파크의 『눈 속의 불꽃: 자연과 빛의 의미에 대한 역사적 에세이』(프린스턴, NJ: 프린스턴 대학 출판부, 1997)의 9장을 먼저 보길 바라며, 다음으로 대니얼 시겔의 『맥스웰 전자기 이론에서의 혁신』(케임브리지, 영국: 케임브리지 대학 출판부, 1991)을 고려해보라. 그런 뒤에는 맥스웰이 직접 쓴 재치 있고 심오한 논문들도 읽어볼 만하다. 시뮤엘 샘부르스키가 엮은 『물리적 사고: 선집』(런던: 허친슨, 1974) 등 여러 선집에서 쉽게 찾을 수 있다.

헤르츠

헤르츠를 다룬 장에서 내가 인용했던 일기 내용들은 요한나 헤르츠가 엮은 방대한 분량의 『하인리히 헤르츠: 회고, 편지,

일기들』에 있는 것의 극히 일부일 뿐이다. 마틸데 헤르츠와 찰스 수스킨트가 손을 본 두 번째 확장본에는 막스 폰 라우에가 쓴 전기적 서문도 딸려 있다(샌프란시스코: 샌프란시스코 출판사, 1977). 헤르츠의 주요 과학 논문들은 그의 사후에 곧 집대성되었는데, 그 두 번째 개정판에는 윌리엄 톰슨이 쓴 서문도 있어 흥미롭다. 하인리히 헤르츠의『전기적 파동들: 일정한 속도로 공간을 가로지르는 전기의 확산에 대한 현재적 연구』(런던: 맥밀란 앤 Co., 1900)를 참고하라. 올리버 로지 경이 쓴『무선에 대한 이야기들』(런던: 카젤 앤 컴퍼니 Ltd., 1925)은 초창기 라디오를 개발한 모든 주요 연구자들과 가까웠던 사람이 생생하게 그려낸 당대에 대한 회상이다. 헤르츠의 연구 내용에 대해서라면 모든 대학 교과서가 맥스웰의 연구와 함께 소개하고 있다. 제임스 트레필과 로버트 M. 헤이즌이 공저한『과학: 통합적 접근』(뉴욕: 존 와일리, 1998)은 처음에 쉽게 읽기 좋은데, 평균적인 입문서들보다 한층 매끄럽게 씌어졌다. 브라이언 실버의『과학의 등정』(뉴욕과 옥스퍼드: 옥스퍼드 대학 출판부, 1998)은 보다 서지적인 접근을 취하고 있으며, 중심 주제에서 벗어난 역사적 일화들도 다수 포함했다.

레이더

왓슨 와트가 직접 쓴 레이더 발명에 대한 기록『레이더의 맥박』(뉴욕: 디알, 1959)은, 쉽게 짐작되다시피, 산만하며 매우 억지가 많다. R. V. 존스가 첩보전에 대해 회상한『마법사의 전쟁: 영국의 과학 첩보 1939~1945』(뉴욕: 카워드, 맥캔 & 게오그헤건, 1978)는 전반적으로 냉정하고, 다소 빈정대는 문체를 띠었다. 다른 주인공들의 일생에 대해서는 C. P. 스노우의『과학과 정부』(케임브리지, MA: 하버드 대학 출판부, 1961)를 먼저 읽으면 좋다. 하지만 티자드와 린드만에 대해서는 솔리 주커만의『원숭이가 장군이 되기까지』(런던: 해밀튼, 1978)를 보면 스노우의 책에서 모자랐던 부분을 채울 수 있을 것이다. 또 로널드 클라크의『티자드』(런던: 메두엔, 1965)를 봐도 좋다. 정부 공식 기록인 찰스 킹슬리 웹스터와 노블 프랭크랜드의『독일에 대한 전략적 영공 수호, 1939~1945』(런던: HMSO, 1961; 4권)가 발표된 뒤, 스노우는 1961년에 했던 강연을 수정하여『과학과 정부에 붙이는 부록』(케임브리지, MA: 하버드 대학 출판부, 1962)을 냈다. 이로 인해, 2차 대전이 끝난 지 얼마 되지도 않은 시점에서, 다시금 활발한 논쟁이 이뤄졌다.

로버트 핸베리 브라운의『보핀: 레이더, 라디오 천문학, 그리고 양자 광학의 초창기에 대한 개인적 이야기』(브리스틀, 영국: 힐거, 1991)는 보기 드물게 잘 씌어진 회고록으로 체인 홈 시스템을 설계하던 초기의 모습을 잘 보여주며, 아직 부족한 점이 많았던 초창기 기기들을 지나치게 깐깐한 런던 고위층으로부터 지켜내느라 얼마나 많은 노력을 했는지도 들려준다. 잭 니센이 A. W. 코커릴과 함께 쓴『레이더 전쟁의 승리』(뉴욕: 세인트 마틴즈, 1987)는 사회 계층보다 속도가 우선이었던 왓슨 와트의 개발팀에 한 젊은 런던내기가 참가하면서 겪은 일들을 기록한 책이다. 그곳에서는 이스트 엔드 빈민가 출신의 십대로부터 중앙 정부의 장군들에 이르기까지 모든 영국인들이 긴 토론을 벌이곤 했다. 이전에는 상상할 수도 없는 일이었다.

보다 상세한 주제로 들어가면, 조지 레이드 밀라의 『브루네발 공습』(런던: 보들리 헤드, 1974)은 낙하 작전에 대해 잘 소개했고, 『함부르크 전투: 1943년 연합군 폭격기들의 독일 도시 공습』(런던: 알렌 레인, 1980)은 함부르크 공습에 대해 가장 상세한 기록을 제공한다. 군사 작전 일반에 대한 개론서로는 스벤 린드크비스트의 『폭격의 역사』(런던: 그란타 북스, 2001; 김남섭 옮김, 한겨레 출판사)가 훌륭하다. 내 책의 본문에 드문드문 있는 해리스에 대한 묘사는 이 책에서 가져다 쓴 것이다. 하지만 균형을 위해서는 보다 보수적이면서도 역시 풍부한 조사 작업을 거쳐 잘 씌어진 막스 헤이스팅스의 『폭격기 사령부』(런던: 조지프, 1979, 이후 개정판들)도 보기 바란다. 지은이가 심리적 통찰에 얼마나 능한지 알려드리기 위해 다음 문장을 인용해보았다. 그에 따르면 "(해리스는) 가끔은 지나친 과장으로 인해 스스로 내건 명분마저 손상시키는 행동을 했지만, 그는 관료 사회의 가장 중요한 원칙 하나는 확실히 이해하고 있었다. 일련의 작업 과정에 대해 목소리 높여 동의하고 또한 대중에게까지 공개적으로 밝힘으로써, 실은 그것과는 정반대의 일을 자유롭게 할 수도 있다는 것이다." 렌 데이튼의 BBC 라디오 드라마 『폭격기』(BBC 오디오북, ISBN 0563552662, 조나단 러플 제작)는 생생한 현장감을 느끼게 한다. 로버트 부데리의『세상을 바꾼 발명: 전시로부터 평화로운 시기에 이르는 레이더 이야기』(뉴욕: 사이먼 & 슈스터, 1996)는 20세기 전반 레이더 기술에 대해 한 권으로 볼 수 있는 적당한 책이다. 책은 1904년에 선박 탑재 레이더 시스템에 대한 특허를 냈던 한 잊혀진 독일 기술자 이야기에서 시작해 라디오파를 활용한 가장 최근의 천문학 연구까지 다룬다. 책은 또 MIT 레이더 연구소가 기여한 바에 대해서도 공간을 할애했는데, 이 연구소는 체인 홈 시스템이 대단한 성공을 거둔 1940년대 이래로 죽 연구의 주도권을 차지해왔다. 부유한 한 개인이 어떻게 이 대단한 연구소의 발전에 기여하였는지 알아보려면 제넷 코난트가 쓴 알프레드 루미스에 대한 전기,『턱시도 공원: 월 스트리트의 거물, 그리고 2차 대전의 방향을 바꾼 은밀한 과학의 성』(뉴욕: 사이먼 & 슈스터, 2002)을 보라.

레이더를 가능케 한 과학 자체에 대해 알아보려 조사해보면, 대부분의 교과서들은 금속의 자유전자 모형을 빌어 설명해줄 것이다. 하지만 리처드 P. 파인만의『QED: 빛과 물질에 대한 이상한 이론』〔프린스턴, NJ: 프린스턴 대학 출판부, 1985;『일반인을 위한 파인만의 QED강의』(박병철 옮김, 승산)〕은 레이더 파동과 금속이 만났을 때 벌어지는 현상에 대해서는 양자 전기역학이 훨씬 더 정확한 설명을 제공해준다는 사실을 특유의 재치 넘치는 말투로 들려준다.

튜링과 컴퓨터

튜링의 명성을 복원해준 책은 앤드루 호지스가 쓴 『앨런 튜링: 에니그마』(런던: 빈티지, 1993; 원본은 1983)다. 이 책은 해밀턴이 쓴 패러데이 전기를 능가할 정도로 잘 씌어졌으며, 평균적인 과학사가들의 서술을 훨씬 뛰어넘는 성취를 이뤘다. 호지스는 최고 수준의 문필가라 할 만하다. 특히 그는 동성애자를 핍박하는 세상에서 양성애자로 살아야 했던 튜링의 지난 세월이 임시적이고 가변적인 소프트웨어라는 개념을 발전시키는 데 어떤 영향을 주었는지, 설득력 있게 밝히고 있다. 프린스턴에서 보낸 몇 해와 튜링의 성적 취향이 대단히 중요한 요소임을 집중적으로 밝히는 책은 닐 스티븐슨이 쓴 소설로 술술 책장을 넘기게끔 하는 『크립토노미콘』(뉴욕: 에이본, 1999; 이수현 옮김, 책세상)이다. 블레츨리 파크 시절을 잘 기록한 것은 사이먼 싱의 『암호의 책』〔런던: 포스 에스테이트, 1999; 『코드북』(이원근 외 옮김, 영림카디널)〕인데, 이 책이 보여주는 암호 작성 및 해독법의 세부 내용은 튜링의 시대와 마찬가지로 지금의 독자에게도 놀라울 것이다.

수학에 익숙한 독자라면, 암호는 생성될 때나 해독될 때나 일련의 과정을 따라 적용되는 법이므로 추상 대수에서의 군 이론 group theory으로 설명될 수 있다는 사실을 알 것이다. 수학자들이 미국국가안전보장국이나 영국 정보통신본부 등에서 높은 연봉을 받는 이유도 그 때문이다. 이스라엘 허스테인의 고전 『대수학의 문제들』(렉싱턴, MA: 제록스 칼리지 출판부, 1975)은 어떤 세련된 암호 해독 기법들이 가능한지 보여주는데, 추상적 사고가 안겨주는 아름다움도 더불어 느끼게 한다. 콘스탄스 레이드가 쓴 찬찬한 내용의 전기 『힐베르트』(뉴욕: 코페르니쿠스, 1996)는 기술적이지 않은 이상적인 입문서다. 이보다 좀더 도전하기 어려운 책으로 아서 I. 밀러가 지은 『결정의 문제, 천재의 통찰: 과학과 예술에서의 이미지와 창조성』(케임브리지, MA: MIT 출판부, 2001)이 있는데, 이 책은 튜링과 같은 천재가 남들과 다른 것을 볼 수 있게 되는 여러 요인 간의 연관을 우아하게 밝혀낸다.

계산의 초기 역사에 대해서는 마이클 린드그렌의 『영광과 실패: 요한 뮐러, 찰스 배비지, 게오르그 슈츠와 에드바드 슐츠의 차분 기관들』(케임브리지, MA: MIT 출판부, 1990)을 보면, 찰스 배비지가 고안한 것으로 되어 있는 차분 기관difference engine No. 1을 실제로 만들었지만 1840년대에는 아무도 그것을 사줄 사람이 없다는 사실만 깨닫고 만 두 스웨덴 기술자들에 대한 재미난 이야기를 읽을 수 있다. 존 에이가의 『튜링과 범용 기계: 현대적 컴퓨터의 탄생』(케임브리지, 영국: 아이콘 북스〔미국에서는 토템 북스가 펴냄〕, 2001)은 사회 보장 제도 및 거대 관료 체계의 발달로 인해 컴퓨터는 점차 필수불가결한 요소가 되어갔다고 주장한다. M. 미첼 왈드롭의 『꿈의 기계: J. C. R. 리클리어와 개인용 컴퓨터를 탄생시킨 혁명』(런던과 뉴욕: 바이킹, 2001)은 1950년대에 방어 미사일 조작 계기반에 나열된 입력 기기들을 개인화하고자 하는 필요에서 개인용 컴퓨터가 탄생했다고 밝힌다. 파멜라 맥코덕의 『생각하는 기계들: 인물들을 통해 본 인공 지능의 역사와 전망』(나틱, MA: A. K. 피터스, 2003; 1979년 W. H. 프리만 판의 개정 재출간본)은 인공 지능에 대한 튜링의 꿈을 펼치려 노력했지만 열정을 쏟은 만큼 성공을 거두지는 못했던 1세대 연구자들을 생생히 되살렸다.

거대한 컴퓨터 시스템을 끙끙대며 가동해본 사람—그리고 왜 그렇게 어려운지 한탄해본 사람—이라면, 현역 시스템 설계자가 쓴 책 중에서 내가 가장 좋아하는 이 책을 즐겁게 읽을 수 있을 것이다. 『신화적인 1인당 월 작업량: 소프트웨어 공학에 대한 에세이』(리딩, MA: 애디슨-웨즐리, 1995년 기념본)이다. 에릭 레이먼드의 시적인 선집 『대성당과 바자: 우연한 혁명가들에 의해 탄생한 리눅스와 오픈 소스 운동에 대한 소고』(세바스토폴, CA: 오레일리, 1999)는 보다 최신 내용을 담고 있다. 조지나 페리의 『레오라는 이름의 컴퓨터: 리온스 홍차 전문점과 세계 최초의 사무용 컴퓨터』(런던: 포스 에스테이트, 2003)는 컴퓨터 산업을 일구기 위해 영국이 기울였던 그리 성공적이지 못한 노력에 대해 대담하게 밝혀냈다. 대니 힐리스의 『바위의 형태』(런던: 와이덴펠드와 니콜슨, 1998)는 컴퓨터과학에 대한 완벽하고도 간략한 개론서이다. 닐 거센펠트의 『정보 기술의 물리학』(뉴욕: 케임브리지 대학 출판부, 2000)은 보다 본격적으로 실제 학문적 내용을 다뤘다.

트랜지스터와 양자역학

마이클 리오던과 릴리언 호드슨은 상업용 트랜지스터를 만들기 위한 경쟁에 참여한 많은 관계자들을 인터뷰하였다. 해서 그들의 책 『크리스털 불꽃: 트랜지스터의 발명과 정보 시대의 탄생』(뉴욕: W. W. 노튼, 1997)은 대단히 생생하며 또 권위 있다. 호드슨은 벨연구소를 이끌었던 한 겸손한 이론가의 전기 『진정한 천재: 존 바딘의 삶과 과학』(워싱턴 D.C.: 조지프 헨리 출판사, 2001)을 비키 데이치와 함께 쓸 때도 인터뷰라는 접근법을 활용했다. 두 책은 지금 와서 돌이켜보면 너무나 지당한 것으로 여겨지는 기술이 탄생 당시에는 얼마나 모호하고도 애매할 수 있는지, 잘 보여준다.

양자 역학 교과서들을 펼치면 트랜지스터의 기반에 놓인 과학적 사실들을 잘 볼 수 있다. 짐 알 할릴리가 쓴 『양자』(런던: 웨이든펠트 & 니콜슨, 2003)도 좋은 책이고, 토니 헤이와 패트릭 월터스가 함께 쓴 『양자적 우주』(케임브리지, 영국: 케임브리지 대학 출판부, 1987)는 보다 사적인 접근법을 취했다. 이 책에는 세세한 일화들도 많이 소개되는데, 가령 불운한 레이더 기술자 G. W. A. 더머의 이야기도 있다. 그는 1952년에 이미 상세한 집적 회로 설계를 마쳤지만, 튜링을 짓눌렀던 바로 그 꽉 막힌 관료주의 탓에 완전히 무시되고 말았다. 미국은 십 년 후에 독자적인 연구를 통해 그의 설계와 똑같은 것을 발명해내고, 엄청난 성공을 거뒀다.

존 폴킹혼의 『양자 이론: 매우 짧은 소개』(옥스퍼드와 뉴욕: 옥스퍼드 대학 출판부, 2002)는 오랜 기간 케임브리지 학장으로 재직했던 석학이 직접 매끄럽게 요약한 개론서다. 결정 고체 내부의 띠구조 설명 부분은 내가 아는 한 가장 간결하고도 뛰어나다. 로렌스 크라우스의 『물리학에 대한 두려움: 혼란스러운 이들을 위한 안내』(뉴욕: 베이직 북스, 1994)는 현대 물리학의 영토를 쾌활하게, 그러면서도 예리하게 탐색했다.

루돌프 피어스는 다소 별나지만 흥미로운 책 『여행 중인 새들: 한 물리학자의 회상』(프린스턴, NJ: 프린스턴 대학 출판부, 1985)에서 '구멍'이라는 핵심 개념에 대한 개인적 소견을 밝히고 있다. 이 새로운 과학의 발달 단계 전반에 대해 보다 체계적으로 분석한 책으로는 L. 호드슨, E. 브라운, J. 타이히만, S. 웨어트가 엮은 『결정의 미로에서 탈출하다: 고체 상태 물리학 역사의 여러 면면들』(뉴욕: 옥스퍼드 대학 출판부, 1992)이 있다. 독일어를 읽을 줄 아는 독자라면 C. A. 마이어가 엮은 『볼프강 파울리와 C. G. 융의 서신 교환 1932~1958』(베를린과 하이델베르크, 스프링거, 1992)에서 파울리의 배타원리 밑바닥에 깔린 심리적 요인을 생생하게 들춰보는 기쁨을 누릴 수 있을 것이다.

내 책에서 소개되지 않았지만 매우 중요한 것이 틀림없는 두가지 기술에 대해서는 다음 책을 보라. 데이비드 E. 피셔와 마셜 존 피셔의 『진공관: 텔레비전의 발명』(워싱턴, DC: 카운터포인트, 1996)과 찰스 타운즈의 『레이저는 어떻게 생겨났나』(뉴욕과 런던: 옥스퍼드 대학 출판부, 1999)이다. 어느 조용한 날 아침

워싱턴 D.C.의 한 공원 벤치에 앉아 있는데 문득 레이저에 대한 아이디어가 떠오른 순간을 타운즈는 겸손하게 회상했다. 또한 그의 발명품이 산업적으로 응용된 내용, 외계에서 자연적으로 생성되고 있는 거대한 레이저들에 대한 내용도 담았다. 수십억 년이라는 긴 세월, 낮은 물질 밀도, 그리고 무한한 에너지 공급원이라는 조건들이 맞아떨어지면 자연적 레이저빔이 생겨날 수 있다.

거대 연구소들과 그 영향

당신이 몸담고 있는 조직이 마우스를 비롯해 디지털 폴더, 스크롤, 포인팅, 클릭킹이라는 개념, 심지어는 개인용 컴퓨터에 필요한 거의 모든 주요 속성들을 개발해냈지만 그를 통해 한푼도 돈을 벌지 못했다면, 당신은 당연히 연구소의 실패와 성공이라는 주제에 집착하게 될 것이다. 제록스 PARC에서 오래 책임자로 있었던 존 실리 브라운(그의 재임 기간 이전에 제록스에서는 실제로 위의 실패들이 모두 발생했다)이 폴 두귀드와 함께 『정보 사회의 생활』〔보스턴: 하버드 비즈니스 스쿨 출판부, 2000; 『비트에서 인간으로』(이진우 옮김, 거름)〕을 쓴 것은 그 때문이다. 책은 기업과 사회 내에서 혁신이 실제로 일어나는 메커니즘에 대해 매우 잘 분석했다.

함께 읽을 책으로 프레드 햅굿의 『무한히 뻗은 사다리 위로:

MIT와 기술적 상상력』(리딩, MA: 애디슨 웨즐리, 1993)은 괴상하지만 세상을 바꾸는 업적을 해내는 MIT 공학자란 인종들에 대한 냉철한 인류학적 보고서이다. 리처드 로즈가 엮은 선집『기술의 비전: 기계, 시스템, 인간 세상에 대한 한 세기에 걸친 열띤 토론』(뉴욕: 사이먼 & 슈스터, 1999)은 MIT 공학자들의 업적에 대한 토론 내용들을 담았다. 피터 홀의『문명사회의 도시들: 문화, 혁신, 그리고 도시 계급』(런던: 웨이덴펠트 & 니콜슨, 1998) 역시 방대한 분량을 자랑한다. 이 책은 사회 변화라는 주제에 대해 훌륭하게 서술했는데, 트랜지스터 기술의 등장 무렵 테네시 주 멤피스에서 꽃피었던 엘비스 프레슬리의 창조성에 대해 아주 긴 장을 할애해 설명했다. 존 R. 맥닐과 윌리엄 H. 맥닐의 『인간의 거미줄: 세계사의 조감』(뉴욕: W. W. 노튼, 2003)은 정보 기술로 인한 혁신을 문명사의 한 핵심 단계로 가정한다. 내가 보기에 그들의 책은 우리가 사는 21세기에 대한 독창적인 안내로 손색이 없다.

마음 그리고 그 너머

콜린 블랙모어와 실라 제넷이 엮은『옥스퍼드 인체 안내서』(옥스퍼드와 뉴욕: 옥스퍼드 대학 출판부, 2001)는 아름다운 수많은 삽화들을 포함하고 있으며, 생리학의 전 영역을 살펴보는 데 부족함이 없는 탁월한 책이다. 호지킨과 헉슬리가 중대한 돌파구를 열어젖힌 이후 20년의 발전사에 대해서는 호지킨 자신이 쓴 책이 있는데, 『신경 자극의 전달』(리버풀: 리버풀 대학 출판부, 1963)이다. 그는 1992년에『우연과 설계』(케임브리지, 영국: 케임브리지 대학 출판부)라는 길고도 차분한 자서전을 발표해 자신의 경험을 털어놓기도 했다. 뇌 일반에 대해서는 학교 선생님처럼 냉정한 말투로 씌어진 수전 그린필드의 『뇌의 사생활』(뉴욕: 존 와일리, 2000)이 있고, 존 맥그론의 『내부의 탐사: 의식의 순간으로 떠나는 여행』(런던: 파버 앤 파버, 1999)은 그보다 편안하고 상세한 서술을 제공한다. 데이비드 후벨의 『눈, 뇌 그리고 시각』(샌프란시스코: 미국 과학 총서, 1988)은 시각 연구에 중대한 기여를 한 과학자 스스로 밝히는 시각에 대한 설명서이다. 그는 글솜씨가 탁월한데, 가령 세포막의 이온 전달에 대해서 설명할 때도 기존의 서술처럼 딱딱하게 서술하는 게 아니라 "작은 기계 같은 단백질들은 이온을 움켜잡고 세포 밖으로 내팽개친다" 같은 식으로 생생하게 묘사했다.

레오노라 호언 로젠필드의 『야수-기계에서 인간-기계로: 데카르트에서 라 메트리까지, 프랑스인들의 편지에 나타난 동물 영혼에 대하여』(뉴욕: 옥타곤 북스, 1968)는 멋지게 직조된 지성사 책으로서, 19세기 생리학자들이 필요로 했던 지적 개념들이 어떻게 생겨났는가를 다뤘다. 《의학 및 인접 과학에 대한 과학사 저널》(1957년 10월호)에 실린 P. 크레인필드의 논문 「1847년의 유기물리학과 오늘날의 생물리학」에는 1847년 베를린에서 4명의 젊은 과학자들이 비밀리에 모여 이제 그간의 종교적 권위로 인한 압박을 털고 신경 내부 전류의 속도를 정확히 측정할 때가 되었다고 결의한 내용이 소개된다. 레오 쾨니히스베르크가 쓴 전기『헤르만 폰 헬름홀츠: 그의 삶』은 F. A. 웰비가 영어로 번역했는데(옥스퍼드, 영국: 옥스퍼드 대학 출판부, 1906), 이 책은 결의에 참가한 4명의 젊은 과학자들 중 가장 중요한 사람인 헬름홀츠가 그 연구를 시작하며 얼마나 스트레스를 받았는지 보여준다. 토머스 쿤의 논문「동시 발견의 예로서 에너지 보존 법칙」[『역사속의 과학』(김영식 편, 창비)에 실려 있음]은『핵심적인 긴장: 과학적 전통과 변화에 대한 논문 선집』(시카고와 런던: 시카고 대학 출판부 1977)에 실려 있는데, 1831년 패러데이의 실험이 발표된 이래 (즉 볼타가 전기 발생에 대해 주장한 접촉 이론이라는 모호한 개념이 완전히 폐기된 이래) 20년에 걸친 기간 동안 적어도 12명의 연구자들이 각기 '독자적으로' 에너지 보존 개념을 발견할 수 있는 상황이었음을 보여준다. G. B. 러쉬맨 등이 쓴『간단한 마취의 역사』(런던: 버터워스 하이네만, 1996)는 외과 수술이라는 최고로 완고한 영역 속으로 생리학의 업적들이 침투해 들어간 과정을 추적했다.

뇌 수용체 연구를 통해 기분을 조절하는 약물들이 탄생한 과정에 대해 보려면, 솔로몬 스나이더의『브레인스토밍: 진정제 연구의 과학과 정치학』(케임브리지, MA: 하버드 대학 출판부, 1989)이 있다. 책 속에서 지은이는 스스로를 현명하고도 상냥한 연구실 책임자로 묘사했다. 그런데 그와 사이가 안 좋았던 동료 캔디스 퍼트가 쓴『감정의 분자들』(뉴욕: 사이먼 & 슈스터, 1997)

을 보면 상황 설명이 좀 다르다. 어쨌든 스나이더의 『약물과 뇌』 (샌프란시스코: 미국 과학 총서, 1986)는 시냅스와 수용체의 기본적 활동에 대한 좋은 참고서다. 프로작 혁명의 의미에 대해서는 피터 크레이머의 친절하고도 통찰력 넘치는 『프로작에 귀 기울이기』(런던: 포스 에스테이트, 1994) 이상 가는 책이 없다.

마지막으로, 장 서문과 발문의 내용에 대해 더 알아보고자 한다면 고 하인츠 파겔스의 『우주의 암호』(뉴욕: 사이먼 & 슈스터, 1982)라는, 미시 세계와 거시 세계에 대해 다룬 시적인 걸작이 있다. 스티븐 와인버그의 『최초의 3분: 우주의 기원에 대한 현대적 시각』(런던: 도이치, 1977; 신상진 옮김, 양문)은 고등학교에서 배운 단순한 방정식을 제대로 이해하는 것만으로도 우주의 최초의 순간을 놀랄 만큼 상세하게 설명할 수 있다는 사실을 보여준다. 마틴 리즈의 『우주에서 인간의 거주지』(프린스턴, NJ: 프린스턴 대학 출판부, 2001) 그리고 프레드 애덤스와 그렉 래플린의 『우주의 다섯 가지 시대들』(뉴욕: 사이먼 & 슈스터, 1999)은 최고의 천체물리학자들이 제공하는 넓은 시야와 광대한 아름다움을 맛볼 수 있는 책이다.

감사의 말

옥스퍼드 대학에서 했던 수년간의 강의로부터 또 한 권의 책이 탄생했다. 랄프 다렌도프, 아비 쉴레임, 로저 오웬, 그리고 세인트 안토니 칼리지의 모든 분들께 감사하다. 이 책이 기저에 놓인 과학적 사실들뿐 아니라 실용적 기술들에 대해서도 다루게 된 것은 내가 여러 훌륭한 기업들에서 연구 및 시나리오 검토 작업을 했던 탓일 것이다. 특히 마이크로소프트, BMW, 셸, 파이저 사가 기억에 남는다. 내가 그런 시각을 갖게 된 데는 나의 가족들이 지니고 있는 세상에 대한 명료한 태도도 한몫했으리라. 즉 세상은 이상하고도 경이로운 곳이지만, 차분하게 이해하려 들면, 그리고 실제적인 기술들에 대한 존경을 잃지 않고 바라보면, 그 속에서 길을 찾는 법을 알게 되리라는 믿음이다.

이 책이 완성되기 직전에 돌아가신 머레이 앨버트 삼촌은 누구보다도 친절한 방식으로 내게 그 태도를 물려주신 분이다. 삼촌은 미국 공군의 최장기 복무 군인 중 한 명으로, 2차 대전 직후 그 시절의 미 육군 항공대에 입대하여 F-117 스텔스 전투기가 주름잡는 시대에 복무를 마치셨다. 삼촌은 모든 종류의 기술 노동에 대해 한결같은 경의를 표했다. 조용한 주말에 집 화장실 배관을 새로 놓는 일이나 거대한 군용 제트 비행기의 배선 체계를 점검하는 일 사이에 차별을 두지 않았다. 나는 삼촌이 일하시는 모습을 보는 것이 참 좋았다.

이 책은 돌아가신 내 아버지 이야기로 시작한다. 처음에 어린 아이로 등장하는 아버지는 젊은이가 된 1920년대에 시카고로 이주하였다. 책의 끝은 내 어머니의 이야기다. 오하이오 주 한 농장에서 태어난 어머니는 2차 대전 직후 아버지를 만났고, 함께 가정을 꾸렸다. 약 60년 뒤에 어머니 주위에는 그 가족들이 모여 앉아 아버지의 러브레터들을 함께 읽었다. 이 책에 담긴 모든 통찰들은 내가 그분들로부터 배운 것이리라. 외삼촌 렌 파셀과 진 파셀, 이모인 사라 앨퍼트와 도리스 이스튼 또한 삶에 대한 실제적이고도 훌륭한 견해들을 갖고 계셨다. 나는 그분들이 70대나 80대에 접어드신 무렵, 오하이오의 농장 저택에서 함께 텔레비전 뉴스를 보던 광경을 떠올리면 늘 마음이 훈훈해진다. 그때 나는 400년도 넘게 축적되어온 인간의 기억이 여기에 있으며, 그분들의 현명하고 재치 있는 말씀을 통해 내가 그 기억들을 접하고 있다는 사실을 가슴 깊이 깨달았다.

책을 쓰는 동안 수많은 친구들이 여러 방면으로 도움을 주었다. 레베카 아브람스, 샨다 발레스, 서니 베이츠, 줄리아 바인드맨, 재스민 버틀스, 더그 보든, 리처드 코언, 에스더 이리노프, 재닛 에번스, 앤 핀과 크리스 핀, 베티 수 플라워즈, 브랜디 프라이싱어, 매트 골드, 론다 골드슈타인, 조 하날, 팀 하포트, 매튜 호프만, 나타샤 일룸 베르크, 조안나 칼머, 타라 르메이, 애덤 레비, 수잔 레비, 수 리버드, 카렌 리브리히, 피터 메인, 테리 매닝, 아서 밀러, 프랜 몽크스, 댄 뉴먼, 미아 니브란트, 테레사 풀, 라마나 라오, 마리카 로젠가드, 해리엇 루빈, 조나단 러플, 티라 슈바르트, 줄리아 스튜어트, 제니퍼 설리번, 일란 트로엔, 그리고 그중에서도 가브리엘 워커에게 특히 고맙다. 이들 모두에게 개인적으로 일일이 인사하고 싶지만, 생각만으로도 말이 부족할 지경이다. 다만 그들의 친절함과 뛰어난 통찰력 덕분이 책이 한결 나아졌다는 말을 전할 따름이다.

책의 시작은 크라운 출판사의 에밀리 루즈와 함께했고, 끝은 레이첼 클레이먼이 훌륭하게 맺어주었다. 크리스틴 카이저와 스티브 로스는 전 과정에 걸쳐 여러 가지를 챙겨주었다. 언제나 "딱 하나만 더 바꿀게요"라고 말하는 지은이에 대한 그들의 참을성에는 그 어떤 인사도 부족하다. 크라운은 큰 회사지만 내가 회사의 한 가족처럼 느끼게 해준다. 한번은 레이첼과 크리스틴, 스티브와 이런저런 잡담을 나누다가 에릭 라슨이 책을 쓰는 방식에 대해 이야기한 적이 있다. 그것을 계기로 나는 그가 쓴 『아이작의 폭풍』을 읽어보게 됐고, 덕택에 광대한 천문학적 관점에서 전기 이야기를 바라본 내용을 각 장 맨 앞 테두리 친 쪽에 이탤릭체로 싣는 발상을 떠올렸다. 그들과 대화를 나누지 않았더라면 시도하지 못했을 일이다.

글쓰기가 시작된 것은 탄자니아의 해발 1,800미터 고원에 주차된 랜드크루저에서였다. 그레이트 리프트 계곡에서 몰아쳐 올라오는 무시무시한 강풍을 조금이라도 막아보려 차창을 죄다 올린 채, 열정적인 스칸디나비아 출신 친구가 "보통은 이렇게 춥진 않다고! 금방이라도 바람이 잦아들 거야!"라고 소리 지르는 것을 들으며—그러나 바람 소리에 묻혀 그녀의 목소리는 잘 들리지도 않았다—나는 차 앞좌석에 원고를 늘어두고 있었다. 그녀의 말처럼 바람이 잦아든 것은 몇 시간이나 지난 뒤였지만, 좌우간, 그녀의 집 발코니에 나 앉아 석양을 바라보며, 몸에 온기가 돌아오기를 기다리면서, 이것저것 수다를 떨다가, 눈을 지그시 감고 그녀가 원고를 큰 소리로 읽어주는 것을 듣고 있노라니, 이 책의 분위기가 어떻게 잡힐 것인지, 그제야 나는 알게 되었다. 이 세상은 오래되었다. 그러나 전기는 그보다 더 오래되었다. 전기는 희미하게 내 눈앞에 펼쳐진 마사이 구릉들을 빚어냈다. 그 언덕에 발자취를 남긴 모든 인간들의 삶을 빚어냈다.

이제 글쓰기는 마무리되어간다. 대서양의 8킬로미터 위를 비행기로 날고 있는 고요하고 평화로운 이 순간, 내 곁에는 여덟 살짜리 딸이 있다. 곧 아이는 집에 도착해 오빠를 만날 것이다.

얼마나 많은 도움을 그들이 내게 주었던가, 정작 자신들은 먼 훗날에야 깨달을 것이다. 쓸 거리가 잔뜩 쌓였을 때 아이들은 수많은 질문들을 잇달아 쏟아내며 끼어들었다. 집필의 중간중간 초점을 잃어 괴로울 때 나는 아침에 아이들을 학교로 데려다 주며 함께 걷고, 깡총깡총거리고, 우당탕 뛰고, 아무튼지 간에 그렇게 길을 가면서, 새로운 이야기를 구상하곤 했다.

나는 밤에 글을 쓸 때도 있지만 대부분 새벽같이 일어나 아침에 쓰는 편이다. 우리집에는 큰 창이 딸린 너른 부엌이 있어서, 나는 아직 밖이 캄캄하고 런던 전체가 조용할 때 일어나 꼼지락 꼼지락 그리로 나가서는 커피나 차 한 잔을 끓여 놓고, 곧 아침 식사가 차려질 나무 식탁 위에 원고를 펼치고 일하기를 즐겼다. 그러다 잠시 일손을 멈추고 아이들 방을 들여다보기도 했다. 샘은 커다란 호머 심슨 종이 모형이 세워진 방에서, 소피는 요정의 성이 벽에 그려진 방에서 잠들어 있다. 굳이 들여다보지 않고 아이들이 녀석들의 방에 있다는 사실을 떠올리는 것만으로도 나는 더할 나위 없이 평온한 기분을 맛보았다.

바깥의 정원에서 새 지저귀는 소리가 점차 크게 들려오고 새벽의 첫 여명이 스며들었다. 6시 반이나 7시가 되면 잠옷을 걸친 아이들이 잠에서 덜 깬 채 어슬렁거리며 등장해 나와 이야기를 나누거나 아니면 과일주스나 뜨거운 초콜릿 같은 응급 처방을 받아갔다. 아이들은 제일 큰 창문 아래 벽에 기대서서 자기들 책을 읽거나, 그림을 그리거나, 그도 아니면 아무 일도 안 하면서 그저 아빠의 친구가 되는 것으로 만족했다. 원고를 끄적거

리던 나는 아이들의 생각, 아이들의 부드러움이 내 영혼으로 스
며드는 것을 느끼며, 피어오르는 미소를 애써 참았다.

아이들의 만족감이 영혼으로 들어오는 것을, 나는 느꼈다.

찾아보기

1차 세계대전 11, 161, 164

2차 세계대전 21, 171, 187, 197, 213, 220, 240

BBC 방송국 송출탑 162

CND(핵무기 감축운동) 295

GPS 위성 120, 239, 243, 245

GPS 항법 장치 243

MOS(금속-산화물-실리콘) 트랜지스터 171

RAF(영국 공군) 162~163, 168~169, 171~172, 176, 179~180, 185~187, 189, 191~192, 194

RCA 149

SS 올림픽호 148

SS 타이타닉호 148

㉮

가스등 64

가우스, 카를 프리드리히 38

갈바니, 루이지 363

게르마늄 329~331, 333

계산자 242~243

공간 이동 197, 321

공진기 146

관절경 수술 269

광전지 194
광파 226~227
교환대 211
굴드, 글렌 266~267
굿, 잭 225, 235
귀상어 339
그라프 제플린 LZ-130 166, 294
그레이, 엘리시아 307
그레이트 이스턴(해저 전선 가설선)
        117
기름등 57
길거드, 존 223
길버트, 윌리엄 311

ㄴ

『나의 투쟁』(히틀러) 150
나이아가라호(미국 해군 함선) 109,
        110~111
나치 150, 175, 274, 293, 297, 321
나침반 82, 93, 180
나트륨 259, 262, 264~270,
        276~277, 282~284, 338~339
나폴레옹, 보나파르트 41, 119
노벨상 75, 77, 129, 145, 237, 264,
        274, 297
노이만, 존 폰 213
노이스, 로버트 238
농구 235
뇌 20~21, 108, 195, 254~256, 264,
        266, 268~269, 276, 278~282,
        284~285, 336~337, 340,
        366~367
누전(단락) 115~116

뉴런 276, 282~283, 337, 340
뉴먼, 막스 326
뉴올리언스 전투 100
뉴턴, 아이작 경 63, 76~77, 88~89,
        95~96, 257, 259, 317, 342
니켈선 전등 65

ㄷ

다우딩, 휴 162~163, 293
다윈, 찰스 경(손자) 218~219
대서양 전선 114, 118, 291, 351~353
대영제국 훈장(OBE) 217, 224
대전된 입자 44, 69, 105, 121, 156,
        283, 299~300, 307, 310, 315
대전된 전자 20, 32, 120, 161, 246,
        250
대전된 전하 115
대중음악 239
도덕률 340
도덕적 악행 339
독일 38~39, 131~133, 135~136,
        138~140, 142, 161, 164~169,
        171~178, 181~183, 185~188,
        193, 208, 214~215, 217, 219,
        231, 257, 260, 292, 294, 321,
        330, 348, 356~358, 363
듀몽, 로저 178, 294
드루데, 파울 316~317, 330
드뷔시, 클로드 317
등유 64, 68

ㄹ

라디오 12~13, 120, 149~153, 163,

165~166, 175, 185, 192~193,
196~197, 208, 221, 228~229,
239, 241, 247, 255, 292, 294,
318, 325, 336~337, 355~357
라디오 전보 148
라디오 주파수 292
라디오파 147, 149, 151, 153~154,
156~159, 162, 183, 192~193,
302, 317, 336, 358
라우에, 막스 폰 129, 135, 354
랭킨, 맥퀸 299~300
러더포드, 어네스트 218
러브레이스, 에이다 95
레이더 8, 13, 19, 152, 159~160,
163~169, 172~179, 181~182,
184~187, 189~193, 195, 197,
216, 220, 226, 247, 255, 262,
293~295, 301~302, 317~320,
355~356, 358, 362
레이든 병 305~306
렌(영국 해군 여성부대) 214
로우, A. P. 151, 161
로디긴, 알렉산드르 64
로지, 올리버 336, 355
로큰롤 240, 296
롤링 스톤즈 240
뢰비, 오토 22, 271, 273, 274~279,
297
르코크 드 부아보드랑 330
루프트바페 166~167, 172, 175, 178,
293
린드만, 프레더릭 164~165, 190,
316, 356

마다케 대나무 67
마르코니, 굴리엘모 145~148, 292
마찰력 231~232
마취제 255, 268~269
마티니, 볼프강 166, 293~294
망막 195, 254, 265, 285
맥스웰, 제임스 클러크 8, 22, 97, 120,
122~123, 127, 131, 156, 158,
196, 351, 353~355
멘델레에프, 드미트리 이바노비치
330~331
모건, J. 피어폰트 63
모니터 196, 265, 309
모르콤, 크리스토퍼 206~208, 212
모르핀 65, 279
모스 부호 34, 115, 290, 344
모스, 새뮤얼 21, 27, 33~34, 42, 289,
344~345
모차르트, 볼프강 아마데우스 317
무어, 고든 238
무지개 90
뮌헨 위기 165~166
미국 남북전쟁 17, 43, 60, 67, 289

바다사자 작전 172
바딘, 제인 236
바딘, 존 231~232, 234, 236~237,
296, 328, 332~333, 362
반도체 229, 231, 328, 331
발신기 131, 135~137, 154,
159~161, 193, 243, 319

방사능 292
배타 지대 200, 322
번개 15, 28, 291
범용 기계 210, 360
베른, 쥘 101
베처먼, 존 153
베크렐, 앙투안 앙리 292
벤틀리, 리처드 95~96
벨, 메이블 허버드 44, 46~48,
　　51~56, 233, 290
벨, 알렉산더 그레이엄 9, 22, 43, 45,
　　47~48, 55~57, 59~63, 79,
　　290, 346
『보바리 부인』(플로베르) 268
보어, 닐스 19
보청기 233~234, 236, 331
볼타, 알레산드로 16~17, 29~30,
　　119, 282, 299, 303~306, 312,
　　335, 342, 367
봄브 시스템 214, 216
불, 조지 326, 328
뷔르츠부르크 레이더 178~179,
　　181~185, 187, 193, 295, 319
뷰캐넌, 제임스 112
브라이트, 찰스 109, 111, 146, 351
브래튼, 월터 231~232, 236~237,
　　296, 328, 332~333
브루네발 공습 152, 176, 178, 187,
　　189, 191, 294, 357
블레츨리 파크, 영국 203, 213~214,
　　217, 219, 221, 225, 295,
　　325~326, 359
비아그라 256

빅뱅 24, 285, 306~307
빅토리아 시대 17, 69, 71, 77, 80,
　　120, 197, 234, 269, 292, 346,
　　352
빅토리아 여왕 112
빈클러, 클레멘스 알렉산더 330~331

ㅅ

사노프, 데이비드 148~149
사이퍼 해독 325
상대성 317, 350
새커리, W. H. 108
샌더만 파 89, 349
샌더스, 조지 49~50.
샤보, 샤를 178
섀넌, 클로드 327
세로토닌 280~281
세포막 254~255, 261~262,
　　264~265, 268~269, 271, 335,
　　366
셸리, 메리 257, 334~335
셸리, 퍼시 비셰 335
소금(염화나트륨) 16, 101, 262, 304
소리굽쇠 47, 50
소프트웨어 210, 213, 215, 219, 359,
　　361
솝위드 캐멀기 164
쇼, 조지 버나드 48
쇼클리, 윌리엄 236~238, 296,
　　332~333
수은 108, 220
수중익선 290
스미스, 프랜시스 O. J. 307, 345

스완, 조지프 67
스터전, 윌리엄 29~30
스텔스 비행기 159, 370
스틸켄 건조소 191
슬로우, 영국 22, 153, 155, 160, 163,
　　196, 293, 302
시냅스 272, 276, 279, 282, 367
시화법 장비 49
신경전달물질 255, 276~280,
　　282~284, 339
실리콘 228~230, 232~233, 236,
　　239, 244~245, 255, 327~329,
　　331, 333
실리콘 밸리 238, 296
싱어, 아이작 바셰비스 15

아

아가멤논호(영국 함선) 99,
　　109~111, 351
아데노신 278~279
아드레날린 277
아인슈타인, 앨버트 19, 317, 350
악셀레란스터프(아드레날린) 277
알디니, 조반니 334
암페어 298~302
암호 해독 213~214, 325, 360
앙페르, 앙드레 마리 298
액체 기술 255
양성자 310
양자 역학 212, 362
에니그마 214, 216, 324, 359
에디슨, 토머스 10, 57, 59~70, 74,
　　76~80, 91, 99, 115, 290, 308,

309, 332, 346, 347
에센 공습 320
에셔, M. C. 230
에어리, 조지 비델 경 311
엔돌핀 279
엘리 릴리 사 280~281
엘리베이터 70, 71, 269
염산 335
염화나트륨(소금) 262
영, 레오 152
예이츠, 윌리엄 버틀러 213
오리너구리 338~339
오스트로스키, 낸시 279
오징어 260~263, 270, 296
오튼, 윌리엄 60, 62
올, 러셀 229
와트, 제임스 154, 300
왓슨 와트, 로버트 8, 22, 151~156,
　　160~163, 165, 168, 173, 187,
　　189, 190, 196, 293, 301, 316,
　　318, 330, 355~356
왓슨, 톰 54
우라늄 292, 310
운동 법칙 317
원자폭탄 310
웨어링, 필립 169
웨스턴 유니온 사 60, 62
윌킨스, 아널드 155~156, 158~160,
　　167, 302, 316, 330
윔페리스, 헨리 161~162
유리 65, 75, 77, 196, 226~228, 261,
　　309, 317~318, 324
육체노동 188, 240

율리우스 카이사르 325
음극선 348
이온 259~260, 262, 264~267,
　　269~270, 272, 276, 280, 292,
　　335~336, 338~339, 366
인공지능(AI) 205
인설, 새뮤얼 67
인성 280
일본 복어 267~268

ㅈ

자기력 122, 156
자기장 8, 82, 122~123, 147, 157,
　　255, 285, 309, 339, 353
자유의지 339~340
잠재력 10, 291, 313
전구 10, 17, 59, 63, 65~68, 75~77,
　　79, 115, 118, 120, 197, 247,
　　255, 258, 290, 299, 309, 324,
　　334, 346
전기파 195, 353
전깃불 11, 59, 64, 197, 290
전도대 330
전도체 229, 296, 330
전동기 17, 57, 59, 69~71, 73~74, ,
　　79, 197, 247, 255
전보 11, 17~18, 21, 27 32~33,
　　36~43, 47, 50~51, 54, 57,
　　60~61, 68, 99~102, 104~106,
　　111~113, 115, 120, 242, 247,
　　257~258, 280, 285, 289, 308,
　　312, 342, 344~346, 363
전자기학 127

전자레인지(마이크로파 오븐) 319
전자석 30~33, 36~38, 69~70, 86,
　　122, 327, 343
전지 13, 16~17, 29~33, 36~37,
　　40, 47, 54, 62, 64, 67, 77, 102,
　　105, 107, 113~116, 119,
　　129~130, 235, 239, 257~258,
　　299~300, 303~306, 309, 331,
　　334~335, 343
전차 12, 17, 59, 70~71, 347
전화 9, 12~13, 17~18, 32, 43, 47,
　　49~50, 54~56, 60, 62~63,
　　68~69, 77, 94, 118, 149, 197,
　　203, 211~212, 218, 234, 236,
　　247, 255, 264, 306, 308, 346
절연체 68, 106, 108, 226~229
정전 11~13, 20
정전기 16, 28, 79, 121, 277, 303,
　　305, 310, 315, 342, 353
제플린 비행선 166~167
존스, 레지날드 V. 175~176, 180,
　　185~186, 355
존슨, 새뮤얼 268
증기 엔진 69, 73, 118, 154, 203, 232,
　　300~301
진공관 218, 225, 228, 324, 363

ㅊ

채프 186~187, 189, 191, 193
처칠, 윈스턴 155, 164, 167, 190,
　　216~217
철탑 167, 177, 227
체임벌린, 네빌 166

초감각적 지각 현상(ESP) 336
초전도체 296
축색돌기 260, 262, 269
축전기 141, 312
칩 20, 238, 240, 333

㉮

카페인 278~279
칸트, 임마누엘 340, 345
칼륨 이온 264
캐번디시 연구소 76, 291, 348
컴파일러 235
컴퓨터 12~13, 21, 95, 114, 118,
　　120, 197, 203~205, 207,
　　210~211, 214~215, 217~220,
　　222, 224, 228, 235, 239~243,
　　245~247, 234, 253, 255, 258,
　　265, 280, 295, 309, 315,
　　325~326, 330
케이블카 73
코카인 269, 338
콕스, 찰스 W. 178~185, 294
콜로서스(암호 기계) 216~217,
　　219~220, 325~326
콜린스, 존(군목) 190, 295
쿡, 윌리엄 36
퀴리, 마리 292
클라크, 조앤 215, 222

㉭

테이트, 빅터 178~179, 182
테일러, 앨버트 152
테트로도톡신 267, 270

텔레비전 12~13, 19, 114, 120,
　　241~242, 253, 294, 306~307,
　　309, 323, 370
톰슨, 윌리엄 103, 109, 119, 141,
　　156, 292, 299, 351~352,
　　354~355
톰슨, 조지프 존 (J. J.) 75~76
투표권 17, 74
튜링, 앨런 21, 203~226, 228,
　　231~232, 235, 237, 242~243,
　　295, 324, 326, 359~362
특허 21, 37~38, 40, 55, 60, 62~63,
　　67~68, 160, 289~290, 307,
　　358
티자드, 헨리 164~167

㉠

파동 8, 18~19, 122~123, 131,
　　133~137, 146~147, 149,
　　156~162, 166, 168, 174, 177,
　　181, 192~193, 195~197, 220,
　　243~244, 247, 254, 266, 315,
　　317~319, 329, 334, 336~337,
　　340, 351, 355, 358
파울리, 볼프강 323, 363
판칼디, 줄리아노 306
패러데이, 마이클 80, 87
페네시, 에드워드 294
페라, 마르첼로 304, 342
프랭클린, 벤저민 28, 342
프레슬리, 엘비스 240, 365
프레야 175~176
프로이트, 지그문트 264, 269, 338

프로작 20, 256, 281, 368
프로파간다 150
프리디, 조지 110
프리스, W. H. 경 146
플랑크, 막스 133, 142
플로베르, 구스타브 268
플루토늄 310
피어스, 존 233, 324, 346
피에이치 335
필드, 사이러스 웨스트 99, 101~112,
    117~118, 291
필라멘트 64~68, 75~77, 115, 309,
    324
필립스, 리처드 92

ⓗ

하비, 윌리엄 257
함부르크 21, 143, 174, 191~192,
    194~196, 205, 320~321, 357
항공부, 런던 154~156, 162~163,
    177~178, 186
해리스, 아서 187~192, 294~295,
    319
해저 전선 103~104, 106~107, 113,
    120, 312
허버드, 메이블 44, 290
헉슬리, 앤드루 253, 261~262, 264,
    269, 297, 336, 365
헤르츠(Hz) 기호 292
헤르츠, 엘리자베스(부인) 133, 138
헤르츠, 요한나 132, 292, 354
헤르츠, 하인리히 123, 127~145,
    292, 354~355

헨리, 조지프 27, 29, 36~37, 39, 42,
    47, 86, 122, 289, 343, 362
헬름홀츠, 헤르만 폰 131~132, 137,
    139, 367
호발츠베르케 조선소 191
호지킨, 앨런 253, 261~264,
    269~270, 296, 336, 365
호퍼, 그레이스 머레이 234~235
화소 253
화이트하우스, 에드워드 107~117,
    352
화학 무기 267
황산 304, 312
후두 53~55
휘트스톤, 찰스 36
휴대폰 12, 18~20, 120, 157~158,
    210, 239, 247, 306, 337
휴스, 데이비드 306
흄, 데이비드 281, 283
히로시마, 일본 310
히틀러, 아돌프 150, 165~166, 168
힌덴부르크 LZ-120 166
힐베르트, 다비드 208~209, 213, 360

일렉트릭 유니버스

초판1쇄 발행 2014년 10월 10일
초판2쇄 발행 2019년 8월 13일

지은이 데이비드 보더니스
옮긴이 김명남
펴낸이 이은휘
마케팅 백남휘

펴낸곳 글램북스
출판등록 제2014-000068호
주소 서울시 강서구 공항대로 41길 15, 3층
전화 02-3144-0117　　**팩스** 02-3144-0277
홈페이지 www.glambooks.co.kr
이메일 glambooks@hanmail.net
페이스북 www.facebook.com/glambooks100

ISBN 979-11-85628-06-6　03500